인간공학기사
실기 단기합격

시대에듀

합격에 윙크[Win-Q]하다

Win-Q
[인간공학기사] 실기 단기합격

인간공학기사 및 기술사 제도가 시행된 지 벌써 17년이 지났지만 여전히 인간공학이라는 학문은 많은 사람들에게 덜 알려져 있는 것 같다. 하지만 우리나라가 선진국 대열에 합류하고, 더불어 고령화 사회에 진입하면서 인간공학의 가치는 머지않아 지금보다 훨씬 더 중요해지고, 인간공학자의 가치는 더 빛을 발할 것이다.

인간공학에 대하여 많은 정의가 있지만 나는 인간공학을 의학, 인지과학, 생리학, 인체측정학, 심리학 등 다양한 학문 분야에서 얻어진 데이터와 과학적인 원리와 방법을 이용하여 사람에게 효율적이면서도 편리하게 일을 할 수 있는 시스템을 개발하는 학문이라고 정의하고 싶다.

인간공학은 산업 전반에 있어서 생산성, 효율성, 경제성 등 많은 이점을 제공하지만, 가장 큰 특징 중 하나는 사람을 최우선적으로 고려하는 학문이라는 점이다. 사람이 일을 할 때를 비롯하여 집에서 음식을 요리할 때, TV 리모컨을 누를 때, 극장에서 영화를 볼 때 등 인간을 둘러싼 모든 환경을 인간에게 맞춰가는 방법을 연구하는 학문이 인간공학이다.

일은 인간에게 생계 수단 이상의 가치를 갖는 것으로, 인간에게 일종의 재미이자 놀이다. 놀이도 잘해야 재미가 있듯이 일도 잘해야 재미가 있다.

같은 일을 하더라도 좀더 재미있고, 잘하는 방법을 연구하는 학문이 인간공학이다. 몸이 불편한 고령자나 장애를 가진 사회적 약자들도 일상생활에서 불편하지 않게 환경을 설계하는 것 또한 역시 인간공학의 역할이다.

자격증・공무원・금융/보험・면허증・언어/외국어・검정고시/독학사・기업체/취업
이 시대의 모든 합격! 시대에듀에서 합격하세요!
시대에듀 → 정오표 → 2025 시대에듀 Win-Q 인간공학기사 실기 단기합격

PREFACE 머리말

산업현장에서 작업장의 설계도 인적 요소를 고려하여 체계적으로 설계를 하지 않으면 작업자가 사용하기 불편하고, 실수를 유발하거나 심지어 재해로까지 이어질 수 있다. 이렇듯이 인간공학이라는 학문은 그 적용분야와 산업분야, 일상생활분야에서의 혜택이 그 어느 학문보다도 더 큰 학문이라고 할 수 있다.

인간공학기사 1차 시험에 합격하여 이제 2차 시험을 준비하고 있는 여러분들은 이제 그 마지막 관문을 남겨두고 있다. 하지만 인간공학기사의 취득은 인간공학전문가가 되기 위한 입문단계일 뿐이다. 앞으로 여러분들은 인간과 인간을 둘러싼 환경에 대해 더욱 많이 공부하여 뛰어난 인간공학전문가가 되어야 한다.

인간공학전문가는 다양한 분야에서 제품을 비롯하여 작업방법과 서비스를 개선하기 위한 방법을 고민하고, 생산성뿐만 아니라 인간의 품위를 향상시키는 역할을 수행하는 사람이 되어야 한다. 이보다 더 보람 있고 가치 있는 직업이 어디 있겠는가. 이 책을 통해 인간공학이라는 학문에 흥미와 매력을 느끼고, 공부의 재미를 깨달아 우리나라의 산업분야를 비롯하여 인간생활의 모든 분야에서 뛰어난 인간공학자가 되기를 소원한다.

2022년 3월 광화문에서

공학박사 **김훈**

이 책의 구성과 특징

핵심이론
시험에 실제로 출제되는 이론을 기반으로 효과적인 학습이 가능하도록 핵심이론만 담았습니다.

핵심예제
해당 이론이 실제 문제로 어떻게 출제되는지 확인할 수 있도록 핵심예제를 수록하였습니다.

STRUCTURES

합격의 공식 Formula of pass | 시대에듀 www.sdedu.co.kr

11개년 기출복원문제

다양한 문제를 경험하고 문제풀이 능력을 향상시킬 수 있도록 2014년부터 가장 최신인 2024년 기출복원문제까지 모두 담았습니다.

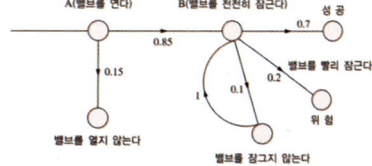

번거로움을 더는 구성

별도의 답안 노트를 만들 필요가 없도록 도서 내에 답안 공간을 마련하였습니다. 답안을 기재한 후에는 문제 아래에 있는 상세한 해설을 확인해 보세요.

시험안내

개요

국내의 산업재해율 증가에 있어 근골격계질환, 뇌심혈관질환 등 작업관련성 질환의 증가현상이 뚜렷하며, 특히 단순 반복작업, 중량물 취급작업, 부적절한 작업자세 등에 의하여 신체에 과도한 부담을 주었을 때 나타나는 요통, 경견완장해 등 근골격계질환은 매년 급증하고 있다. 향후에도 해당 질환의 지속적인 증가가 예상됨에 따라 예방을 위해 사업장·관련 예방전문기관 및 연구소 등에 인간공학전문가 배치의 필요성이 대두되어 자격제도를 제정하였다.

시험요강

❶ 시행처 : 한국산업인력공단
❷ 시험과목
  ㉠ 필기 : 인간공학개론, 작업생리학, 산업심리학 및 관계법규, 근골격계질환 예방을 위한 작업관리
  ㉡ 실기 : 인간공학실무
❸ 검정방법
  ㉠ 필기 : 객관식 4지 택일형, 과목당 20문항(과목당 30분)
  ㉡ 실기 : 필답형(2시간 30분, 100점)
❹ 합격기준
  ㉠ 필기 : 100점을 만점으로 하여 과목당 40점 이상, 전과목 평균 60점 이상
  ㉡ 실기 : 100점을 만점으로 하여 60점 이상

INFORMATION

합격의 공식 Formula of pass | 시대에듀 www.sdedu.co.kr

응시자격

기술자격 소지자
- 동일(유사)분야 기사 취득자
- 산업기사 취득 후 1년 이상 실무종사자
- 기능사 취득 후 3년 이상 실무종사자
- 동일종목의 외국자격취득자

관련학과 졸업자
- 대졸(졸업예정자)
- 3년제 전문대 졸업 후 1년 이상 실무종사자
- 2년제 전문대 졸업 후 2년 이상 실무종사자

순수 경력자
- 4년 이상 실무종사자

❖ 국가기술자격법 시행령 별표 4의 2 참조

2025년 시험일정

구 분	필기원서접수 (인터넷)	필기시험	필기합격 (예정자)발표	실기원서접수	실기시험	최종 합격자 발표일
정기기사 제1회	01.13(월)~ 01.16(목)	02.07(금)~ 03.04(화)	03.12(수)	03.24(월)~ 03.27(목)	04.19(토)~ 05.09(금)	1차 : 06.05(목) 2차 : 06.13(금)
정기기사 제2회	04.14(월)~ 01.17(목)	05.10(토)~ 03.04(금)	06.11(수)	06.23(월)~ 06.26(목)	07.19(토)~ 08.06(수)	1차 : 09.05(금) 2차 : 09.12(금)
정기기사 제3회	07.21(월)~ 07.24(목)	08.09(토)~ 09.01(화)	09.10(수)	09.22(월)~ 09.25(목)	11.01(토)~ 11.21(금)	1차 : 12.05(금) 2차 : 12.24(수)

※ '2025년도 국가기술자격 검정 시행계획 공고'를 바탕으로 작성되었으며, 시행처의 사정에 따라 변경될 수 있습니다
※ 시험일정은 종목별·지역별로 상이할 수 있으므로, 시험 전 반드시 큐넷 홈페이지를 방문하시어 최종 일정 및 장소를 확인하시기 바랍니다.

시험안내

필기시험 검정현황

연도	필기시험		
	응시자(명)	합격자(명)	합격률
2023	5,494	4,129	75.2%
2022	2,129	1,490	70.0%
2021	1,573	1,288	81.9%
2020	967	666	68.9%
2019	1,109	741	66.8%
2018	782	523	66.9%
2017	534	407	76.2%

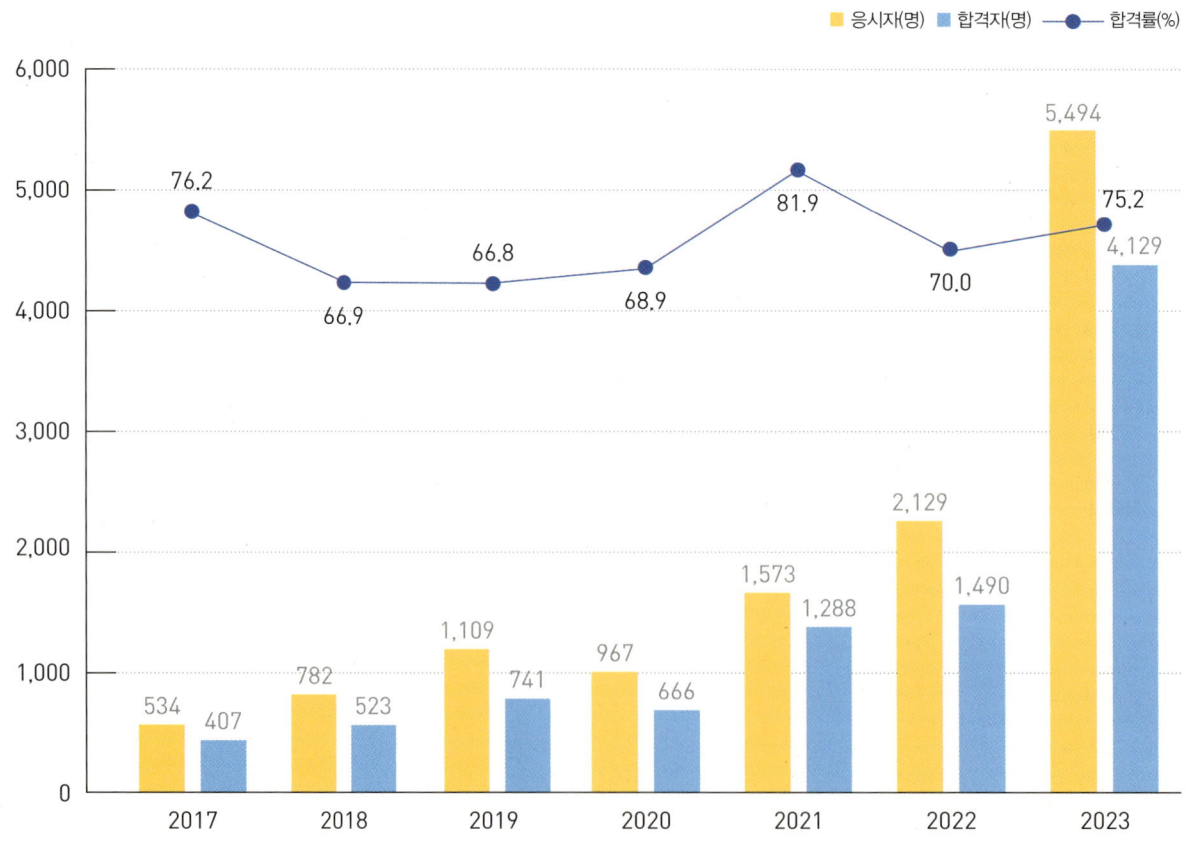

실기시험 검정현황

연도	실기시험		
	응시자(명)	합격자(명)	합격률
2023	3,829	2,837	74.1%
2022	1,511	1,159	76.7%
2021	1,113	698	62.7%
2020	904	607	67.1%
2019	791	243	30.7%
2018	531	256	48.2%
2017	453	126	27.8%

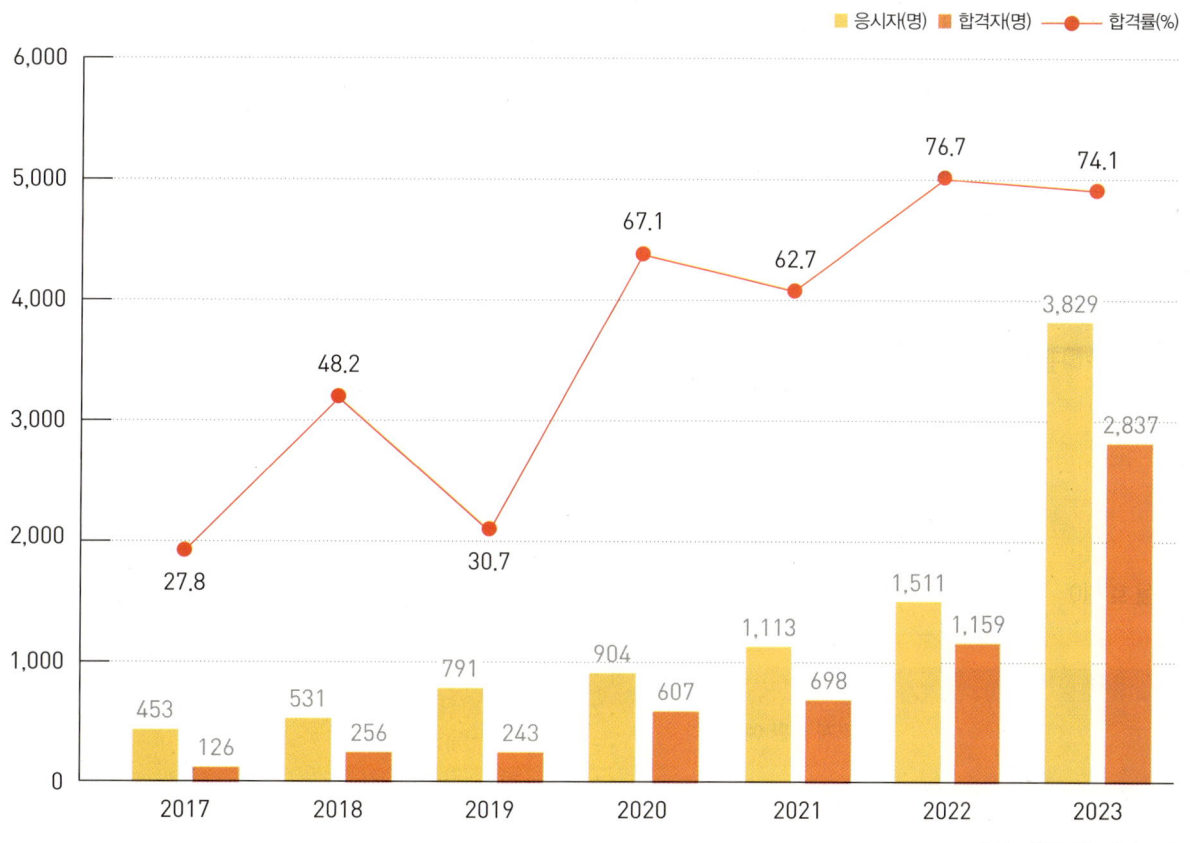

❖ 출처 : 한국산업인력공단

시험안내

출제기준[필기]

실기과목명	주요항목	세부항목
인간공학실무	작업환경분석	• 자료분석하기 • 현장조사하기 • 개선요인 파악하기
	인간공학적 평가	• 감각기능 평가하기 • 정보처리기능 평가하기 • 행동기능 평가하기 • 작업환경 평가하기 • 감성공학적 평가하기
	시스템 설계 및 개선	• 표시장치 설계 및 개선하기 • 제어장치 설계 및 개선하기 • 작업방법 설계 및 개선하기 • 작업장 및 작업도구 설계 및 개선하기 • 작업환경 설계 및 개선하기
	시스템관리	• 안전성 관리하기 • 사용성 관리하기 • 신뢰성 관리하기 • 효용성 관리하기 • 제품 및 시스템 안전설계 적용하기
	작업관리	• 작업부하 관리하기 • 교대제 관리하기 • 표준작업 관리하기
	유해요인조사	• 대상공정 파악하기
	근골격계 질환 예방관리	• 근골격계 부담작업 조사하기 • 증상 조사하기 • 인간공학적 평가하기 • 근골격계 부담작업 관리하기

합격 수기

인간공학기사 필기 합격생 임**님

안녕하세요! 인간공학기사 필기시험 합격생입니다.
꼭 합격해서 이 시험을 준비하는 수험생분들에게 도움이 되는 후기를 쓰고 싶다는 마음으로 임했더니 제게도 좋은 결과가 찾아온 것 같습니다.

저는 시간적 여유가 그렇게 많은 편도 아니었고, 무엇보다 전공자가 아니었기 때문에...ㅜㅜ 교재를 고르는 데 있어 조금 더 신중하게 골랐습니다.

서점에 가서 살펴보니 시대에듀의 <Win-Q 인간공학기사 필기 단기합격>이 제가 찾던 **단기간에 고효율**을 얻을 수 있는 도서라 판단하여, 구매하게 되었습니다.

도서 앞쪽은 **핵심이론 + 핵심예제 구성**으로 되어 있는데, 저는 이 핵심이론와 핵심예제를 **하루에 5~7개 정도씩 익히고 풀었습니다.** 이렇게 약 2~3주 정도 이론을 공부하고(중간중간 놀기도 했습니다ㅎㅎ) 뒤에 있는 기출문제를 풀었습니다. 처음에는 이론을 공부하고 푸는 데도 헷갈려서 계속 비가 내리더라고요... 그래도 포기하지 않고 **틀린 부분은 오답노트를 만들어서 왜 틀렸는지를 공부**하였습니다. 이렇게 **전체적으로 2번 정도 기출문제를 돌리고 나니까 비슷한 유형들이 눈에 보이더라고요!!**

열심히 공부를 하고도 시험 전날 밤까지 제가 공부한 내용이 시험에 나오지 않으면 어떡하지...하는 불안감에 잠을 못 잤었는데... 막상 시험지를 받아보니 제가 공부했던 내용이랑 유사한 것들이 많이 나와서 신나게 풀었습니다ㅎㅎ

집에 돌아와 가채점 답안이랑 제 답안을 확인해보니 합격이더라고요!!ㅎㅎ

시대에듀 도서를 선택한 제 자신을 칭찬하며ㅋㅋ... 마음껏 합격의 기쁨을 누렸습니다.

저도 했으니 분명 비전공자 여러분들도 해낼 수 있을 거예요!!!

이 책의 목차

Win-Q [인간공학기사] 실기 단기합격

제1편 | 핵심이론 + 핵심예제

제1장 작업환경분석	003
제2장 인간공학적 평가	022
제3장 시스템설계 및 개선	049
제4장 시스템관리	073
제5장 작업관리	095
제6장 유해요인조사	120
제7장 근골격계 질환 예방관리	131

제2편 | 11개년 기출복원문제

2024년 제3회 기출복원문제	143
2023년 제3회 기출복원문제	152
2022년 제1회 기출복원문제	161
제3회 기출복원문제	171
2021년 제1회 기출복원문제	181
제3회 기출복원문제	190
2020년 제1회 기출복원문제	199
제2회 기출복원문제	208
제3회 기출복원문제	217
2019년 제1회 기출복원문제	226
제3회 기출복원문제	235
2018년 제1회 기출복원문제	245
제3회 기출복원문제	253
2017년 제1회 기출복원문제	262
제3회 기출복원문제	272
2016년 제1회 기출복원문제	280
제3회 기출복원문제	288
2015년 제1회 기출복원문제	296
제3회 기출복원문제	305
2014년 제1회 기출복원문제	315
제3회 기출복원문제	323

CHAPTER 01　작업환경분석
CHAPTER 02　인간공학적 평가
CHAPTER 03　시스템설계 및 개선
CHAPTER 04　시스템관리
CHAPTER 05　작업관리
CHAPTER 06　유해요인조사
CHAPTER 07　근골격계 질환 예방관리

PART 1

핵심이론 + 핵심예제

교육은 우리 자신의 무지를 점차 발견해 가는 과정이다.

– 윌 듀란트 –

 끝까지 책임진다! 시대에듀!

QR코드를 통해 도서 출간 이후 발견된 오류나 개정법령, 변경된 시험 정보, 최신기출문제, 도서 업데이트 자료 등이 있는지 확인해 보세요! 시대에듀 합격 스마트 앱을 통해서도 알려 드리고 있으니 구글 플레이나 앱 스토어에서 다운받아 사용하세요. 또한, 파본 도서인 경우에는 구입하신 곳에서 교환해 드립니다.

CHAPTER 01 작업환경분석

제1절 | 인체측정학

핵심이론 01 구조적 인체치수와 기능적 인체치수

① 구조적 인체치수
  ㉠ 고정자세에서 측정하는 형태학적 측정으로 표준자세에서 정적 측정한다.
  ㉡ 피측정자를 인체측정기로 인체를 측정하여 설계의 기초자료로 사용한다.
  ㉢ 신장, 체중, 눈높이, 무릎높이, 앉은키, 손길이 등

② 기능적 인체치수
  ㉠ 활동자세에서 측정하며, 상지나 하지의 운동이나 체위의 움직임에 따른 동적 상태에서 측정한다.
  ㉡ 실제의 작업, 실제의 조건에 밀접한 관계를 갖는 현실성 있는 인체치수를 구할 수 있다.
  ㉢ 마틴식 계측기로는 측정이 불가능하며, 사진이나 필름을 사용한 3차원 공간 해석장치나 계측기가 필요하다.
  ㉣ 신체는 기능을 수행할 때 각 신체 부위들이 조화를 이루어 움직이기 때문에 동적 측정을 사용하는 것이 중요하다.
  ㉤ 손목의 굴곡범위, 정상작업영역

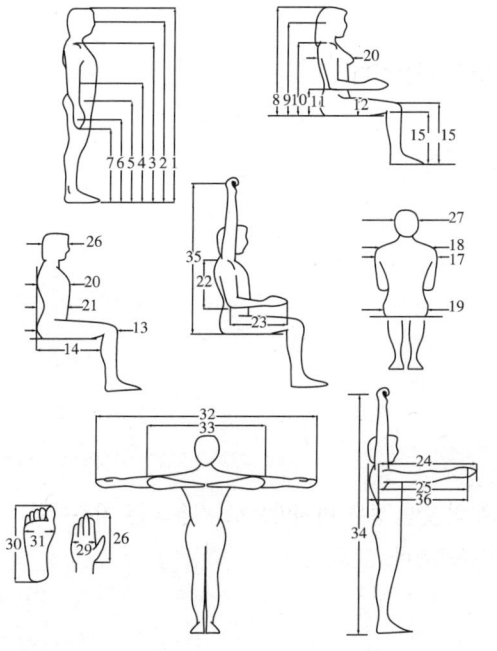

핵심이론 02 인체측정치의 분포

① 인체측정치들은 일반적으로 정규분포를 따르며, 정규분포는 평균과 표준편차에 의하여 특징이 정해진다.

② 평균은 종모양이 어느 쪽으로 치우쳐 있는가를 나타내고, 표준편차는 종의 퍼진 정도를 나타낸다.

③ 정규분포의 퍼센타일과 특성치의 표현
  ㉠ 사용자 그룹의 특성을 표현하는 데에는 퍼센타일(Percentile, %tile, 백분위수) 개념이 이용된다.
  ㉡ 퍼센타일(Percentile) : 측정한 특성치를 순서대로 나열했을 때 백분율로 나타낸 순서 수 개념으로, 예를 들어 10퍼센타일은 순서대로 나열했을 때 100명 중 10번째에 해당하는 수치를 의미한다.
  ㉢ 평균과 표준편차를 알면 퍼센타일 값을 구할 수 있다.
  ㉣ %tile 인체치수 = 평균치수 ± (표준편차 × %tile계수)
  ㉤ 5%tile = 평균 − (표준편차 × 1.645)
  ㉥ 95%tile = 평균 + (표준편차 × 1.645)

④ 평균치의 모순(Average Person Fallacy) : 인체측정치의 응용 시 중요한 개념은 평균치 인간은 존재하지 않는다는 것이다.

핵심이론 03 인체측정치 설계의 종류

① 조절식 설계
  ㉠ 가장 먼저 고려해야 할 개념으로 체격이 각기 다른 여러 사람들에게 모두 맞도록 설계되어야 한다.
  ㉡ 통상 여 5%~남 95% 값까지 범위의 값을 수용대상으로 설계한다.

② 극단치 설계
  ㉠ 극단에 속하는 사람을 대상으로 하면 모든 사람을 수용할 수 있는 경우 사용한다.
  ㉡ 최대치 적용
    • 큰 사람을 위주로 설계하면 작은 사람도 수용되는 경우 사용한다.
    • 상위백분위수를 기준으로 하여 90, 95, 99% 값을 사용한다.
    예 그네의 하중, 열차 좌석 간 거리, 출입문의 크기 등
  ㉢ 최소치 적용
    • 작은 사람을 위주로 설계하면 큰 사람도 수용되는 경우 사용한다.
    • 하위백분위수를 기준으로 1, 5, 10% 값을 사용한다.
    예 선반의 높이, 조종장치의 거리 등

③ 평균치 설계
  ㉠ 조절식으로도 불가능하고 최대치나 최소치를 기준으로 설계하기도 부적절한 경우 마지막으로 적용되는 기준이다.
  ㉡ 인체측정치들이 정규분포를 따르므로 평균치 주변에 사람들이 많이 분포한다.
    예 은행의 계산대

핵심이론 04 인체측정치의 응용원칙

> 인체측정치의 적용순서(조절식 → 극단치 → 평균치)

① 조절식 설계 : 제일 먼저 고려해야 할 개념이다.

② 극단치 설계 : 극단에 속하는 사람을 대상으로 하면 모든 사람을 수용할 수 있는 경우 사용한다.

③ 평균치 설계 : 다른 기준이 적용되기 어려운 경우 마지막으로 적용되는 기준이다.

[인체측정치 적용절차]

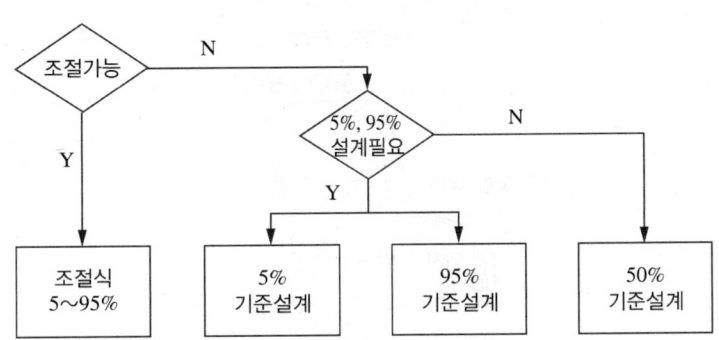

핵심이론 05 인체측정치의 적용절차

설계에 필요한 인체치수의 결정	• 설계하고자 하는 가구의 치수 항목과 관련해 인체의 어느 부위가 관계되는지를 파악 • 부품상자의 손잡이 크기는 손바닥의 너비 • 손의 두께, 잡았을 때 여유 공간 등
설비를 사용할 집단을 정의	• 사용할 주 사용자 집단이 누구인지 그 성별(여자, 남자)과 연령대(성인, 아동) 등을 결정
적용할 인체자료 응용원리를 결정	• 인체측정치를 사용할 경우 어떠한 기준으로 적용할지를 결정 • 조절식 설계 → 극단치 설계 → 평균치 설계
적절한 인체측정 자료의 선택	• 사용자 집단의 설계에 필요한 인체치수 자료를 선택 • 평균과 표준편차 추출 • 추출한 평균과 표준편차를 이용하여 적당한 퍼센타일 값을 구함
특수복장 착용에 대한 적절한 여유고려	• 인체측정치 자료는 신발 없이, 얇은 의복만을 입은 채 측정한 결과이므로, 실제 가구가 사용되는 상황에서의 옷차림, 신발 등에 치수를 조사해 이를 반영 • 구두를 신고 사용하는 경우에 의자와 책상높이는 구두높이를 고려
설계할 치수의 결정	• 위에서 결정한 인간공학적 설계치수 산정식이나 기준 등에 인체측정치와 여유치 등을 대입해 가구 치수 항목의 치수를 계산, 결정
모형을 제작하여 모의실험	• 계산되거나 결정된 치수에 대해 프로토타입(Prototype)이나 실제품 등을 사용한 실험 등을 통해 치수에 대한 검증

핵심이론 06 의자의 설계

의자 높이	• 좌판의 앞부분이 대퇴를 압박하지 않게 좌판의 높이는 오금보다 낮아야 함 • 남녀 모두 사용할 수 있도록 조절식 설계
의자 깊이	• 엉덩이에서 무릎 뒤까지 길이 • 작은 사람에게 맞춤(5퍼센타일 값) • 큰 사람에게 맞추면 작은 사람은 등받이에 닿지 않음
의자 너비	• 엉덩이의 너비 • 큰 사람을 기준으로 설계(95퍼센타일 값) • 작은 사람에게 맞추면 큰 사람은 앉을 수 없음

[의자의 명칭]

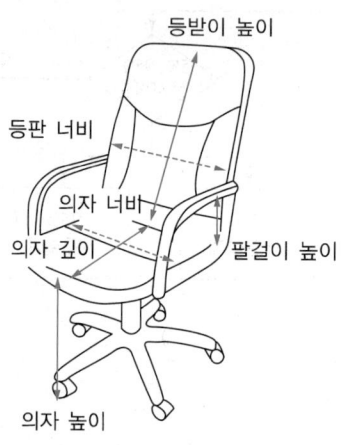

핵심예제

다음은 40세 한국인 남녀의 오금의 높이에 대한 데이터이다. 조절식 설계원칙을 적용하여 의자의 깊이와 높이를 설계하시오($Z_{0.95}$ = 1.645).

성 별	구 분	오금 높이(cm)	의자 깊이(cm)
남 자	평 균	41.3	45.9
	표준편차	1.9	2.4
여 자	평 균	38	44.4
	표준편차	1.7	2.1

|풀이|

① 의자의 깊이는 모든 사람이 앉을 수 있도록 최소치 설계를 한다.
   여자 5%tile = 44.4 - (2.1 × 1.645) = 40.95cm
② 의자의 높이는 모든 사람이 앉을 수 있도록 조절식 설계를 한다.
   여자 5%tile = 38 - (1.7 × 1.645) = 35.20cm
   남자 95%tile = 41.3 + (1.91 × 1.645) = 44.44cm

제2절 | 작업공간의 설계

핵심이론 01 작업공간

① **정상작업영역** : 윗팔을 몸통에 붙인 자세에서 손의 회전반경 내의 영역(40±5cm)
② **최대작업영역** : 어깨를 고정시킨 자세에서 팔을 뻗어 움직일 때 만들어지는 영역(60±5cm)
③ **파악한계** : 앉은 작업자가 특정한 수작업 기능을 편히 할 수 있는 공간의 외곽한계
④ **작업공간 포락면** : 한 장소에서 앉아서 수행하는 작업 활동에서 사람이 작업하는 데 사용하는 공간

[정상작업영역과 최대작업영역]

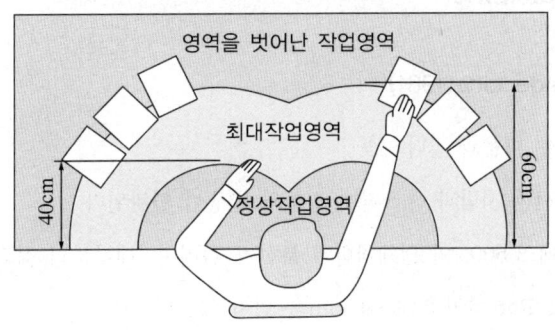

핵심이론 02 작업장에서 공간의 배치원리(인간공학적 설계원칙, 부품배치의 원칙)

① **중요성의 원칙**
  시스템의 목적을 달성하는 데 상대적으로 더 중요한 요소들은 사용하기 편리한 지점에 위치시켜야 한다는 원리이다. 중요한 것은 사용하기 편리한 지점에 두고 그렇지 않은 것은 좀 멀리 두어도 된다. 1차적인 관찰이 필요한 영역은 조작자의 정상시선의 10~15도 범위 안에 위치해야 변화를 즉시 알아차릴 수가 있다.

② **사용빈도의 원칙**
  빈번하게 사용되는 요소들은 가장 사용하기 편리한 곳에 배치해야 한다는 것이다. 자주 쓰는 도구는 손과 가까운 곳에 위치시킨다.

③ **사용순서의 원칙**
  연속해서 사용하여야 하는 구성요소들은 사용순서에 따라 바로 옆에 놓아야 하고, 조작순서를 반영하여 배열하여야 실수가 없다.

④ **일관성의 원칙**
  동일한 구성요소들은 기억을 돕고, 찾는 것을 줄이기 위하여 같은 지점에 위치시켜야 생산성이 증가한다. 하나의 작업장뿐만 아니라 유사한 기능을 하는 다른 작업자에서도 적용되면 일을 능률적으로 처리할 수 있다. 예를 들면 모든 건물의 화장실의 위치는 엘리베이터 근처에 위치해 있다.

⑤ **양립성의 원칙**
  조종장치 - 동작장치, 조종장치 - 표시장치는 서로 근접하여 위치시켜야 쉽게 알아볼 수 있고 조작할 수 있다.

⑥ 기능성의 원칙

비슷한 기능을 갖는 구성요소들끼리 한데 모아서 서로 가까운 곳에 위치시키거나 같은 색상으로 구분하여 배치하는 원리이다.

⑦ 혼잡성의 회피원칙

여러 개의 버튼과 조작장치가 나열되어 있는 경우 서로 정반대의 기능을 담당하는 버튼은 서로 멀리 이격시키거나, 실수에 의해 조작버튼을 잘못 작동시키지 않도록 버튼들 사이에 적당한 공간이 주어져야 한다. 자동차는 엑셀레이터나 브레이크가 서로 인접해 설치되어 있는데 아직까지 더 적절한 배치설계를 할 수 없었기 때문이다.

제3절 | NIOSH Lifting Guide Line

핵심이론 01 NIOSH Lifting Guide Line(1981)

중량물 들기 작업 지침의 4가지 기준은 다음과 같다.

① 역학적 조사 : 이 작업 조건에 종사한 사람과 근골격계 질환의 발생이 연관된다.

② 생체역학적 기준 : L5/S1 디스크에 3,500N의 생체역학적 부하가 걸리며, 대부분의 젊고 건강한 작업자는 견딜 수 있다.

③ 생리학적 기준 : 대사율(Metabolic Rates)이 3.5kcal/min을 넘지 않는다.

④ 정신물리학적 기준 : 여자의 75% 이상과 남자의 99% 이상이 수행 가능하다.

핵심이론 02 AL과 MPL 기준

① 조치한계기준(AL ; Action Limit)

이 기준은 허리의 L5/S1부위에서 압축력이 770lb(350kg중) 정도 발생하는 상황을 표현하는데, 이 단계까지의 작업조건은 거의 모든 작업자가 별 무리 없이 견디낼 수 있는 상황이라고 알려져 있다.

㉠ AL 조건 이상의 작업 상황에서는 근골격 계통의 질환 발생률이 증가한다.

㉡ AL 조건에서는 L5/S1부위에서 770lb(350kg중)의 압축력이 발생한다.

㉢ AL 조건 이하에서의 에너지 소비량은 분당 3.5kcal(여자의 표준 에너지 소비량)를 넘지 않는다.

㉣ 남자 중 99%, 여자 중 75%가 이 조건에서 무리 없이 인력운반작업을 수행할 수 있다.

㉤ AL 기준을 산출하는 식 : $AL(kg중) = 40(15/H)(1 - 0.004|V - 75|)(0.7 + 7.5D)(1 - F/F_m)$

- H(cm) : 작업대상물을 들어 올리는 지점에서 양 발목 사이의 중간지점과 작업대상물까지의 수평거리
- V(cm) : 바닥에서 작업대상물까지의 수직거리
- D(cm) : 작업대상물을 들어 올리는 시작 지점에서부터 목표 지점까지의 수직이동거리
- F : 분당 들어 올리는 횟수
- Fmax : 작업 시간 및 작업대상물의 위치에 따라 결정되는 제일 많이 들어 올리는 횟수

② 최대허용한계기준(MPL ; Maximum Permissible Limit)
L5/S1부위에서 1430lb(약 650kg중)의 압축력이 발생하는 조건으로서 모든 상황에서 넘어서는 안 될 상황을 의미하는데 그에 대한 내용은 다음과 같다.
㉠ MPL을 넘어가는 조건에 노출된 작업 상황에서는 근골격 계통 부상률이 급격히 상승한다.
㉡ MPL 기준을 가진 인력운반작업은 거의 모든 작업자들에게서 1430lb(약 650kg중)의 압축력을 L5/S1부위에서 발생시킨다.
㉢ MPL 기준을 넘는 작업환경에서는 분당 에너지 소비가 5kcal를 넘는다.
㉣ 남자 중 25%, 여자 중 1%만이 이런 작업 상황에서 부상 없이 견뎌낼 수 있다.

[AL과 MPL의 관계]

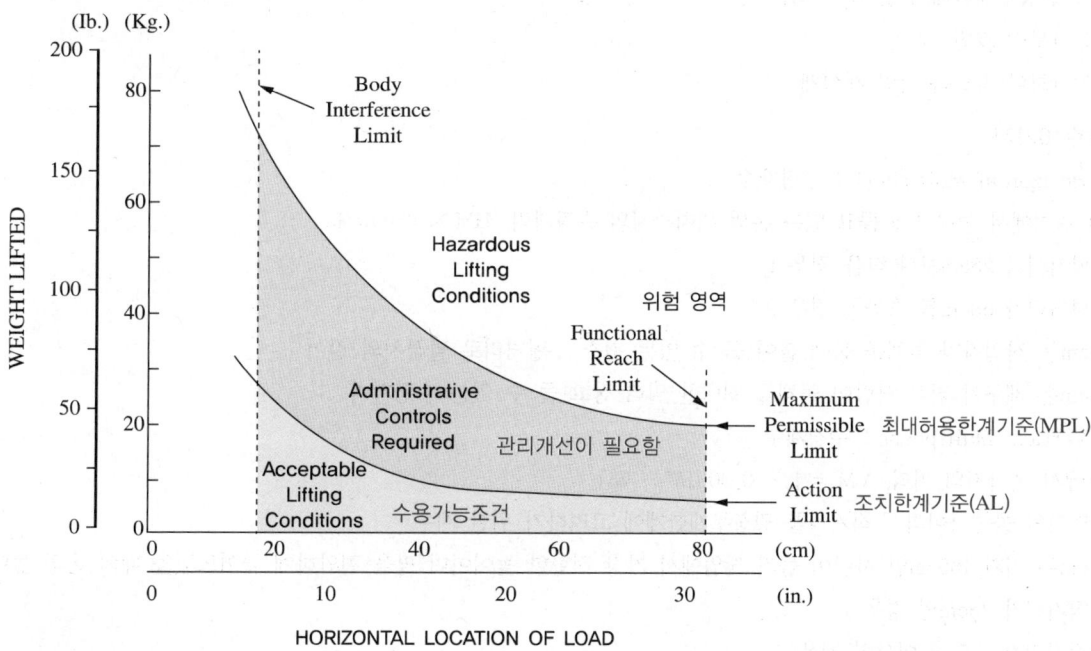

- Acceptable Lifting Conditions(수용가능조건) : 수평거리가 증가할수록 들 수 있는 중량이 감소하나 들 수 있는 영역
- Administrative Controls Required(관리개선이 필요함) : AL과 MPL 사이의 영역으로 관리개선이 필요
- Action Limit(조치한계기준) : 관리개선이 필요한 영역과 수용가능 영역의 경계선
- Maximum Permissible Limit(최대허용한계기준) : 관리개선이 필요한 영역과 위험 영역의 경계선

③ 인력운반작업 영역 구분 및 안전 대책
AL과 MPL 기준을 이용하여 인력운반작업 상황을 다음과 같이 크게 세 가지 영역으로 나눌 수 있으며, 현재의 작업상황이 어느 영역에 속하는지에 따라 그에 맞는 대책을 세우게 된다.
㉠ 대상물의 무게가 AL 기준보다 작은 경우 : 이 조건은 모든 작업자들에게 극히 정상적인 작업 상황으로 개선 대책을 세울 필요가 없다.
㉡ 대상물의 무게가 AL 기준보다 크고 MPL 기준보다 작은 경우 : 작업 상황이 이 영역에 해당된다면 우선 관리적인 개선 대책을 생각해 볼 수 있다. 여기서 관리적 개선이라 하면 작업순환, 인력운반작업에 대한 교육, 작업자 선발기준의 개발 등을 의미한다.
㉢ 대상물의 무게가 MPL 기준보다 큰 경우 : 이런 작업 조건이라면 거의 모든 작업자들에게 작업으로서 받아들여질 수가 없다. 이 경우에는 근본적인 대책 즉 공정개선, 자동화 등의 공학적인 대책이 필요하다.

핵심이론 03 NIOSH Lifting Guide Line(1991)

① 권장무게한계(RWL)
  ㉠ 건강한 작업자들이 요통의 위험 없이 들 수 있는 작업무게
  ㉡ RWL = 23kg × HM × VM × DM × AM × FM × CM(23kg이 안전하중)
  ㉢ 6가지 들기 계수들이 작으면 들기에 불편하므로 들 수 있는 권장무게한계가 줄어듦
  ㉣ 계수들이 클수록 들기 편함을 나타냄(RWL이 클수록 좋음)
  ㉤ 들기 지수(LI ; Lifting Index) = 물건의 중량(Load Weight)/RWL
    • LI : 권장무게한계의 몇 배가 되는가?
    • LI는 1보다 크면 안 됨
    • LI가 1보다 작도록 작업 재설계

② 들기 계수 6가지
  ㉠ HM(Horizontal Multiplier) : 수평계수
    발의 위치에서 중량물을 들고 있는 손의 위치까지의 수평거리, HM = 25cm/H
    • 수평거리가 25cm보다 작을 경우 1
    • 수평거리가 63cm를 초과할 경우 0
    • 25cm는 작업자가 물체를 몸에 붙여 들 수 있는 최소 수평거리로 팔꿈치의 길이
    • 63cm는 체구가 작은 사람이 물체를 최대한 멀리 잡고 들 수 있는 수평거리
  ㉡ VM(Vertical Multiplier) : 수직계수
    바닥에서 손까지의 거리, VM = 1 - 0.003|V - 75|
    • 작업자와 물체사이의 수직거리를 권장무게한계에 고려하기 위한 계수
    • 75cm는 키가 165cm인 사람이 들기 작업에서 가장 적합한 높이이며 팔을 편안하게 늘어뜨렸을 때의 손의 높이
    • 수직거리가 75cm인 경우 1
    • 수직거리가 175cm 이상인 경우 0
    • 수직거리가 75cm 이하인 경우는 몸 전체를 이용한 들기 작업
    • 수직거리가 75cm 이상인 경우는 상체를 이용한 들기 작업
  ㉢ DM(Distance Multiplier) : 거리계수
    중량물을 들고 내리는 수직방향의 이동거리, DM = 0.82 + 4.5/D
    • 물체를 이동시킨 수직이동거리를 권장무게한계에 고려하기 위한 계수
    • 수직이동거리가 25cm보다 작을 때 1
    • 수직이동거리가 최대 파악한계인 175cm보다 클 경우 0
  ㉣ AM(Asymmetric Multiplier) : 비대칭계수
    신체 중심에서 물건중심까지 비틀린 각도, AM = 1 - 0.0032A
    • 1981년에는 고려되지 않았던 계수
    • 신체중심에서 물건중심까지 비틀린 각도
    • 들기 작업의 시작점과 종점의 두 군데에서 측정

- 135°가 넘을 경우 0
- 135° 이상의 비틀림을 금하고 있음

ⓜ FM(Frequency Multiplier) : 빈도계수

1분 동안 드는 횟수

- 1분 동안 반복한 횟수(분당 0.2~16회)로 주어진 표에서 찾음
- 15분간 작업을 관찰해서 구함

빈도수 (회/분)	작업시간					
	1h 이하		2h 이하		8h 이하	
	V < 75	V > 75	V < 75	V > 75	V < 75	V > 75
1	0.94	0.94	0.88	0.88	0.75	0.75
2	0.91	0.91	0.84	0.84	0.65	0.65
3	0.88	0.88	0.79	0.79	0.55	0.55

ⓗ CM(Coupling Multiplier) : 결합계수

손잡이의 잡기 편한 정도, 잡기 편한 손잡이의 유무를 반영한 것으로 시점과 종점 두 군데서 측정

커플링 상태	수직거리	
	V < 75	V > 75
Good	1	1
Fair	0.95	1
Bad	0.9	0.9

- Good(들기 편함) : 손잡이가 있거나 없어도 편한 경우
- Fair(보통) : 손잡이가 적당하지는 않지만, 손목의 각도를 90° 정도 유지가능
- Bad(불량) : 손잡이가 없고 불편, 끝이 날카로운 경우

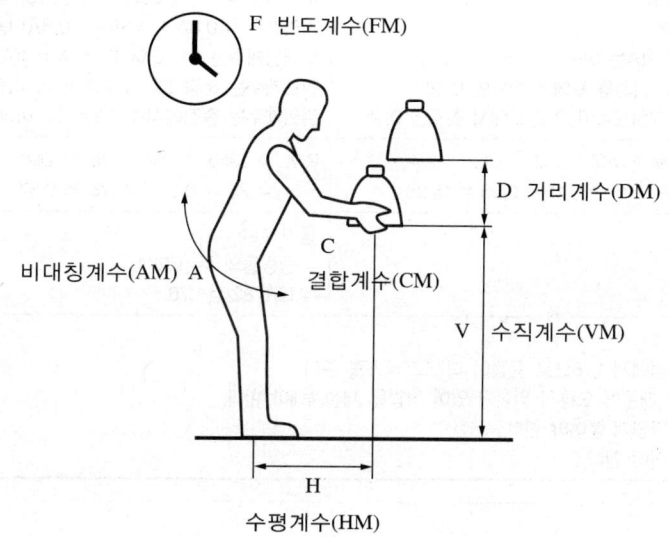

핵심예제

다음과 같은 들기 작업에서 45분 동안 1분당 3번의 들기 작업이 수행된다. 비대칭각도는 0도이고, 박스의 손잡이가 없어 Fair로 간주한다. 작업의 적정성을 검토하시오.

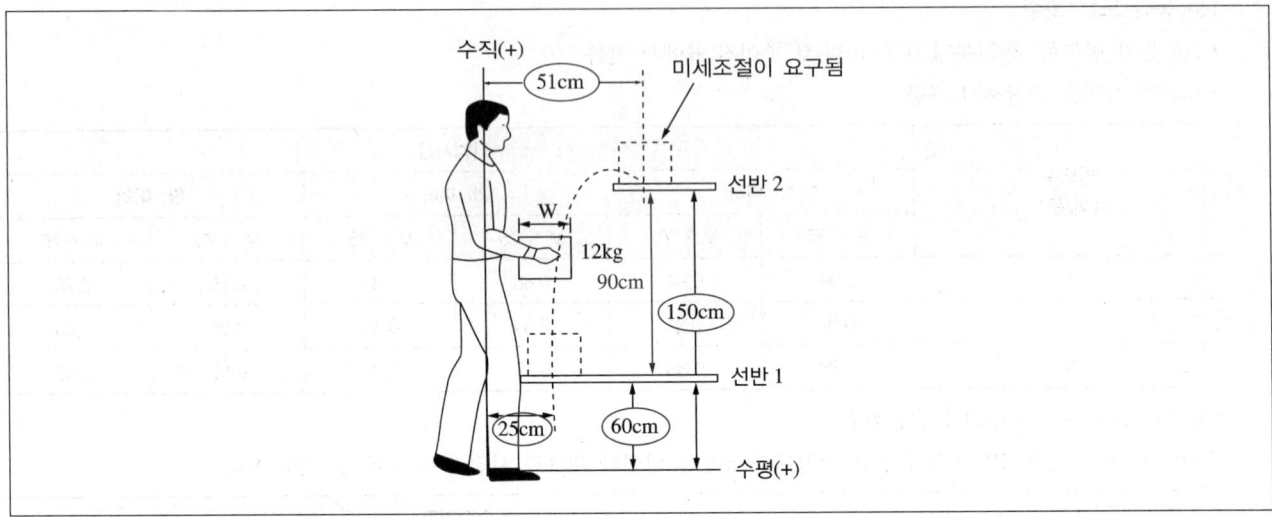

| 풀이 |

중량물 무게(kg)		시 점
L(평균)	L(최대)	H
12	12	25

시 점	종 점
수평계수 = 25/H = 25/25 = 1 수직계수 = 1 − 0.003 × |V − 75| = 0.955 거리계수 = 0.82 + 4.5/D = 0.87 비대칭계수 = 1 − 0.0032 × A = 1(A는 0도) 빈도계수는 분당 3회 수직거리 75 이하를 표에서 찾으면 0.88 결합계수는 시점에서 60으로 75 이하 Fair이므로 표에서 찾으면 0.95	수평계수 = 25/H = 25/51 = 0.5 수직계수 = 1 − 0.003 × |V − 75| = 0.775 거리계수 = 0.82 + 4.5/D = 0.87(이동거리 D는 같다) 비대칭계수 = 1 − 0.0032 × A = 1(A는 0도) 빈도계수는 분당 3회 수직거리 75 이하를 표에서 찾으면 0.88 결합계수는 종점에서 150으로 75 이상 시 Fair이므로 표에서 찾으면 1

RWL = 23kg × HM × VM × DM × AM × FM × CM
     = 23 × 1 × 0.955 × 0.87 × 1 × 0.88 × 0.95 = 15.98
	RWL = 23kg × HM × VM × DM × AM × FM × CM
	     = 23 × 0.5 × 0.775 × 0.87 × 1 × 0.88 × 1 = 6.82

들기 지수 = 중량물의 무게/RWL = 12/15.98 = 0.75	들기 지수 = 중량물의 무게/RWL = 12/6.82 = 1.76

결 론
- 들기 지수는 시점에서 0.75, 종점에서 1.76으로 종점이 더 스트레스를 준다.
- 종점의 들기 지수가 1보다 크기 때문에 요통의 위험이 있어 작업을 재설계해야 한다.
- 수평계수 : 선반을 작업자에게 가깝게 붙여야 한다.
- 수직계수 : 선반의 높이를 낮추어야 한다.

제4절 | 수공구 작업

핵심이론 01 수공구 설계원칙

① 손목의 중립적 자세 유지
  ㉠ 손목은 곧게 펼 수 있어야 하며, 손목을 굽히거나 비틀림, 어깨 들림 등의 나쁜 자세를 취하지 않도록 한다.
  ㉡ 공구의 무게중심과 잡은 손의 중심이 일직선이어야 한다.

② 손잡이는 직경, 길이 고려
  ㉠ 손잡이의 직경은 사용용도에 따라서 조정하되, 손바닥과 닿는 면적을 넓게 해야 힘을 고르게 분산시킬 수 있다.
  ㉡ 손잡이 길이는 최소 10cm가 되도록 하며, 장갑을 사용할 경우 12.5cm 이상이어야 한다.
  ㉢ 손잡이 길이가 짧으면 손잡이 끝에 손바닥의 신경이나 혈관이 눌리는 접촉스트레스를 야기시킨다.

③ 손가락의 반복동작 회피
  ㉠ 손가락으로 지나친 반복동작을 하지 않도록 한다.
  ㉡ 반복적인 힘이 필요한 경우 스프링 반동 장치가 있는 공구를 선택한다.
  ㉢ 제일 강한 힘을 낼 수 있는 중지와 엄지를 사용한다.
  ㉣ 공구의 무게는 2.3kg 이하가 적당하며, 반복작업은 1kg 이하, 정밀작업은 0.4kg 이하가 되도록 한다.

④ 접촉면을 넓게 하여 접촉스트레스의 최소화
  ㉠ 손바닥 면에 압력이 가해지지 않도록 해야 한다.
  ㉡ 손잡이의 표면은 충격을 흡수할 수 있고, 비전도성이어야 한다.
  ㉢ 손잡이 표면의 홈의 크기나 너비가 작업자에게 맞지 않으면 손가락은 지속적으로 스트레스를 받게 되고, 통증과 불편함을 느끼게 된다.

⑤ 올바른 방향으로 사용 : 손목을 굽히거나 비틀지 않고 똑바른 자세를 취할 수 있도록 작업방향을 바꾼다.

⑥ 기 타
  ㉠ 알맞은 장갑을 사용한다.
  ㉡ 수동공구 대신에 전동공구를 사용한다.
  ㉢ 안전측면을 고려한 디자인과 여성, 왼손잡이를 위한 배려가 있어야 한다.

[수공구 설계원칙]

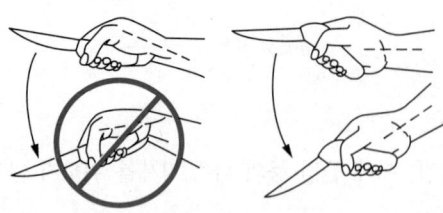
① 손목의 중립적 자세 유지

② 손잡이는 직경, 길이 고려

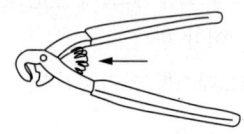
③ 손가락의 반복동작 회피(스프링 반동)

④ 접촉스트레스의 최소화

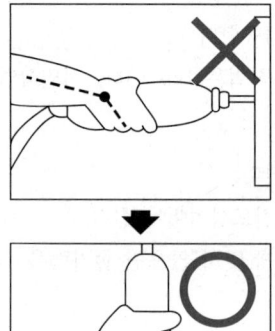
⑤ 올바른 방향으로 사용

핵심이론 02 수공구의 올바른 사용법

① 작업의 특성·용도에 맞는 수공구를 사용한다.

② 손잡이는 두께, 길이, 모양 등이 다루기 쉬워야 한다.

③ 적은 힘으로도 사용할 수 있어야 한다.

④ 진동과 소음이 적어야 한다.

⑤ 근로자에게 적합한 직무를 부여한다.

⑥ 충분한 작업공간을 제공한다.

핵심이론 03 수공구 사용 시 피해야 할 작업상황

① 무거운 공구를 계속 들고 있는 자세
② 손목을 비틀거나 굽히거나 뒤로 젖히는 자세
③ 날카로운 수공구에 신체가 눌리는 자세(접촉스트레스)
④ 공구의 진동과 소음
⑤ 추운 작업공간이나 수공구에 의한 차가운 온도 등

핵심이론 04 수공구 사용으로 인한 증상

근골격계 질환의 종류	원 인	증 상
수근관 증후군 (또는 손목터널증후군)	• 빠른 손동작을 계속 반복할 때 • 엄지와 검지를 자주 움직일 때 • 빈번하게 손목이 꺾일 때	• 첫째, 둘째, 셋째 손가락 전체와 넷째 손가락 안쪽에 증상 • 손의 저림 또는 찌릿한 느낌 • 물건을 쥐기 어려움
건초염	• 반복 작업, 힘든 작업을 할 때 • 오랫동안 손을 사용할 때	• 인대나 인대를 둘러싼 건초(건막) 부위가 부음 • 손이나 팔이 붓고 누르면 아픔
드퀘르병 건초염	• 물건을 자주 집는 작업을 할 때 • 손목을 자주 비틀 때 • 반복 작업, 힘든 작업을 할 때	• 엄지손가락 부분에 통증 • 손목과 엄지손가락이 붓거나 움직임이 힘듦
방아쇠 손가락	• 수공구의 방아쇠를 자주 사용할 때 • 반복 작업, 힘든 작업을 할 때 • 충격, 진동이 심한 작업을 할 때	• 손가락이 굽어져 움직이기가 어려움 • 손가락 첫째 마디에 통증
백지병	• 진동이 심한 공구를 사용할 때	• 손가락, 손의 일부가 하얗게 창백함 • 손가락, 손의 마비

제5절 | 산업안전보건법

산업안전보건법 [시행 2024. 5. 17.] [법률 제19591호, 2023. 8. 8., 타법개정]
산업안전보건법 시행령 [시행 2023. 12. 12.] [대통령령 제33913호, 2023. 12. 12., 타법개정]
산업안전보건법 시행규칙 [시행 2023. 9. 28.] [고용노동부령 제393호, 2023. 9. 27., 일부개정]

핵심이론 01 안전보건관리조직

① 안전관리자의 업무
  ㉠ 산업안전보건위원회 또는 노사협의체에서 심의·의결한 업무와 해당 사업장의 안전보건관리규정 및 취업규칙에서 정한 업무
  ㉡ 위험성평가에 관한 보좌 및 지도·조언
  ㉢ 안전인증대상기계 등과 자율안전확인대상기계 등 구입 시 적격품의 선정에 관한 보좌 및 지도·조언
  ㉣ 해당 사업장 안전교육계획의 수립 및 안전교육 실시에 관한 보좌 및 지도·조언
  ㉤ 사업장 순회점검·지도 및 조치 건의
  ㉥ 산업재해 발생의 원인 조사·분석 및 재발 방지를 위한 기술적 보좌 및 지도·조언
  ㉦ 산업재해에 관한 통계의 유지·관리·분석을 위한 보좌 및 지도·조언
  ㉧ 안전에 관한 사항의 이행에 관한 보좌 및 지도·조언
  ㉨ 업무수행 내용의 기록·유지
  ㉩ 그 밖에 안전에 관한 사항으로서 고용노동부장관이 정하는 사항

② 보건관리자의 업무
  ㉠ 산업안전보건위원회 또는 노사협의체에서 심의·의결한 업무와 안전보건관리규정 및 취업규칙에서 정한 업무
  ㉡ 안전인증대상기계 등과 자율안전확인대상기계 등 중 보건과 관련된 보호구 구입 시 적격품 선정에 관한 보좌 및 지도·조언
  ㉢ 위험성평가에 관한 보좌 및 지도·조언
  ㉣ 물질안전보건자료의 게시 또는 비치에 관한 보좌 및 지도·조언
  ㉤ 산업보건의의 직무
  ㉥ 해당 사업장 보건교육계획의 수립 및 보건교육 실시에 관한 보좌 및 지도·조언
  ㉦ 해당 사업장의 근로자를 보호하기 위한 다음의 조치에 해당하는 의료행위
    • 자주 발생하는 가벼운 부상에 대한 치료
    • 응급처치가 필요한 사람에 대한 처치
    • 부상·질병의 악화를 방지하기 위한 처치
    • 건강진단 결과 발견된 질병자의 요양 지도 및 관리
    • 의료행위에 따르는 의약품의 투여
  ㉧ 작업장 내에서 사용되는 전체 환기장치 및 국소 배기장치 등에 관한 설비의 점검과 작업방법의 공학적 개선에 관한 보좌 및 지도·조언
  ㉨ 사업장 순회점검·지도 및 조치 건의
  ㉩ 산업재해 발생의 원인 조사·분석 및 재발 방지를 위한 기술적 보좌 및 지도·조언
  ㉪ 산업재해에 관한 통계의 유지·관리·분석을 위한 보좌 및 지도·조언
  ㉫ 법 또는 법에 따른 명령으로 정한 보건에 관한 사항의 이행에 관한 보좌 및 지도·조언
  ㉬ 업무수행 내용의 기록·유지
  ㉭ 그 밖에 보건과 관련된 작업관리 및 작업환경관리에 관한 사항으로서 고용노동부장관이 정하는 사항

핵심이론 02 안전보건개선계획

① 안전보건개선계획 수립·시행 명령 대상 사업장
  ㉠ 산업재해율이 같은 업종의 규모별 평균 산업재해율보다 높은 사업장
  ㉡ 사업주가 필요한 안전조치 또는 보건조치를 이행하지 아니하여 중대재해가 발생한 사업장
  ㉢ 직업성 질병자가 연간 2명 이상 발생한 사업장
  ㉣ 유해인자의 노출기준을 초과한 사업장

② 안전보건개선계획서에 포함되어야 할 내용
  ㉠ 시설의 개선을 위해 필요한 사항
  ㉡ 안전보건관리 체제의 개선을 위해 필요한 사항
  ㉢ 안전보건 교육의 개선을 위해 필요한 사항
  ㉣ 산업재해예방 및 작업환경의 개선을 위해 필요한 사항

핵심이론 03 안전보건진단을 받아 안전보건개선계획을 수립할 대상

① 산업재해율이 같은 업종 평균 산업재해율의 2배 이상인 사업장
② 사업주가 필요한 안전조치 또는 보건조치를 이행하지 아니하여 중대재해가 발생한 사업장
③ 직업성 질병자가 연간 2명 이상(상시근로자 1천명 이상 사업장의 경우 3명 이상) 발생한 사업장
④ 그 밖에 작업환경 불량, 화재·폭발 또는 누출 사고 등으로 사업장 주변까지 피해가 확산된 사업장으로서 고용노동부령으로 정하는 사업장

핵심이론 04 안전관리의 사고예방대책 5단계(재해예방의 기본원칙)

제1단계 (조직)	경영자는 안전 목표를 설정하여 안전관리를 함에 있어 맨 먼저 안전관리 조직을 구성하여 안전활동 방침 및 계획을 수립하고 전문적 기술을 가진 조직을 통한 안전활동을 전개함으로써 근로자의 참여하에 집단의 목표를 달성하도록 하여야 한다.
제2단계 (사실의 발견)	조직편성을 완료하면 각종 안전사고 및 안전활동에 대한 기록을 검토하고 작업을 분석하여 불안전요소를 발견한다. 불안전요소를 발견하는 방법은 안전점검, 사고조사, 관찰 및 보고서 연구, 안전토의 또는 안전회의 등을 통해야 한다.
제3단계 (평가분석)	발견된 사실, 즉 안전사고의 원인분석은 불안전요소를 토대로 사고를 발생시킨 직접적 및 간접적 원인을 찾아내는 것이다. 분석은 현장 조사 결과의 분석, 사고보고, 사고기록, 환경조건의 분석 및 작업공정의 분석, 교육과 훈련의 분석 등을 통해야 한다.
제4단계 (시정책의 선정)	분석을 통하여 색출된 원인을 토대로 효과적인 개선방법을 선정해야 한다. 개선방안에는 기술적 개선, 인사조정, 교육 및 훈련의 개선, 안전행정의 개선, 규정 및 수칙의 개선과 이행 독려의 체제강화 등이 있다.
제5단계 (시정책의 적용)	시정방법이 선정된 것만으로 문제가 해결되는 것이 아니고 반드시 적용되어야 하며, 목표를 설정하여 실시하고 실시결과를 재평가하여 불합리한 점은 재조정되어 실시되어야 한다. 시정책은 교육, 기술, 규제의 3E대책을 실시함으로써 이루어진다.

핵심이론 05 재해조사 4단계

① **사실의 확인**
  ㉠ 육하원칙에 의거하여 현장에 대한 구체적인 조사를 실시한다.
  ㉡ 작업시작부터 재해발생까지의 사실관계를 명확히 밝힌다.
  ㉢ Man : 작업내용, 성별, 연령, 직종, 소속, 경험, 연수, 자격, 면허, 불안전한 행동 등을 조사한다.
  ㉣ Machine : 기계, 설비, 치공구, 안전장치, 방호설비, 물질, 재료 등 불안전한 상태의 유무를 조사한다.
  ㉤ Media : 명령, 지시, 연락, 정보유무, 사전협의, 작업방법, 작업조건, 작업순서, 작업환경을 조사한다.
  ㉥ Management : 관련법규, 규정, 교육 및 훈련, 순시, 점검, 확인, 보고 등에 대한 조사를 한다.

② **직접원인과 문제점 발견**
  ㉠ 사실의 확인을 통해 재해의 직접원인을 확정한다.
  ㉡ 그 직접원인이 제반기준과 어긋난 것이 없는지 확인한다.

③ **기본원인과 문제점 해결** : 직접원인에 해당하는 불안전한 행동 및 상태를 유발시키는 기본원인을 4M에 의거하여 분석하고 결정한다.

④ **대책수립**
  ㉠ 사실확인, 직접원인 발견, 기본원인 분석 등의 절차를 통해 밝혀진 문제점으로부터 방지대책을 수립한다.
  ㉡ 대책은 구체적으로 실시 가능한 것이어야 한다.
  ㉢ 산업안전보건위원회의 심의를 거친다.
  ㉣ 시정해야 할 대책 중 순위를 결정한다.
  ㉤ 대책수립 후 실시계획을 수립한다.
  ㉥ 유사재해 방지대책을 수립한다.

제6절 | 산업안전보건기준

산업안전보건기준에 관한 규칙 [시행 2024. 1. 1.] [고용노동부령 제399호, 2023. 11. 14., 일부개정]
근골격계부담작업의 범위 및 유해요인조사 방법에 관한 고시 [시행 2020. 1. 16.] [고용노동부고시 제2020-12호, 2020. 1. 6., 일부개정]

핵심이론 01 근골격계 부담작업 관련 법령

① 용어의 정의
  ㉠ 근골격계 부담작업이란 단순반복 작업 또는 인체에 과도한 부담을 주는 작업으로서 작업량·작업속도·작업강도 및 작업장 구조 등에 따라 고용노동부장관이 정하여 고시하는 작업을 말한다.
  ㉡ 근골격계 질환이란 반복적인 동작, 부적절한 작업자세, 무리한 힘의 사용, 날카로운 면과의 신체접촉, 진동 및 온도 등의 요인에 의하여 발생하는 건강장해로서 목, 어깨, 허리, 팔, 다리의 신경·근육 및 그 주변 신체조직 등에 나타나는 질환을 말한다.
  ㉢ 근골격계 질환 예방관리프로그램이란 유해요인조사, 작업환경 개선, 의학적 관리, 교육·훈련, 평가에 관한 사항 등이 포함된 근골격계 질환을 예방·관리하기 위한 종합적인 계획을 말한다.
  ㉣ 근골격계 부담작업 11종

> 1. 하루에 4시간 이상 집중적으로 자료입력 등을 위해 키보드 또는 마우스를 조작하는 작업
> 2. 하루에 총 2시간 이상 목, 어깨, 팔꿈치, 손목 또는 손을 사용하여 같은 동작을 반복하는 작업
> 3. 하루에 총 2시간 이상 머리 위에 손이 있거나, 팔꿈치가 어깨 위에 있거나, 팔꿈치를 몸통으로부터 들거나, 팔꿈치를 몸통 뒤쪽에 위치하도록 하는 상태에서 이루어지는 작업
> 4. 지지되지 않은 상태이거나 임의로 자세를 바꿀 수 없는 조건에서, 하루에 총 2시간 이상 목이나 허리를 구부리거나 트는 상태에서 이루어지는 작업
> 5. 하루에 총 2시간 이상 쪼그리고 앉거나 무릎을 굽힌 자세에서 이루어지는 작업
> 6. 하루에 총 2시간 이상 지지되지 않은 상태에서 1kg 이상의 물건을 한 손의 손가락으로 집어 옮기거나, 2kg 이상에 상응하는 힘을 가하여 한 손의 손가락으로 물건을 쥐는 작업
> 7. 하루에 총 2시간 이상 지지되지 않은 상태에서 4.5kg 이상의 물건을 한 손으로 들거나 동일한 힘으로 쥐는 작업
> 8. 하루에 10회 이상 25kg 이상의 물체를 드는 작업
> 9. 하루에 25회 이상 10kg 이상의 물체를 무릎 아래에서 들거나, 어깨 위에서 들거나, 팔을 뻗은 상태에서 드는 작업
> 10. 하루에 총 2시간 이상, 분당 2회 이상 4.5kg 이상의 물체를 드는 작업
> 11. 하루에 총 2시간 이상 시간당 10회 이상 손 또는 무릎을 사용하여 반복적으로 충격을 가하는 작업

② 유해요인조사
  ㉠ 근골격계 부담작업을 하는 경우 사업장은 3년마다 실시한다.
  ㉡ 신설사업장은 신설일로부터 1년 이내에 최초 유해요인조사를 실시한다.
  ㉢ 사업주는 유해요인조사에 근로자 대표 또는 해당 작업근로자를 참여시켜야 한다.
  ㉣ 사업주가 지체 없이 유해요인조사를 해야 하는 경우는 다음과 같다.
    • 임시건강진단에서 근골격계 환자 발생 시
    • 근로자가 근골격계 질환으로 업무상 질병을 인정받은 경우
    • 근골격계 부담작업에 해당하는 새로운 작업, 설비를 도입한 경우
    • 근골격계 부담작업에 해당하는 업무의 양과 작업공정 등 작업환경을 변경한 경우

ⓜ 유해요인조사 내용

작업장 상황조사	• 작업공정의 변화 • 작업설비의 변화 • 작업량 변화 • 작업속도 및 최근업무의 변화
근골격계 질환 증상조사	• 근골격계 질환 증상과 징후 • 직업력(근무력) • 근무형태(교대제 여부) • 취미생활 • 과거질병

ⓑ 유해요인조사 시 사업주가 보관해야 할 문서는 다음과 같다.
- 유해요인 기본조사표
- 근골격계 질환 증상 조사표
- 개선계획 및 결과보고서

ⓢ 보존기간은 다음과 같다.
- 근로자 개인정보 자료 : 5년
- 시설·설비와 관련된 개선계획 및 결과보고서 : 시설·설비가 작업장 내에 존재하는 동안 보존

핵심이론 02 근골격계 부담작업을 하는 경우 사업주가 근로자에게 주지해야 할 사항

① 근골격계 부담작업의 유해요인
② 근골격계 질환의 징후 및 증상
③ 근골격계 질환 발생 시 대처요령
④ 올바른 작업자세 및 작업도구, 작업시설의 올바른 사용방법
⑤ 근골격계 질환 예방에 필요한 사항

핵심이론 03 사업장에서 산업안전보건법에 의해 근골격계 질환 예방관리프로그램을 시행해야 하는 경우

① 근골격계 질환으로 요양결정을 받은 근로자가 연간 10인 이상 발생한 사업장
② 요양결정을 받은 근로자가 5인 이상 발생한 사업장으로서 그 사업장 근로자수의 10% 이상인 경우
③ 고용노동부장관이 근골격계 질환 예방과 관련하여 노사 간 이견이 지속되는 사업장으로서 고용노동부장관이 필요하다고 인정하여 근골격계 질환 예방관리프로그램을 수립하고 시행할 것을 명령한 경우

제7절 | 제조물책임법

제조물책임법 [시행 2018.4.19.] [법률 제14764호, 2017.4.18., 일부개정]

핵심이론 01 제조물책임법상 결함의 종류

① 제조상의 결함
제품의 제조과정에서 발생하는 결함으로, 원래의 도면이나 제조방법대로 제품이 제조되지 않았을 때도 이에 해당된다.

② 설계상의 결함
제품의 설계 그 자체에 내재하는 결함으로 설계대로 제품이 만들어졌더라도 결함으로 판정되는 경우이다. 즉, 제조업자가 합리적인 대체설계를 채용하였더라면 피해나 위험을 줄이거나 피할 수 있었음에도 대체설계를 채용하지 아니하여 해당 제조물이 안전하지 못하게 된 경우이다.

③ 표시(지시·경고)상의 결함
제품의 설계와 제조과정에 아무런 결함이 없다 하더라도 소비자가 사용상의 부주의나 부적절한 사용으로 발생할 위험에 대비하여 적절한 사용 및 취급 방법 또는 경고가 포함되어 있지 않을 때에 해당된다.

핵심이론 02 손해배상책임을 지는 자가 책임을 면하기 위해 입증해야 하는 사실

① 제조업자가 해당 제조물을 공급하지 아니하였다는 사실
② 제조업자가 해당 제조물을 공급한 당시의 과학·기술 수준으로는 결함의 존재를 발견할 수 없었다는 사실
③ 제조물의 결함이 제조업자가 해당 제조물을 공급한 당시의 법령에서 정하는 기준을 준수함으로써 발생하였다는 사실
④ 원재료나 부품의 경우에는 그 원재료나 부품을 사용한 제조물 제조업자의 설계 또는 제작에 관한 지시로 인하여 결함이 발생하였다는 사실

핵심이론 03 제조물책임법 성립 요구조건

① 제조물의 결함이 원인이 되어야 한다.
② 소비자가 생명·신체 또는 재산에 손해를 입어야 한다.

CHAPTER 02 인간공학적 평가

제1절 | 인간의 감각기능

인간의 감각은 시각, 청각, 피부감각, 촉각, 후각, 미각 등으로 이루어지며, 외부로부터 제공된 정보 중에서 60%는 시각, 20%는 청각, 나머지 20%는 기타 감각으로 정보를 수용한다.

핵심이론 01 시 각

① 최소가분시력(Minimum Separable Acuity) : 눈이 파악할 수 있는 표적의 최소 공간

[최소가분시력]

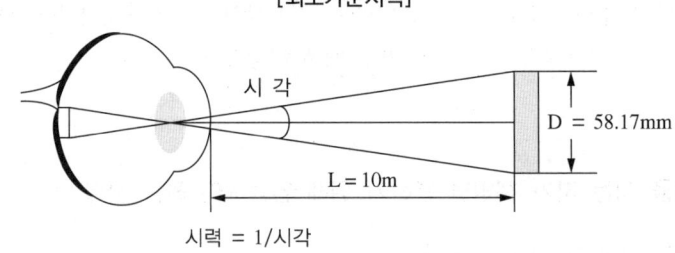

시력 = 1/시각

시각(Visual angle) = 180/π × 60 × [물체의 크기(D)/물체와의 거리(L)] = 3,438 × D/L

② 최소지각시력(Minimum Perceptible Acuity) : 배경으로부터 한 점을 분간하는 능력

③ 배열시력(Vernier Acuity) : 둘 이상의 물체들을 평면에 배열하여 놓고 그것이 일렬로 서 있는지를 판별하는 능력

④ 동적시력(Dynamic Acuity) : 움직이는 물체를 정확하고 빠르게 인지하는 능력

⑤ 입체시력(Stereoscopic Acuity) : 양안으로 사물을 입체적으로 볼 수 있는 능력

⑥ 암순응과 명순응
  ㉠ 암순응
   • 밝은 곳에서 어두운 곳으로 이동할 때의 눈의 순응속도가 매우 느리다(30~35분).
   • 암순응 시 동공은 확대되고 간상세포가 작용한다.
   • 어두운 곳에서는 원추세포의 색의 감지는 불가하고 간상세포에 의해서만 보게 된다.
  ㉡ 명순응
   • 어두운 곳에서 밝은 곳으로 이동할 때의 눈은 빠르게 반응한다(1~2분).
   • 명순응 시 동공은 축소되고 원추세포가 작용한다.

⑦ 원추세포와 간상세포
  ㉠ 원추세포(Cone Cell) : 밝은 빛을 감지하는 원뿔 모양의 세포, 눈의 초점이 모이는 황반은 원추세포로만 구성된다.
  ㉡ 간상세포(Rod Cell) : 약한 빛을 감지하는 가늘고 긴 막대모양의 세포, 비타민 A의 영향을 많이 받는다.

[원추세포와 간상세포]

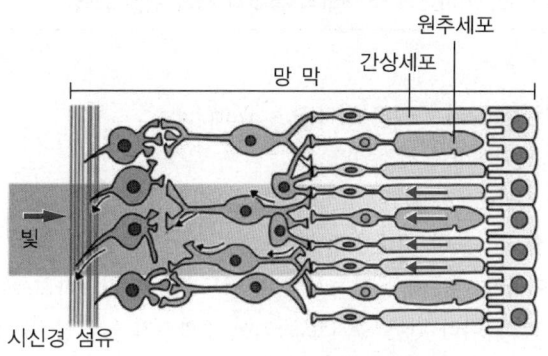

※ 출처 : doopedia.co.kr

⑧ 인간의 시식별 능력
  ㉠ 인간의 시식별 능력은 광도, 광속, 조도, 휘도, 반사율, 대비에 따라 달라진다.
  ㉡ 노출시간, 연령, 훈련이나 과녁의 이동(과녁이나 관측자가 움직일 경우 시력이 감소)도 영향을 준다.

핵심이론 02 청 각

① 음의 높이
  ㉠ 음의 높이는 진동수(주파수)에 의해 결정된다.
  ㉡ 피아노의 도는 256Hz, 음이 한 옥타브(f) = $\text{Log}_2(f_2/f_1)$ 높아질 때마다 진동수는 2배씩 증가한다.
  ㉢ 인간이 들을 수 있는 가청주파수의 범위는 20~20,000Hz이다.
  ㉣ 주파수에 따라 들리는 소리의 크기가 달라지며 중음(1,000Hz)이 가장 크게 들린다.

[주파수의 변화에 따른 가청한계]

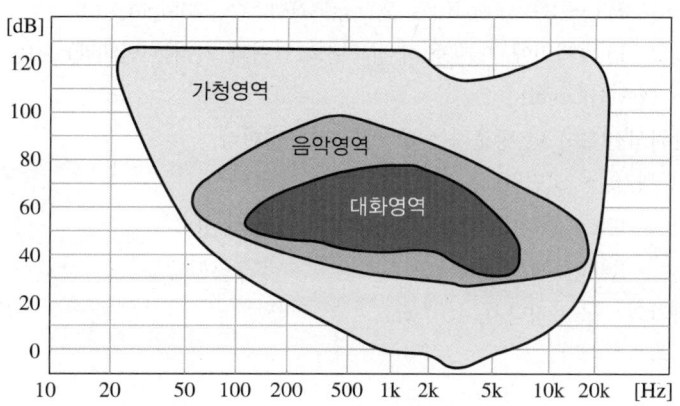

- 500Hz 이하 : 최소가청한계 곡선이 높게 유지됨(인간 청감이 매우 둔감한 영역)
- 500~2,000Hz : 음압레벨이 거의 0 [dB] SPL 유지
- 2,000~5,000Hz : 음압레벨이 0 [dB] SPL 이하로 떨어짐(인간 청감이 비교적 잘 발달되어 있는 영역)
- 2,000Hz 이상 : 나이가 들수록 잘 안 들림
- 5,000Hz 이상 : 최소가청한계 곡선이 가파르게 증가함(잘 들리지 않게 되는 영역)

② 음의 강도(Sound Intensity)
  ㉠ 음의 강도는 단위면적당 에너지로 정의 : 음의 세기(I) = Watt/m²
   - 음의 강도는 거리의 제곱에 반비례하여 감소된다.
   - 음의 강도는 편의성 때문에 음압(Sound Pressure)으로만 표현된다.
   - 음의 강도는 음압만으로 측정하고 이를 기준음압과 비교한다.
   - 소리의 크기는 주파수가 관여하기 때문에 물리적 소리의 강도(dB)와 일치하지 않는다.
   - 동일한 음압레벨이라도 주파수에 따라 다른 크기로 들려서 주파수가 높으면 더 크게 들린다.
   - 1,000Hz의 기준음압과 같은 크기로 들리는 음을 레벨화한 것이 등청감곡선이다.
  ㉡ 사람의 가청음압 범위
   - 0.00002~20N/m²(0~120dB)
   - 음압이 20N/m² 이상이 되면 귀에 통증
  ㉢ 음의 세기레벨(SIL ; Sound Intensity Level)
   - 사람의 귀는 외부의 물리적인 자극에 비례하는 것이 아니라 자극의 대수값에 비례한다.
   - 인체가 느끼는 감각량의 크기는 자극의 대수값에 비례한다.
   - SIL = $10\log_{10}(I/I_0)$ = $10\log_{10} I + 120$(dB)
   - I_0 : 기준음의 세기로 1,000Hz에서 청력이 좋은 사람의 최소 가청역치를 10^{-12} watt/m²으로 잡는다.
  ㉣ 음압레벨(SPL ; Sound Pressure Level)
   - 어떤 음의 음압과 기준 음압(20μ Pa)의 비율을 상용로그의 20배로 나타낸 단위(dB)이다.
   - 음의 크기를 인간의 청감과 일치하는 측정단위로 표현한 것이 데시벨(dB)이다.
   - SPL(dB) = $10\log(P_1/P_0)^2$: P_1은 측정하고자 하는 음압이고, P_0는 기준음압(20μPa)이다.
   - SPL(dB) = $10\log(P_1/P_0)^2$ = $10\log(P_1/P_0)^2$ = $20\log(P_1/P_0)$
   - $SPL_2 - SPL_1$ = $20\log(P_2/P_0) - 20\log(P_1/P_0)$ = $20\log(P_2/P_1)$ = $-20\log(d_2/d_1)$
   - $SPL_2 = SPL_1 - 20\log(d_2/d_1)$, [거리에 따른 음의 강도변화(압력과 거리는 반비례) : $P_2/P_1 = d_1/d_2$]
  ㉤ 음력레벨(PWL ; Sound Power Level)
   - 음력이란 음원에서 단위시간(1초) 당 방출하는 총 에너지를 말한다.
   - 음향파워(W) = I(음의 세기) × S(면적)
   - PWL = $10\log_{10}(W/W_0)$ = $10\log_{10}(W/10^{-12})$ = $10\log_{10} W - 10\log_{10} 10^{-12}$
   - PWL = $10\log_{10}(W/W_0)$ = $10\log_{10} W + 120$(dB)
   - W_0 : 1,000Hz에서 사람의 최소가청역치, 10^{-12} watt

핵심예제

덤프트럭에서 5m 떨어진 곳의 음압수준이 140dB이면, 50m 떨어진 곳의 음압수준은 얼마인가?

|풀이|

$SPL_2 = SPL_1 - 20\log(d_2/d_1) = 140 - 20\log(50/5) = 120dB$

핵심예제

소형사이렌의 출력이 0.1W일 때 사이렌의 파워레벨은?

|풀이|

$PWL = \log_{10} W + 120(dB) = 10\log_{10} 0.1 + 120(dB) = 110dB$

[음의 강도]

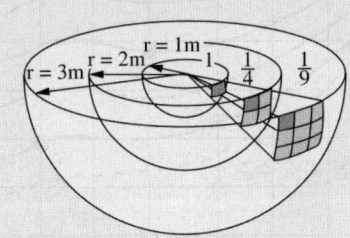

- 음의 강도는 발생원으로부터 거리의 제곱의 반비례
- 음의 강도 = 진폭^2 × 진동수^2

③ Phon, Sone
  ㉠ 정상적인 청력을 가진 사람들을 대상으로 음의 크기를 실험한 결과 동일한 크기를 듣기 위해서는 저주파에서는 고주파보다 물리적으로 더 높은 음압수준(SPL)이 필요하다.
  ㉡ 1,000Hz에서의 음압수준(dB)을 기준으로 하여 등감곡선을 나타내는 단위를 Phon이라 함, 즉 Phon이란 특정음과 같은 음으로 들리는 1,000Hz 순음의 음압수준(dB)을 의미하며, 그 이외의 주파수에서는 등청감곡선을 따라 구해진다.
  ㉢ Phon은 상이한 음의 상대적인 크기를 표시할 수가 없어 Sone을 사용해야 한다.

ㄹ) Sone은 기준음의 몇 배인가를 나타내며 Sone 치 = $2^{(Phon치 - 40)/10}$로 표현된다.

Phon	Sone	증 가
40	$2^0 = 1$	1배
50	$2^1 = 2$	2배
60	$2^2 = 4$	4배
70	$2^3 = 8$	8배
80	$2^4 = 16$	16배

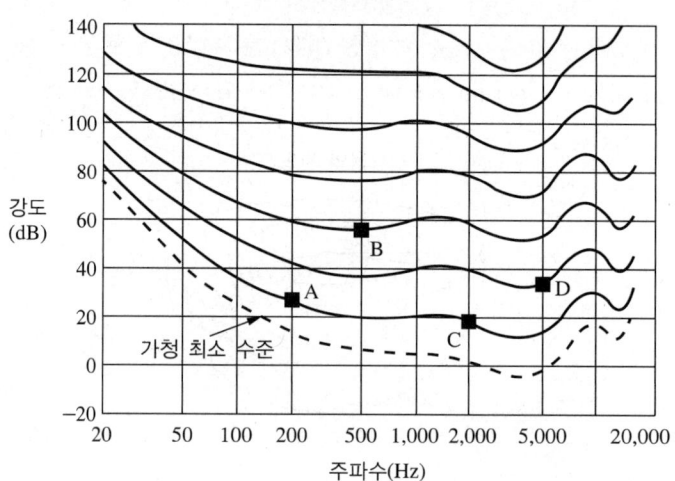

[등청감곡선]

핵심이론 03 피부감각, 후각

① 피부감각

피부감각의 종류	피부 1cm²당 개수	감각수용기
통 각	100~200개	자유신경종말
촉압각	25개	• 압각 : 파시니 소체 • 진동 : 마이스너 소체
냉 각	6~23개	크라우제 소체
온 각	0~3개	루피니 소체

[피부감각]

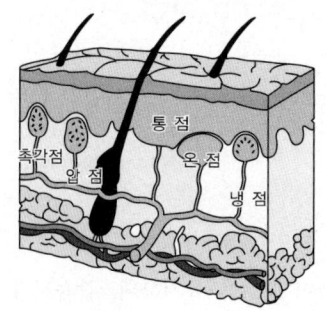

  ㉠ 피부감각 : 피부와 이에 있는 점막, 각막, 고막 등에 일어나는 감각이다.
  ㉡ 피부4감각 : 촉압각, 통각, 온각, 냉각 등의 4감각이 있고, 이들의 복합감각인 간지러움, 가려움 등이 있다.
  ㉢ 몸 전체에는 통각 약 200만 개, 촉압각 약 50만 개, 냉각 약 25만 개, 온각 약 3만 개가 있다.
  ㉣ 혀 끝, 손가락 끝 : 촉압점의 분포밀도가 높아 가장 예민하다.
  ㉤ 각막 : 중앙에는 통점밖에 없고, 그 주변에는 냉점과 통점밖에 없다.
  ㉥ 피부감수성이 제일 높은 순서 : 통각 > 압각 > 촉각 > 냉각 > 온각

② 후 각
  ㉠ 특정 물질이나 개인에 따라 민감도에 차이가 있고 특정 냄새에 대한 절대적 식별능력은 떨어지나 상대적 식별능력은 우수하다.
  ㉡ 훈련을 통해 식별능력을 60종까지도 식별가능하나 특정자극을 식별하는 데 사용하기보다는 냄새의 존재여부를 탐지하는 데 효과적이다.
    예 LNG에 착취제인 메르카프탄 사용
  ㉢ 감각기관 중 가장 예민하나 빨리 피로해지기 쉬워 순응이 빠르다.
  ㉣ 전달경로 : 기체의 화학물질 → 후각상피세포 → 후신경 → 대뇌

핵심이론 04 촉각 표시장치

① 시각, 청각 표시장치를 대체하는 장치로 사용 : 기계적 진동, 전기적 충격
② 손바닥에서 손가락 끝으로 갈수록 감도가 증가, 세밀한 식별이 필요한 경우 손바닥보다는 손가락이 유리하다.
③ 촉감은 피부온도가 낮아지면 나빠지므로 저온 환경에서 촉감 표시장치를 사용할 때는 주의해야 한다.

제2절 | 인체의 구성요소

인체는 크게 골격계, 근육계, 신경계, 호흡계, 순환계, 소화계로 구성되며, 몸의 구성성분은 물 61.8%, 단백질 16.8%, 지방 1.49%, 질소 3.3%, 칼슘 1.81% 등이다.

핵심이론 01 골격계

① **역할** : 내부장기를 보호하고, 신체를 지지하여 형상을 유지하며, 칼슘저장 및 조혈기능을 한다.
② **구성** : 영아의 뼈는 270개이지만 성인이 되면서 206개로 감소하며 이는 뼈, 연골, 관절, 인대로 구성(몸통뼈대 80개, 팔다리뼈대 126개)된다.
③ **뼈의 구성 4요소** : 골질, 연골막, 골막, 골수
④ 인대는 뼈와 뼈를 연결하고, 건(힘줄)은 뼈와 근육을 연결한다.
⑤ **척추** : 목을 지탱하는 경추(목뼈) 7개, 갈비뼈와 연결된 흉추(등뼈) 12개, 허리를 지탱하는 요추(허리뼈) 5개 등 24개로 구성되며, 하나로 합쳐져 있는 천추(골반뼈)와 미추(꼬리뼈) 1개를 합쳐 모두 25개이다(천추는 5개, 미추는 4개의 뼈로 구성됨).

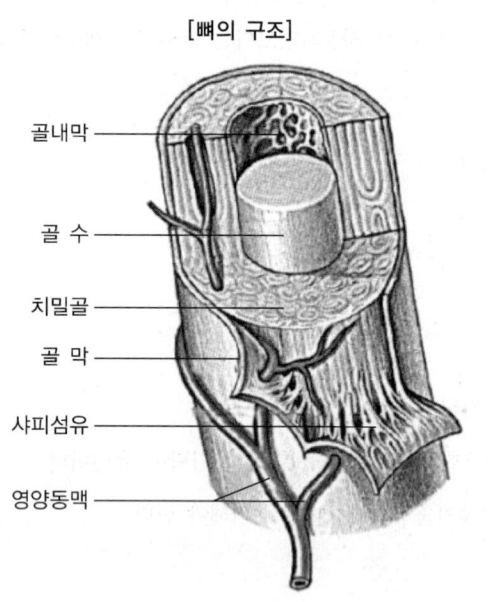

[뼈의 구조]

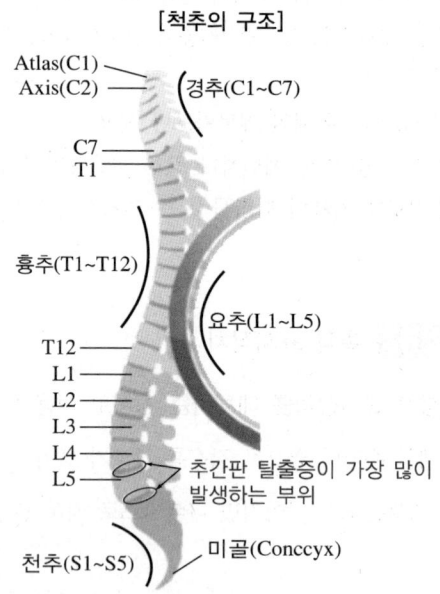

[척추의 구조]

※ 출처 : 생명과학대사전, 강영희

핵심이론 02 근육계

① 근육계통은 뼈에 부착된 골격근, 내장이나 혈관에 부착된 평활근(민무늬근, 내장근), 심장에만 있는 심장근(가로무늬근)으로 구성된다.

② 근육은 대뇌의 통제를 받아 자의적으로 움직이는 수의근과 심장근이나 내장근과 같이 대뇌의 통제를 받지 않고 스스로 움직이는 불수의근으로 나뉜다. 골격근은 수의근이며, 평활근과 심장근은 불수의근이다.

③ 근육근 색상에 따라서 백근(속근)과 적근(지근)으로 구분된다. 백근은 단시간에 강한 수축을 하여 속근이라고도 하며 단시간에 순발력과 큰 힘이 필요한 운동에 유리하고, 적근은 지구력에 유리하여 지근이라고도 하여 지구력이 필요한 마라톤에 유리하다.

④ **근수축이론** : 근활주설(Sliding Filament Theory)로 액틴섬유가 미오신 섬유 사이로 미끄러져 들어가 근육수축이 이루어진다는 이론이다.

[근수축 이론에 의한 근수축 과정]

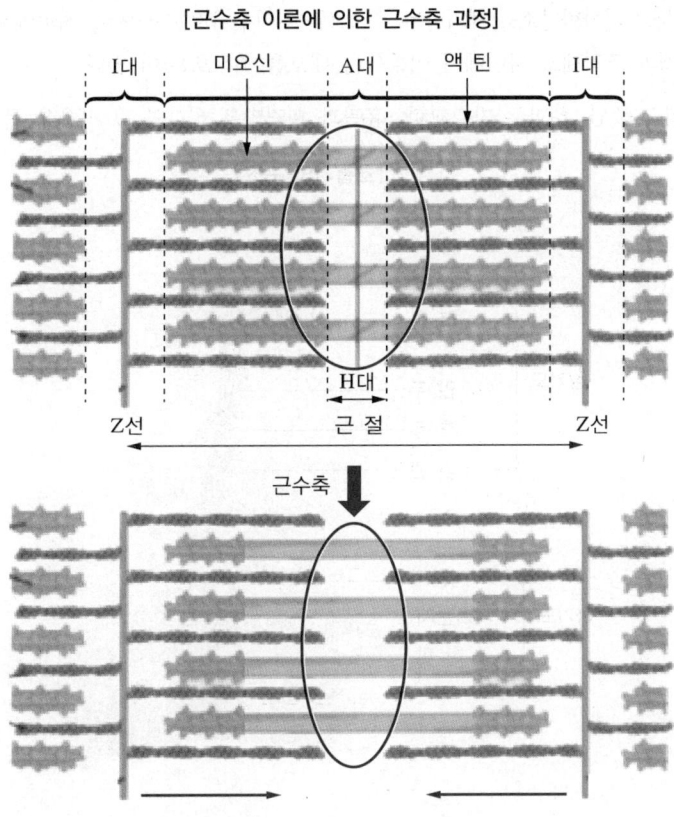

- I대 : 가느다란 액틴만 존재하는 구간(근수축 시 짧아짐)
- A대 : 미오신과 액틴이 겹치는 구간(근수축 시 길이 변화 없음)
- H대 : 미오신만 존재하는 구간(근수축 시 짧아짐)
- Z선 : I대 중앙부의 가느다란 선

핵심이론 03 신경계

① 신경계는 크게 뇌에서 명령을 내리고 전달하는 중추신경계(뇌와 척수)와 입출력만을 담당하는 말초신경계(체성신경계와 자율신경계)로 구분한다.
② 말초신경계는 뇌의 통제를 받는 체성신경계와 통제를 받지 않고 자율적으로 움직이는 자율신경계로 구분한다.
③ 자율신경계는 다시 신체를 긴장(활동상태)시키는 역할을 하는 교감신경계와 신체를 이완(휴식상태)시키는 부교감신경계로 구분되는데 건강을 위해서는 교감신경과 부교감신경 간의 균형이 이루어져야 한다.

핵심이론 04 호흡계

① 허파에 필요한 산소를 공급하고 이산화탄소를 제거하는 가스교환이 이루어지는 곳으로, 허파에서 공기와 혈액 사이에서 이루어지는 외호흡(허파호흡)과 혈액과 조직세포 사이에서 이루어는 내호흡(조직호흡)이 있다.
② 구강과 인두는 공기의 유입과 출입, 허파는 가스교환, 흉곽과 횡격막은 허파와 그 작용을 돕는 역할을 한다.

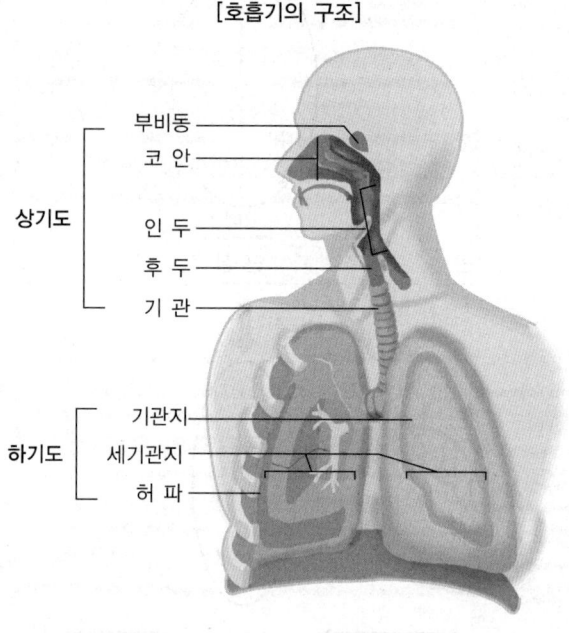

[호흡기의 구조]

핵심이론 05 순환계

① 인체에 필요한 영양, 산소, 에너지를 공급하고 노폐물을 배출하는 기능으로 폐순환과 체순환이 있다.
② 폐순환(소순환)
　㉠ 폐에서 이산화탄소를 내보내고, 산소를 받아들이는 순환
　㉡ 우심실 → 폐동맥 → 폐 → 폐정맥 → 좌심방(폐에서 CO_2 배출, 산소 획득)

③ 체순환(대순환)
  ㉠ 심장에서 산소가 함유된 혈액을 몸에 전달하고, 산소가 제거된 혈액을 심장으로 반환시키는 순환
  ㉡ 좌심실 → 대동맥 → 물질교환 → 대정맥 → 우심방(산소를 동맥, 모세혈관, 체세포까지 공급)

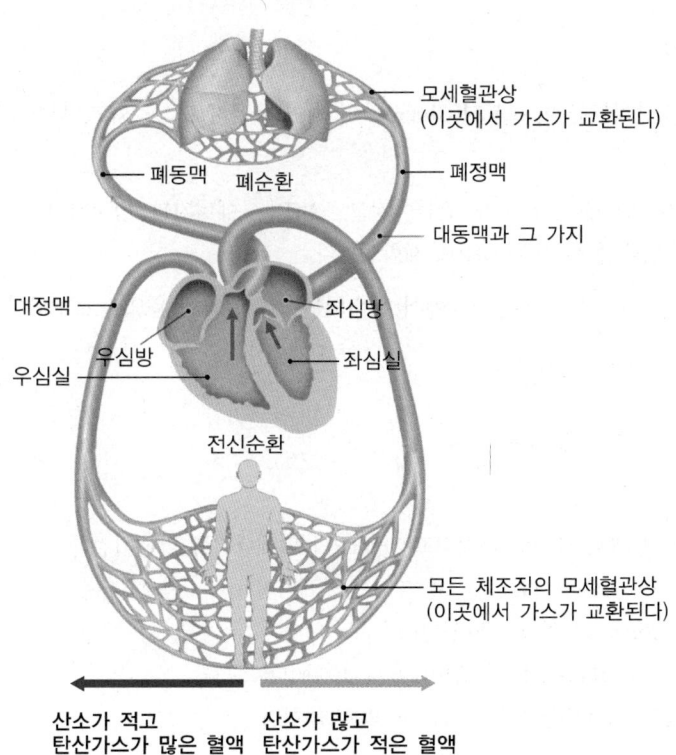

[대순환과 소순환]

핵심이론 06 소화계

① 섭취한 음식물들을 물리적인 작용이나 화학적인 작용을 이용하여 분해해 영양분을 체내로 흡수할 수 있도록 하는 기관이다.
② 입, 식도, 위, 십이지장, 간, 쓸개, 이자, 소장, 대장, 항문 등으로 구성된다.

제3절 | 대사(Metabolism)

대사(Metabolism)란 생물이 생명을 유지하기 위한 화학반응으로 음식물을 섭취하여 인체에 필요한 물질을 합성하는 동화작용(Anabolism)과 단백질, 지방 등으로 분해하는 이화작용(Catabolism)으로 이루어진다.

핵심이론 01 근육의 대사

① 음식물을 섭취하면 탄수화물은 분해되어 포도당(Glucose)이 되어 에너지로 사용되고, 남은 포도당은 간이나 근육에 축적되어 당원(Glycogen)이 된다.
② 포도당이 분해되면 에너지 공급원인 ATP가 만들어지고, ATP는 에너지를 방출하고 ADP로 전환되며, ADP는 ATP – PC(Phosphocreatine) 시스템을 통해 다시 ATP로 재합성된다.
③ 당원은 포도당이 고갈되면 자신을 개방하여 췌장에서 분비되는 인슐린의 도움으로 포도당이 된다.

핵심이론 02 호기성 대사와 혐기성 대사

① 호기성(Aerobic) 대사
  ㉠ 포도당이 산소와 결합하여 CO_2, H_2O로 분해되고 38ATP와 열에너지를 발생시킨다.
  ㉡ 포도당($C_6H_{12}O_6$) + $6O_2$ → $6CO_2$ + $6H_2O$ + 38ATP + 열에너지
  ㉢ 포도당은 완전연소 시 686kcal의 열량을 발생한다.
  ㉣ 1ATP는 7.3kcal 발생하므로 효율은 38 × 7.3/686 = 40%이다.
  ㉤ 무산소대사보다 많은 양의 에너지를 생산(2ATP vs 38ATP)한다.
  ㉥ 피로물질이 생성되지 않는다.
② 혐기성(Anaerobic) 대사
  ㉠ 무산소대사는 ATP – PC 시스템과 젖산 시스템이 있다.
  ㉡ ATP – PC 시스템 : PC가 근세포 속에 저장되어 있다가 분해 시 다량의 에너지를 발생시킨다.
  ㉢ 젖산 시스템 : 산소의 이용 없이 당을 분해하여 ATP를 만드는 데 필요한 에너지를 공급한다. 당의 분해 시 최종산물 중 하나가 젖산으로 피로를 유발한다.
  ㉣ 포도당($C_6H_{12}O_6$) + 2H → 젖산($2C_3H_6O_3$) + 2ATP + 열에너지
③ 젖산(Latic Acid)의 축적
  ㉠ 격렬한 활동 시 필요한 산소량보다 산소섭취량이 부족하면 산소를 필요로 하지 않는 혐기성(Anaerobic) 과정을 거친다.
  ㉡ 혐기성(Anaerobic) 대사 : 포도당 → 피루브산(Pyrubic Acid) → 젖산(Latic Acid) → 젖산이 근육에 축적 → 혈액 → 신장 → 소변
  ㉢ 호기성(Aerobic) 대사 : 포도당 → 피루브산(Pyrubic Acid) → 이산화탄소 + 물
  ㉣ 격렬한 활동 후 산소가 공급되면 피루브산은 다시 호기성 과정을 거친다.
  ㉤ 코리회로 : 산소공급이 충분하지 않으면 젖산이 축적되고 젖산은 혈액을 통해 간에서 다시 포도당으로 합성된다.

핵심이론 03 산소부채

① 1L의 산소가 소비될 때 5kcal의 에너지가 방출되고, 활동량이 증가하면 산소소비량도 선형적으로 증가한다.

② 활동량이 계속 증가하면 산소섭취량이 산소수요량보다 적어지게 되고, 신체는 무산소적 경로를 이용하여 에너지를 생산하고 젖산(Lactic Acid)이 급격히 축적된다.

③ 활동이 종료된 후에도 부족한 산소량을 보충하기 위해 신체는 심박운동을 계속하게 되는데 이를 산소부채라고 한다.

④ **최대산소부채량** : 신체가 감당해낼 수 있는 산소부채의 최댓값은 일반인 5L, 운동선수는 10~15L이다.

[산소부채]

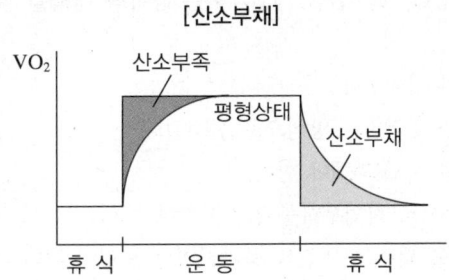

핵심이론 04 에너지 대사율(RMR ; Relative Metabolic Rate)

산소소모량으로 에너지 소비량을 결정하는 방식으로 휴식시간 산정 시 많이 사용한다.

① 기초 대사율(BMR ; Basic Metabolic Rate)
　㉠ 생명을 유지하는 데 필요한 최소한의 에너지량이다.
　㉡ 쾌적한 상태에서 공복인 상태로 가만히 누워있을 때의 에너지 소비량이다.
　㉢ 개인차가 심하며 체중, 나이, 성별에 따라 다르다.
　㉣ 남자 : 1kcal/h.kg, 여자 : 0.9kcal/h.kg
　㉤ 남자의 하루 동안의 기초대사량 : 70kg × 1kcal/h.kg × 24h = 1,680kcal
　㉥ 여자의 하루 동안의 기초대사량 : 50kg × 0.9kcal/h.kg × 24h = 1,080kcal

② 에너지 대사율(RMR ; Relative Metabolic Rate)
　㉠ RMR = 노동 시 대사율/기초 대사율 = (작업 시 소비에너지 – 안정 시 소비에너지)/기초 대사율

- 경(輕)작업 : 1~2RMR
- 중(中)작업 : 2~4RMR
- 중(重)작업 : 4~7RMR
- 초중(初重)작업 : 7RMR 이상

ⓒ 산소소비량
- 산소 1리터당 5kcal의 에너지가 소모된다.
- 흡기량 = 배기량 × (100% − O_2% − CO_2%)/79%
- 산소소비량 = (21% × 흡기부피) − (O_2% × 배기부피)
- 최대산소소비량 : 개개인의 운동이 최대치에 도달했을 때 분당 소비되는 산소의 최대량이다.

③ 휴식시간
  ㉠ 작업의 에너지 요구량이 작업자의 최대 신체작업능력의 40% 초과 시 작업자는 작업의 종료시점에 전신피로를 경험한다.
  ㉡ 전신피로를 줄이기 위해서는 작업방법, 설비들을 재설계하는 공학적 대책을 제공해야 한다.
  ㉢ 작업부하
  - 작업부하는 작업자의 능력에 따라 상이하다.
  - 산소 소모량으로 에너지 소비량을 결정하는 방식으로 산정된다.
  - 정신적인 권태감도 휴식시간 산정 시 고려해야 한다.
  - 작업방법의 변경, 공학적 대책 등으로 작업부하를 감소시킨다.
  - 장기적인 전신피로는 직무만족감을 낮추고 위험을 증가시키는 요인이 된다.
  ㉣ 휴식시간

  $$휴식시간(R) = T \times \frac{E-S}{E-1.5}$$

  - E : 작업 중 에너지 소비량
  - S : 표준 에너지 소비량(남성 5kcal/min, 여성 3.5kcal/min)
  - 1.5kcal/min : 휴식 중 에너지 소비량

핵심예제

남성근로자의 8시간 조립작업에서 대사량을 측정한 결과 산소소비량이 1.5L/min으로 측정되었다. 휴식시간을 구하시오.

|풀이|

휴식시간(R) = T × (E − S)/(E − 1.5)
작업 중 에너지 소비량 : 1.5L/min × 5kcal/L = 7.5kcal/min
= (8h × 60분) × (7.5 − 5)/(7.5 − 1.5)
= 200분

제4절 | 인체반응의 측정

인간은 활동으로 인한 스트레스로 피로를 느끼며, 피로는 정신적 긴장에 의한 중추신경계의 피로인 정신적 피로와 육체적 근육에서 일어나는 피로인 신체적 피로로 구분된다.

핵심이론 01 피로의 판정

① 피로의 판정방법으로는 생화학적 검사, 근기능 검사, 호흡기능 검사, 순환기능 검사, 자율신경기능 검사, 감각기능 검사, 심적기능 검사 등이 있다.

② 피로의 원인

기계적 요인	인간적 요인
• 기계의 종류 • 조작부분의 배치 • 조작부분의 감촉 • 기계이해의 난이 • 기계의 색채	• 생체적 리듬 • 정신적, 신체적 상태 • 작업시간과 시각, 속도, 강도 • 작업내용, 작업태도, 작업숙련도 • 작업환경, 사회적 환경

③ 피로의 3대 특징
  ㉠ 능률의 저하
  ㉡ 생체의 다각적인 기능의 변화
  ㉢ 피로의 지각 등의 변화

④ 피로의 측정방법
  ㉠ 생리학적 방법 : 생체신호 이용법, 산소 소비량, 에너지 소비량, 인지역치 측정법
  ㉡ 생화학적 방법 : 혈액수분, 혈색소 농도, 응형시간, 요중 스테로이드 양, 아드레날린 배설량
  ㉢ 심리학적 방법 : 주의력 테스트, 집중력 테스트, 플리커법, 연속색명 호칭법, 뇌파측정법(EEG), 변별역치 측정

⑤ 생체신호(Biological Signal)를 이용한 피로측정법
  ㉠ 근전도(EMG ; Electro Myo Graphy)
    근전도란 근육이 운동하기 위해 수축하기 이전에 일어나는 운동단위의 전기적인 활동을 기록한 것으로 전극을 부착하는 방법에 따라 표면근전도, 근육근전도가 있으며 근육의 피로가 증가하면 신호의 저주파 영역의 활성도가 증가하고 고주파 영역의 활성이 감소한다.
  ㉡ 심전도(ECG ; Electro Cardio Gram)
    심장의 전기적 활동을 분석하여 파장형태로 기록한 것으로 스펙트럼분석에 의해 교감신경과 부교감신경의 활성도를 평가한다.
  ㉢ 뇌전도(EEG ; Electro Encephalo Gram)
    뇌에서 발생하는 뇌파를 의미 있는 주파수 대역으로 나누어 피로도를 측정하는 것으로 세타와 알파파 대역이 증가되면 피로도가 높다고 본다.
  ㉣ 안전도(EOG ; Eletro Oculo Graphy)
    안구의 움직임에 의해 발생하는 각막과 망막의 전위신호를 이용하는 것으로 눈의 움직임에 따라 전위차가 변한다.

ⓤ 전기피부반응(GSR ; Galvanic Skin Response)
   피부의 전기 전도도를 측정하는 방법으로 피부의 땀샘은 교감신경계의 통제하에 있기 때문에 신체적 각성 상태를 나타내는 척도로 쓰인다.
ⓥ 점멸융합주파수(FFF ; Flicker Fusion Frequency)
   빛을 일정한 속도로 점멸시키면 깜박거려 보이나 점멸의 속도를 빨리하면 연속된 광으로 보이는 현상이다. 낮에는 증가, 밤에는 감소하고, 피로 시 주파수 값이 내려가기 때문에 중추신경계의 정신피로의 척도로 사용한다.
ⓦ 부정맥(Sinus Arrhythmia)
   심장 활동의 불규칙성의 척도로 정신부하가 증가하면 부정맥 지수가 감소한다.

⑥ NASA – TLX(Task Load Index)
   ㉠ 정신적 작업부하 측정방법 중 주관적 평가법에 해당하는 것으로 미항공우주국(NASA)이 개발하였다.
   ㉡ 6개의 설문항목(정신적 부하, 신체적 부하, 시간적 욕구, 수행도, 노력, 좌절수준)에 대해 0에서 100점 사이의 점수를 임의로 할당하여 평가하며 주관적 직무난이도 측정방법 중 가장 안정적인 것으로 인정된다.

가항목	설 명
Mental Demand (정신적 요구량)	주어진 직무를 수행하기 위해 사고(Thinking), 의사결정(Deciding), 검색(Searching), 계산(Calculating) 및 기억(Remembering) 등과 같은 정신적 또는 인지적인 활동이 얼마나 많이 요구된다고 생각하십니까?
Physical Demand (육체적 요구량)	주어진 직무를 수행하기 위해, 밀기(Pushing)나 잡아당기기(Pulling) 또는 돌리기(Turning)와 같은 육체적인 활동이 얼마나 많이 요구된다고 생각하십니까?
Temporal Demand (시간적 요구량)	주어진 직무를 수행하기 위해서 요구되는 시간적 압박(Time pressure)은 어느 정도입니까? 예를 들어 숨 돌릴 틈도 없이 많은 조치들을 수행해야 주어진 직무를 완료할 수 있다면 높은 시간적 압력을 느끼는 경우에 해당합니다.
Effort (노력)	주어진 직무를 수행할 경우, 얼마나 많은 노력을 기울여야 한다고 생각하십니까? 예를 들어 엄청난 집중 등이 요구되면 높은 노력이 필요한 직무에 해당합니다.
Performance (직무성취도)	주어진 직무를 수행할 경우, 얼마나 성공적으로 또는 정확하게 직무를 완료할 수 있다고 생각하십니까?
Frustration (당혹감)	이 직무를 수행할 경우 느낄 수 있는 당혹감은 어느 정도라고 생각하십니까? 예를 들어 직무를 어떻게 하라는 것인지를 파악할 수 없는 경우나 현실적이지 못하다고 판단되는 경우 등은 높은 당혹감을 느끼는 상황에 해당됩니다.

제5절 | 생체역학

핵심이론 01 인체의 해부학적 자세

① 관상면(Frontal Plane)
   ㉠ 사람을 정면에서 보았을 때 신체를 전후로 양분하는 면으로 신체는 전측과 후측으로 구분된다.
   ㉡ 관상면의 움직임으로는 다리를 옆으로 벌리는 외전(Abduction)과 몸 중심선으로 모으는 내전(Adduction)이 있다.

② 시상면(Sagittal Plane)
   ㉠ 신체를 옆에서 보았을 때 좌우로 양분하는 면으로 신체를 내측(Medial)과 외측(Lateral)으로 구분하며, 두개골의 옆의 봉합선이 화살을 닮았다고 하여 시상면이라는 이름이 붙는다.
   ㉡ 시상면의 움직임으로는 다리를 구부리는 굴곡(Flexion)과 펴는 동작인 신전(Extension)이 있다.

③ 수평면(Transverse Plane)
   ㉠ 신체를 위에서 보았을 때 상하로 양분하는 면으로 신체를 상부와 하부로 양분한다.
   ㉡ 수평면의 움직임으로는 회내(엎침, Pronation)와 회외(뒤침, Supination)가 있다.

[인체의 해부학적 자세]

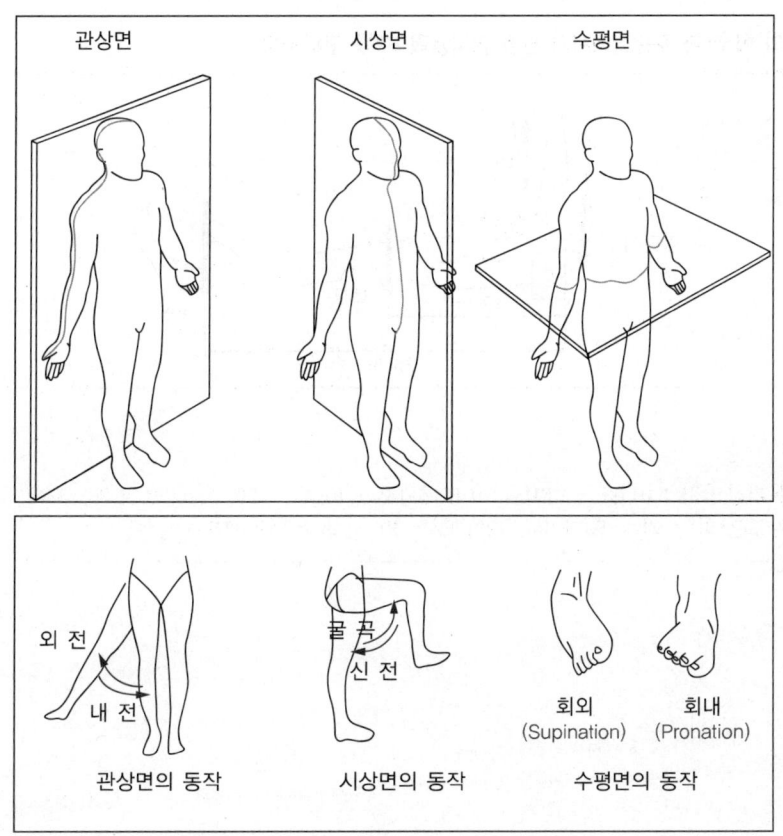

핵심이론 02 힘과 모멘트

① **힘** : 힘의 3요소는 크기, 방향, 작용점이며 힘은 크기와 방향을 갖는 벡터값으로 표현한다.

② **모멘트** : 축을 기준으로 회전을 일으키는 힘으로 작용점으로부터 멀어질수록 커진다.

[힘과 모멘트]

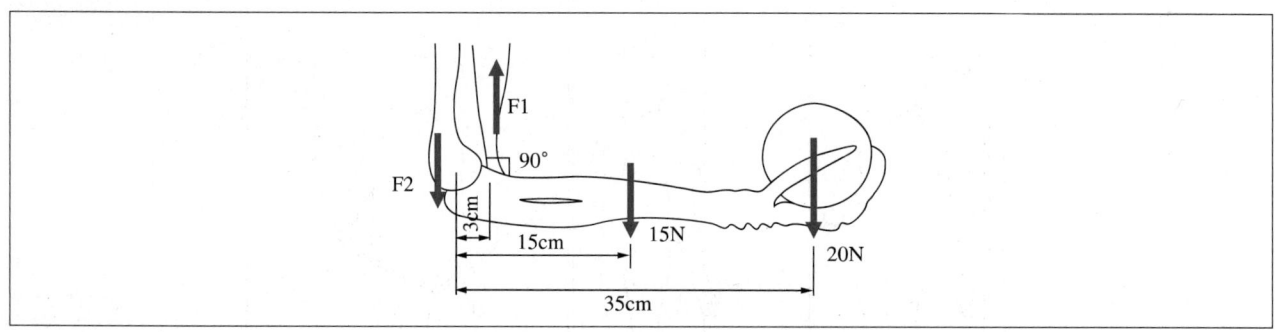

사람의 중량은 지면으로 향하는 힘 W와 이에 대한 반력 W_1, W_2로 균형을 이루고 있고($W = W_1 + W_2$), O점을 기준으로 d만큼 떨어져 있는 거리에서 모멘트 M은 힘 W와 d의 곱($M = W \times d$)으로 나타낼 수 있다.

핵심예제

아래의 그림에서 상완근의 힘 F1과 주관절에서의 관절 반작용력 F2를 구하시오.

|풀이|

모멘트 평형(팔꿈치 끝을 기점으로) : $(0.03 \times -F1) + (0.15 \times 15) + (0.35 \times 20) = 0$, F1 = 308.33N
힘의 평형(올리는 힘과 누르는 힘) : F1 = F2 + 15 + 20, F2 = F1 - 35 = 273.33N

제6절 | 정보처리 및 정보이론

핵심이론 01 위켄(Wickens)의 정보처리모델

[Wickens의 정보처리모형]

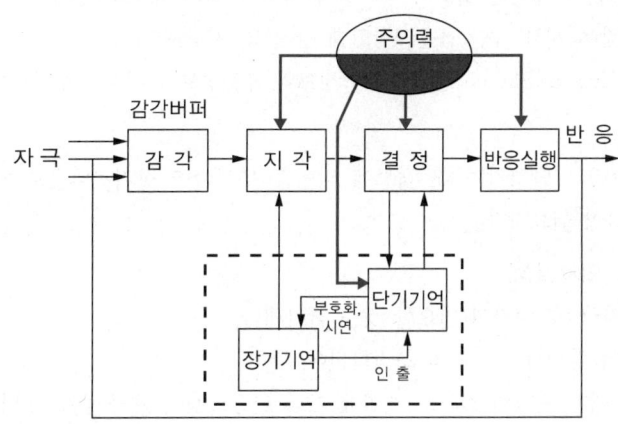

① **감각(Sensory)** : 감각수용기를 통해서 들어오는 정보를 감각저장소에 순간적으로 저장하며, 시각은 1초 정도, 청각은 4~5초 정도 저장한다.

② **지각(Perception)** : 감각기관을 통해 들어온 정보를 기존의 기억된 정보 등과 비교해 의미를 알아차리는 과정이다.
  ㉠ 절대식별(Absolute Judgment)과 상대식별(Relative Judgment)
    • 절대식별은 한 신호의 절대적 위치를 구분해내는 능력이고, 상대식별은 두 신호의 상대적 차이를 구분해내는 능력이다.
    • Miller의 Magic number 7에 의하면, 인간의 절대식별 능력의 최대항목수(경로용량)는 7±2정도이나 인간의 상대식별능력은 무한에 가깝다.
  ㉡ Weber의 법칙에 의하면, 기준자극의 크기 I에 대한 I + ΔI의 비는 일정하다(Weber비 = JND/기준자극크기). 여기서 JND는 변화감지역(Just Noticeable Difference)으로 자극사이의 변화 여부를 감지할 수 있는 최소의 자극범위이다.
  ㉢ Weber비가 작을수록 민감하게 분별할 수 있으며 Weber비가 작은 순서는 다음과 같다.

  시각 < 근감각(무게) < 청각 < 후각 < 미각

[Weber의 법칙]

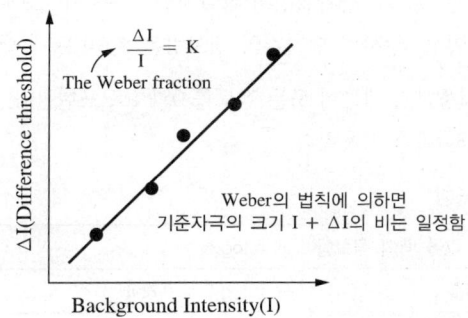

③ 단기기억(Short Term Memory) : 감각저장소로부터 암호화되어 전이된 정보를 15~20초 정도 잠시 보관하기 위한 저장소로 단기기억의 한계를 극복하려면 분리되어 있는 항목들을 보다 큰 묶음으로, 보다 의미 있는 단위로 조합하는 청킹(Chunking)이 필요하다.

예) 029111119 대신 02 - 911 - 1119

㉠ 음운루프(Phonological Loop) : 입력된 말소리 정보를 습득하기 위해 새로운 청각적 신호를 음운적 표상으로 부호화하는 것으로 1.5초 내지 2초의 짧은 시간 동안 음운저장고에 파지 및 저장된다.

㉡ 시공간 스케치 패드(Visuo-spatial Sketch Pad) : 시각정보와 공간정보를 저장하며, 언어자극으로부터 부호화된 시각정보를 저장하는 역할을 담당한다.

④ 장기기억(Long Term Memory) : 단기기억 내 정보에 의미를 부여하면 장기기억으로 저장되는데, 이를 위해서는 부호화(Encoding)와 시연(Rehearsal)이 필요하다.

⑤ 정보처리(선택, 조직화, 해석, 의사결정)

㉠ 선택 : 여러 가지 물리적 자극 중 인간이 필요한 것을 골라낸다.

㉡ 조직화 : 선택된 자극은 게슈탈트과정을 거쳐 조직화된다.

㉢ 해석 : 조직화된 자극들에 대한 판단의 결과로 개인에 따라 판단과정이 왜곡될 수 있다.

㉣ 의사결정 : 지각된 정보는 어떻게 행동할 것인지 결정한다.

⑥ 실행 : 의사결정에 의해 목표가 수립되면 이를 달성하기 위해 행동이 이루어진다.

⑦ 주의력(Attention)

㉠ 정보처리를 직접 담당하지는 않으나 정보처리단계에 관여하며, 충분히 주의를 기울이지 않으면 지각하지 못한다.

㉡ 주의력의 특징

선택성	여러 작업을 동시에 수행할 때는 주의를 적절히 배분해야 하며, 이 배분은 선택적으로 이루어짐
방향성	주의가 집중되는 방향의 자극과 정보에는 높은 주의력이 배분되나 그 방향에서 멀어질수록 주의력이 떨어짐
변동성	주의력의 수준이 주기적으로 높아졌다 낮아졌다를 반복하는 현상(주기는 40~50분)
일점집중성	돌발사태에 직면하면 공포를 느끼게 되고 주의가 일점(주시점)에 집중되어 판단이 불가능한 패닉상태에 빠짐

핵심이론 02 정보이론

① 정보량이란 불확실성의 정도를 나타내는 것으로 불확실성이 작아지면 정보량이 줄어든다. 알파벳의 경우 모든 알파벳이 동일한 확률도 발생한다면 정보량은 4.7비트이고, 주사위 던지기의 정보량은 2.6비트가 되고 정보량(H) = $\log_2 N$로 표현한다.

② 컴퓨터는 디지털 형식의 전기신호를 사용하기 때문에 모든 정보를 0과 1로 표현한다. 정보의 단위는 비트(Bit)로 Binary digit의 줄임말이며 8개 비트를 묶은 바이트(Byte)를 사용한다.

③ 발생확률이 동일한 사건에 대한 정보량

대안의 수가 N개이고 그 발생확률이 모두 같을 때의 정보량	H = $\log_2 N$
주사위에서 하나가 나올 확률	H = $\log_2 6$ = 2.6bit
A~Z까지 무작위로 뽑힐 확률	H = $\log_2 26$ = 4.7bit

④ 발생확률이 동일하지 않은 사건에 대한 정보량
   ㉠ 발생확률이 동일하지 않은 사건에 대한 정보량(Hi) = log₂(1/pi), (pi : 대안의 발생확률)
   ㉡ 발생확률이 동일하지 않은 사건에 대한 총평균 정보량(Ha) = Σpi × Hi = Σpi × log₂(1/pi)

핵심예제

두 대안의 발생확률이 각각 0.9, 0.1인 경우 총평균 정보량은 얼마인가?

|풀이|

Ha = Σpi × Hi = 0.9 × log₂(1/0.9) + 0.1 × log₂(1/0.1) = 0.9 × 0.15 + 0.1 × 3.32 = 0.47bit

---

⑤ 중복률(Redundancy)
   ㉠ 대안의 발생확률이 같지 않기 때문에 정보량의 최대치로부터 정보량이 감소하는 비율, 예를 들어 동일한 정보를 시각과 청각 중복사용 시 정보의 감수확률이 높아진다.
   ㉡ 중복률 = (1 − 평균 정보량/최대 정보량) × 100% = (1 − Ha/Hmax) × 100%
   [Hmax(최대정보량) = log₂N]

핵심예제

발생확률이 0.9과 0.1로 다른 2개의 이벤트의 정보량은 발생확률이 0.5로 같은 2개의 이벤트의 정보량에 비해 어느 정도 감소되는가?

|풀이|

최대정보량(Hmax)은 log₂2 = 1bit
총평균 정보량(Ha) = Σpi × Hi = 0.47bit
중복률 = (1 − 0.47/1) × 100% = 53%

---

⑥ 정보경로

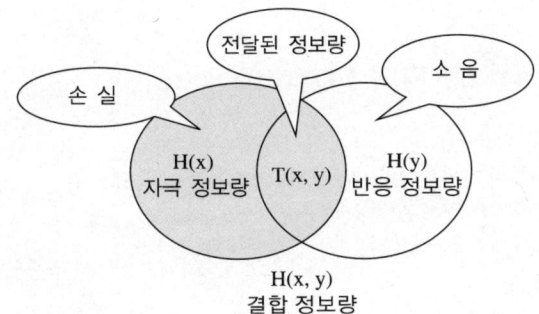

㉠ 자극과 관련된 정보가 입력되면 손실, 소음 때문에 정보가 손실되어 출력에 반영되지 않거나 불필요한 소음이 추가되어 반응이 일어나기도 한다.
㉡ 이때 전달된 정보량 T(x, y)는 다음의 수식으로 표현된다.
- T(x, y) = H(x) + H(y) − H(x, y)
- 전달된 정보량 = 자극정보량 + 반응정보량 − 결합정보량
- T(x, y) : 전달된 정보량(Transmitted Information)
- H(x) : 자극정보량(Stimulus Information)
- H(y) : 반응정보량(Response Information)
- H(x, y) : 결합정보량, 자극과 반응 정보량의 합집합

㉢ 제품의 사용과 관련된 정보전달체계
- 제품의 사용과 관련된 정보전달체계에서는 손실정보량과 소음정보량을 줄이고 전달된 정보량을 늘릴 수 있도록 제품을 설계해야 한다.
- 자극정보량과 반응정보량이 같으면 손실과 소음정보량은 없어진다.
- 손실정보량 = H(x) − T(x, y) = H(x, y) − H(y)
- 소음정보량 = H(y) − T(x, y) = H(x, y) − H(x)

핵심예제

낮은 음이 들리면 Red, 중간 음이 들리면 Yellow, 높은 음이 들리면 Blue 버튼을 누르도록 하는 자극 – 반응 실험을 총 100회 시행하여 결과가 다음과 같다.

소리 버튼		Y			ΣX
		빨 강	노 랑	파 랑	
X	낮은 음	33	0	0	33
	중간 음	14	20	0	34
	높은 음	0	0	33	33
ΣY		47	20	33	100

낮은 음과 높은 음을 각각 33회씩 들려주었는데 모두 정확하게 반응하였으나, 중간 음에 대해서는 총 34번 시행에서 20번만 정확하게 반응하고 14번은 빨강 버튼을 눌러 잘못 반응하였다. 자극 반응표를 이용하여 아래의 답을 구하시오.

(1) 자극정보량 H(x)
(2) 반응정보량 H(y)
(3) 자극 – 반응 결합 정보량 H(x, y)
(4) 전달된 정보량 T(x, y)
(5) 손실정보량
(6) 소음정보량

|풀이|

총평균 정보량(Ha) = $\Sigma pi \times Hi = \Sigma pi \times \log_2(1/pi)$
① 자극정보량 H(x) = $0.33\log_2(1/0.33) + 0.34\log_2(1/0.34) + 0.33\log_2(1/0.33) = 1.585$bit
② 반응정보량 H(y) = $0.47\log_2(1/0.47) + 0.2\log_2(1/0.2) + 0.33\log_2(1/0.33) = 1.504$bit
③ 결합정보량 H(x, y) = $0.33\log_2(1/0.33) + 0.14\log_2(1/0.14) + 0.2\log_2(1/0.2) + 0.33\log_2(1/0.33) = 1.917$bit
④ 전달된 정보량 T(x, y) = $1.585 + 1.504 - 1.917 = 1.172$bit
⑤ 손실정보량 = 자극 - 반응 결합정보량 - 반응정보량 = $1.917 - 1.504 = 0.413$bit
⑥ 소음정보량 = 자극 - 반응 결합정보량 - 자극정보량 = $1.917 - 1.585 = 0.332$bit

핵심이론 03 피츠의 법칙(Fitts's Law)

① 떨어진 영역을 클릭하는 데 걸리는 시간은 목표물까지의 거리가 길수록, 목표물의 움직이는 방향의 폭이 작을수록 오래 걸린다는 법칙이다. 아주 상식적인 법칙이라 생각하지만 오랫동안 지켜지지 않았다.

② MT(Movement Time) = $a + b\log_2(2D/W)$

- a : 준비시간상수
- b : 로그함수상수
- D : 목표물까지의 거리
- W : 목표물의 폭

[피츠의 법칙]

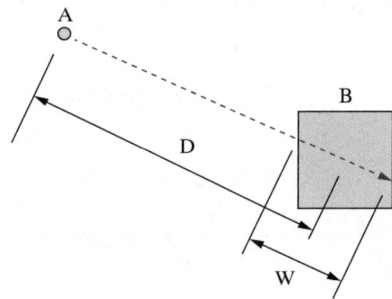

핵심이론 04 힉스의 법칙(Hick's Law)

① 사람이 무언가를 선택하는 데 걸리는 시간은 선택하려는 가짓수에 따라 결정된다는 법칙이다. 아주 상식적인 법칙이지만 시간은 선택지의 수에 따라 선형적으로 증가하는 것이 아니라 로그적으로 증가한다. 그 이유는 인간은 선택지를 나누어 생각하고 Binary Elimination하기 때문이다.

② Choice RT = $a + b\log_2 N$

- a, b : 경험적 상수로 인식의 어려움을 느끼게 옵션배열 시 커짐
- N : 선택가능한 옵션의 수

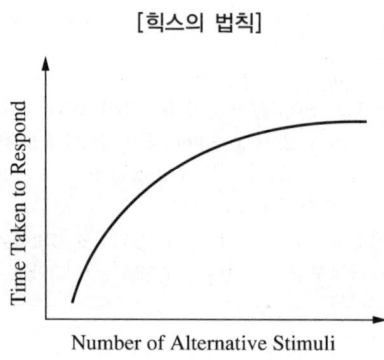

[힉스의 법칙]

제7절 | 신호검출이론

핵심이론 01 신호검출이론

① 2차대전 시 레이더를 통한 적기의 탐지는 매우 중요한 사안이었으나, 관측병이 소음을 신호로 판단하거나 신호를 소음으로 판단하는 경우가 많았다.

② 이 문제에 대해 관측병의 주관적인 문제로 치부하지 않고 과학적으로 분석하여 정합된 것이 신호검출이론이다.

③ 신호검출이론은 레이더상의 적을 찾는 것뿐만 아니라 오늘날에도 배경 속의 신호등, 시끄러운 공장에서 경고음을 찾는 등 여러 분야에서 매우 유용하게 사용되고 있다.

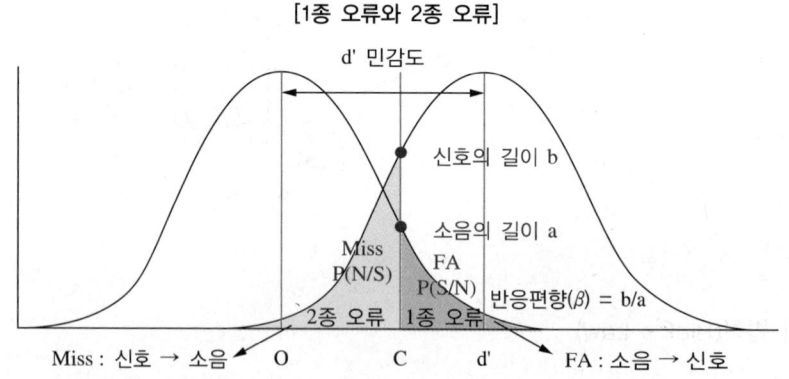

[1종 오류와 2종 오류]

구 분	신호(Signal)	소음(Noise)
신호발생(S)	Hit : P(S/S)	1종 오류(False Alarm) : P(S/N)
신호없음(N)	2종 오류(Miss) : P(N/S)	Correct Rejection : P(N/N)

[신호검출이론]

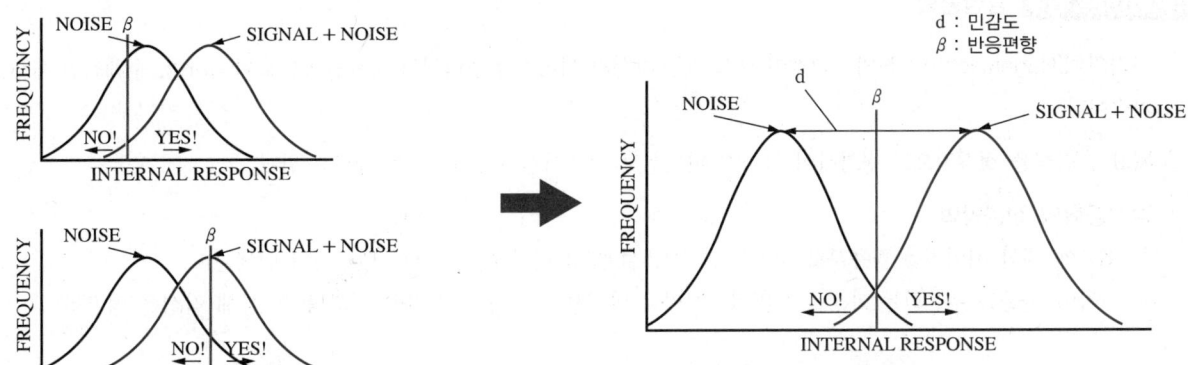

핵심이론 02 신호검출이론의 적용

핵심예제

100개의 제품을 검사하는 과정에서 불량을 불량으로 판정하는 것을 Hit라고 할 때 다음의 경우 각각의 확률을 구하시오.

구 분	정상판정	불량판정
정상제품	90	5
불량제품	3	2

|풀이|

구 분	불량판정	정상판정	계(Σ)
불량제품	2	3	5
정상제품	5	90	95

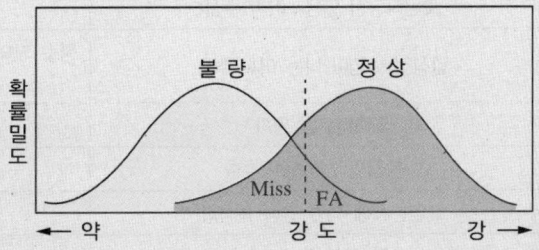

① $P(S/S) = 2/5 = 0.4$(Hit : 불량제품 5개 중 2개를 불량으로 판정)
② $P(N/S) = 3/5 = 0.6$(Miss : 불량제품 5개 중 3개를 정상으로 판정)
③ $P(S/N) = 5/95 = 0.053$(False Alarm : 정상제품 95개 중 5개를 불량으로 판정)
④ $P(N/N) = 90/95 = 0.947$(Correct Rejection : 정상제품 95개 중 90개를 정상으로 판정)

제8절 | 감성공학

핵심이론 01 감성공학

① 나가마치(Nagamachi)의 정의 : 고객이 갖고 있는 감성과 이미지를 물리적인 디자인요소로 해석하여, 구체적인 제품을 실현하는 기술이다.
② 목표 : 감성을 정량적으로 평가하여 물리적 편의성보다는 정서적 충족을 주 목표로 한다.
③ 감성공학의 접근방법
　㉠ 제품에 대한 이미지를 형용사로 추출한 후 제품설계 시 이를 물리량으로 변환하여 반영한다.
　㉡ 감각이 사물을 수용하는 과정을 생리적·심리적 방법으로 규명한다(맥박, 뇌파 등을 통해 감성을 정량화).

핵심이론 02 제품과 관련된 인간의 감성

① 감각적 감성 : 제품에 관하여 사용자가 느끼는 감성, 제품의 외관, 색상, 디자인에 대한 것
② 기능적 감성 : 제품의 성능과 사용 시 편리함에 대한 것
③ 문화적 감성 : 감성의 개인성과 동적 특성(개인이 속한 사회, 문화와 밀접한 관련)

핵심이론 03 감성공학 1류, 2류, 3류(나가마치의 접근방법)

① 1류 접근방법
　㉠ 의미미분법적 접근방법으로 인간의 감성을 표현하는 어휘를 이용하여 제품에 대한 이미지를 조사하고, 그 분석을 통해 제품의 디자인 요소와 연계시키는 방법이다.
　㉡ 의미미분법(SD ; Semantic Differential) : 형용사를 이용하여 인간의 심상을 측정하는 방법이다.
　　1959년 미국의 심리학자 찰스 오스굿에 의해 고안된 방법으로, 한 쌍의 대조적인 형용사나 반의어군을 이용하여 개념상의 의미를 정의하고 이와 관련된 개념을 의미공간(Semantic Space)에 관련시켜 보는 방법이다.

1단계	보편타당한 형용사어휘 수집	승용차에 대한 감성어휘 수집
2단계	감성적 느낌이 나는 어휘 추출	평소 거의 사용되지 않는 말은 버리고 많이 사용되고 개발의 열쇠가 되는 어휘만 묶음
3단계	의미미분법 평가	-
4단계	고등급의 감성어휘 추출	-
5단계	요인분석에 의한 감성 특성화	-
6단계	감성어휘의 정리	-

[의미미분법을 이용한 감성요인 분석방법(자동차를 개발을 가정)]

② 2류 접근방법

문화적 감성의 일부를 반영한 개념으로 감성어휘 수집 전 단계에서 개인의 연령, 성별 등의 개별적 특성과 생활양식을 고려하여 개인이 갖고 있는 이미지를 구체화하는 방법으로 감성의 심리적 특성을 강조한 방법이다.

③ 3류 접근방법

기존의 감성적 어휘 대신 공학적인 방법으로 접근하여 인간의 감각을 측정하고 이를 바탕으로 수학적 모델을 구축하여 활용하는 것으로, 대상 제품의 물리적 특성에 대한 객관적 지표와 연관분석을 통해 제품 설계에 응용, 감성의 생리적 특성을 강조한 방법이다.

핵심이론 04 감성평가분석의 디자인절차

선행연구	해당하는 이미지에 대한 자료 및 문헌조사
자료분석	수집된 데이터를 바탕으로 기존 디자인에 대한 대략적인 감성과 소비자의 요구사항 파악
디자인 방향설정	지향점을 중심으로 콘셉트 및 디자인 키워드 선정
시각화	설정된 디자인 콘셉트와 키워드를 바탕으로 대략적인 아이디어 스케치
모델링	이전 디자인 프로세스 단계에서 선정된 모델을 바탕으로 모델작성
구체화	세부디자인, 색채

핵심예제

다음의 표는 조경설계를 위한 요인분석을 통하여 최종적으로 얻어진 요인부하행렬이다. 분석결과를 활용하여 감성어휘를 3개의 감성요인으로 그룹핑하시오.

감성어휘	Factor 1	Factor 2	Factor 3
우아한 – 촌스러운	0.516	0.029	−0.675
널찍한 – 좁은	−0.865	−0.273	−0.123
편안한 – 불편한	−0.890	−0.111	−0.283
참신한 – 진부한	0.119	0.769	0.449
강한 – 약한	0.367	0.028	0.899

| 풀이 |

요인부하 절댓값이 0.55 이상일 때 실제적 유의성을 가지며 추출된 요인과 감성어휘의 연관정도가 높다.
예 좌측어휘(우아한, 널찍한, 편안한, 참신한, 강한) : −
  우측어휘(촌스러운, 좁은, 불편한, 진부한, 약한) : +

감성어휘	Factor 1	Factor 2	Factor 3	1요인	2요인	3요인
우아한 − 촌스러운	0.516	0.029	−0.675	−	−	우아한
널찍한 − 좁은	−0.865	−0.273	−0.123	널찍한	−	−
편안한 − 불편한	−0.890	−0.111	−0.283	편안한	−	−
참신한 − 진부한	0.119	0.769	0.449	−	진부한	−
강한 − 약한	0.367	0.028	0.899	−	−	약 한

NO.	감성어휘	그룹명
1요인	(널찍한, 편안한)	편안한
2요인	(진부한)	진부한
3요인	(우아한, 약한)	약 한

핵심이론 05 산점도(scatter diagram)

서로 대응하는 두 (x, y)짝의 자료를 X, Y 좌표위에 점으로 표시한 차트로, 두 변수간의 상관관계 조사할 때 산점도를 그려 차트 영역에 점이 분포한 형태를 보면 데이터 간의 관계를 통계적으로 해석할 수 있다. 산점도로 알 수 있는 데이터의 관계는 크게 양의 상관관계, 음의 상관관계, 상관관계 없음과 같이 세가지 유형으로 구분할 수 있다.

핵심이론 06 다변량분석(Multivariate analysis)

① 단별량분석 : 단순히 하나의 변수에 의한 변동성을 분석하는 것

② 이변량분석 : 두개의 변수간의 상관관계, 동시 변동성을 분석하는 것

③ 다변량분석 : 여러 변수 간의 복잡한 상호작용을 분석하고 각 변수들이 종속변수에 미치는 영향을 다차원적으로 분석하는 것으로 다중회귀분석, 요인분석, 판별분석, 군집분석 등이 있다.

CHAPTER 03 시스템설계 및 개선

PART 01 핵심이론 + 핵심예제

제1절 | 표시장치

핵심이론 01 시각적 표시장치

① 정량적(Quantitative) 정보
  ㉠ 지침이 아닌 숫자로 표시되어 정확성이 높아 정확한 수치를 나타낼 수 있으며, 동침형, 동목형, 계수형이 있다.

[동침형, 동목형, 계수형 표시장치]

동침형   동목형   계수형

동침형	• 나타내고자 하는 값의 범위가 작을 때 • 목표치와 차이판독에 유리함 • 대략적인 편차나 고도를 읽을 때 변화방향과 변화율 등을 쉽게 알아볼 수 있음
동목형	• 나타내고자 하는 값의 범위가 클 때 • 동침형에 비해 좁은 창 면적
계수형	• 전력계나 택시요금 계기와 같이 전자적으로 숫자가 정확하게 표시됨 • 수치가 자주 변하거나 값의 변화방향 또는 속도를 파악할 때는 불편함

  ㉡ 표시장치의 단위눈금
  • 1단위의 수열이 가장 읽기 쉽다.

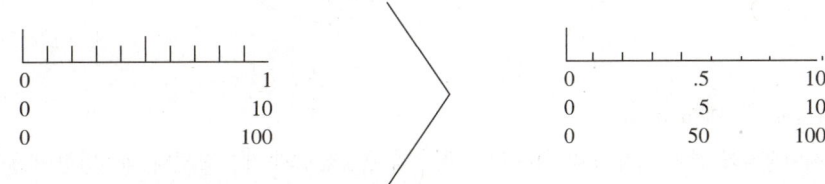

  • 정상 시거리 71cm에서 단위눈금의 간격은 정상 조명에서 1.3mm, 낮은 조명에서 1.8mm이다.

[정상 시거리에서 눈금 간격]

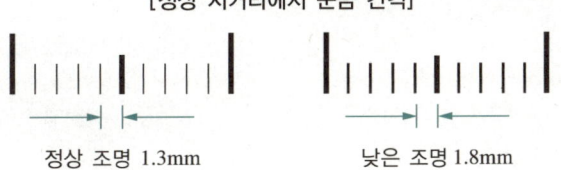

정상 조명 1.3mm   낮은 조명 1.8mm

핵심예제

낮은 조명 조건 하, 60cm 거리에서도 읽을 수 있는 시계를 디자인하려고 한다. 분 단위까지 눈금을 읽으려면 시계의 크기(반지름)는 최소 얼마 이상이어야 하는가?

|풀이|

낮은 조명이므로 71 : 1.8 = 60 : X, X = 1.52mm
시계의 눈금은 60개이므로 원둘레는 1.52 × 60칸 = 91.2mm이고, 반지름 R = 91.2/2π = 14.52

ⓒ 지침의 설계
- 끝 각도가 20도 이하인 뾰족한 지침을 사용해야 한다.
- 지침 끝은 최소 눈금선과 맞아야 하지만 중첩되지 않아야 한다.
- 원형 눈금일 경우, 지침 끝에서 중앙까지 지침에 색깔을 칠한다.
- 착시를 피하려면 지침이 눈금 표면에 붙어 있어야 한다.

[지침의 설계]

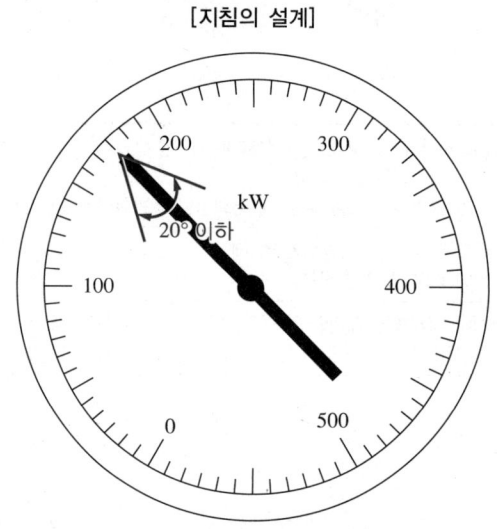

ⓓ 워릭의 원리(Warrick's Princilpe)
- 표시장치가 제어장치와 같이 설계될 때 표시장치 지침의 운동방향과 제어장치의 제어방향이 동일하도록 설계하는 것이다.
- 핸들을 우측으로 돌렸을 때 자동차의 바퀴가 우측으로 돌아가는 것과 같다.

② 정성적(Qualitative) 정보
　㉠ 온도, 압력, 속도와 같이 연속적으로 변하는 대략적인 값이나, 정상상태 여부, 변화추세를 나타낸다.
　㉡ 색채암호와 형상암호를 사용하여 각 범위의 값들을 최적화시킬 수 있다.

[정성적 표시장치]

③ 상태정보(Status Information)
　㉠ 어떤 시스템의 위치나 상태를 나타내는 정보이다.
　㉡ On/off 표시, 어떤 제한된 수의 상태이다.

④ 확인 정보(Identification Information) : 어떤 정적 상태, 상황 또는 사물의 식별용 정보이다.

⑤ 경보, 신호(Warning & Signal)정보
　㉠ 긴급상태, 위험상태 등 어떤 상황의 유무를 알린다(신호등).
　㉡ 신호와 경고등
　　• 신호의 크기가 크고, 노출시간이 길수록 검출하는 데 필요한 휘도는 감소한다.
　　• 색광은 적, 녹, 황, 백 순으로 한다.
　　• 최적의 점멸속도는 3~10초이고 명암의 간격은 같게 한다.
　　• 경고등의 밝기는 배경보다 2배 이상 밝아야 한다.

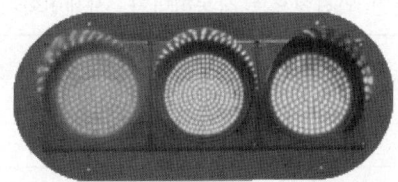

⑥ 문자, 수치 상징적(Alphanumeric & Symbolic) : 구두, 문자, 숫자 및 관련된 여러 형태의 암호와 정보이다.
　㉠ 가시성(Visibility) : 멀리서도 잘 보인다(명도차가 클수록 잘 보임).
　㉡ 판독성(Legibility) : 글자가 눈에 잘 띈다. 예 산세리프체(고딕체)
　㉢ 가독성(Readability) : 글자를 읽기 쉽다. 예 세리프체(명조체)
　㉣ 종횡비(Width – Height Ratio) : 한글은 1:1, 영어 3:5, 숫자 3:5
　㉤ 획폭비(Stroke Width) : 글자의 굵기와 글자의 높이
　㉥ 양각(흰 바탕에 검은 글씨) : 1:6~1:8
　㉦ 음각(검은 바탕에 흰 글씨) : 1:8~1:10(광삼현상 때문에 가늘어도 됨)

┌─더 알아보기───┐
│ **광삼현상(Irradiation)**
│
│   **ABCD**   검은 바탕의 흰 글씨(음각)
│
│   ABCD   흰 바탕의 검은 글씨(양각)
│
│ • 검은 바탕에 흰 글씨가 있는 경우 글씨가 번져 보이는 현상
│ • 검은 바탕에 흰 글자의 획폭은 흰 바탕의 검은 글자보다 가늘게 할 수 있음
└───┘

⑦ 묘사적(Representation) 정보
 ㉠ 어떤 물체나 지역 또는 정보를 그림이나 그래프로 나타낸다.
 ㉡ 항공기의 이동표시장치

[외견형과 내견형]

외견형

우수
내견형

- 외견형(Outside – in) : 이동부분의 원칙에 따르면 초보자는 외견형이 우수하다.
- 내견형(Inside – in) : 경험자는 내견형이 더 조종오차가 없다(결과적으로 내견형이 더 우수).
- 빈도분리형 : 비행자세 변화가 작으면 외견형으로 작동하다가, 자세변화가 크면 내견형으로 전환한다.

분 류	조종오차
외견형	5.2도
내견형	4.6도
빈도분리형	3도

- 이동부분의 원칙 : 이동물체를 나타내는 표시장치는 고정된 눈금이나 좌표계에 나타내는 것이 좋다.

ⓒ 보정추적 표시장치와 추종추적 표시장치

[보정추적 표시장치와 추종추적 표시장치]

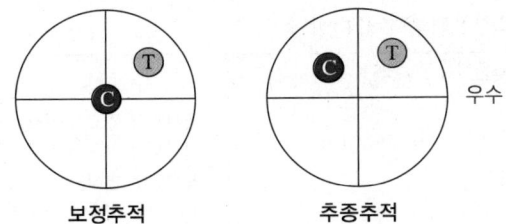

보정추적   추종추적

- 보정추적 표시장치(Compensatory Tracking) : 목표와 추종요소의 상대적 위치의 오차만 표시
- 추종추적 표시장치(Pursuit Tracking) : 목표와 추종요소의 이동을 모두 공통좌표계에 표시
- 추종추적의 원칙에 의하면 추종추적 표시장치가 더 우수
- 추종추적의 원칙 : 추종추적에서는 원하는 성능의 지표와 실제성능의 지표가 공통눈금이나 좌표계 상에서 이동

⑧ 시차적 정보(Time-phased Information)

펄스화되었거나 혹은 시차적인 신호, 즉 신호의 지속시간 간격 및 이들의 조합에 의해 결정되는 신호(모르스 부호, 점멸신호)이다.

[모르스 부호]

E	●	N	━ ●	1	● ━ ━ ━ ━
I	● ●	D	━ ● ●	2	● ● ━ ━ ━
S	● ● ●	B	━ ● ● ●	3	● ● ● ━ ━
H	● ● ● ●	X	━ ● ● ━	4	● ● ● ● ━
T	━	G	━ ━ ●	5	● ● ● ● ●
M	━ ━	Z	━ ━ ● ●	6	━ ● ● ● ●
O	━ ━ ━	Q	━ ━ ● ━	7	━ ━ ● ● ●
A	● ━	R	● ━ ●	8	━ ━ ━ ● ●
U	● ● ━	P	● ━ ━ ●	9	━ ━ ━ ━ ●
V	● ● ● ━	F	● ● ━ ●	0	━ ━ ━ ━ ━
W	● ━ ━	L	● ━ ● ●		
J	● ━ ━ ━	K	━ ● ━		

핵심이론 02 청각적 표시장치

① 청각적 표시장치는 시각적 표시장치에 비해 잘 사용하지는 않지만 신호자체가 음이거나, 항로정보, 무전기의 신호 등 연속적으로 변하는 정보를 제시할 때 시각적 표시장치보다 유리하다.

시각적 표시장치	청각적 표시장치
• 메시지가 길고 복잡할 때 • 메시지가 공간적 위치를 다룰 때 • 메시지를 나중에 참고할 필요가 있을 때 • 소음이 과도할 때 • 작업자의 이동이 적을 때 • 즉각적인 행동이 불필요할 때 • 수신장소가 너무 시끄러울 때 • 수신자의 청각계통이 과부하 상태일 때	• 메시지가 짧고 단순할 때 • 메시지가 시간상의 사건을 다룰 때(무선거리신호, 항로정보 등과 같이 연속적으로 변하는 정보를 제시할 때) • 메시지를 나중에 참고할 필요가 없을 때 • 수신장소가 너무 밝거나 암조응유지가 필요할 때 • 수신자가 자주 움직일 때 • 즉각적인 행동이 필요할 때 • 수신자의 시각계통이 과부하 상태일 때

[시각적 표시장치와 청각적 표시장치 비교]

② 청각신호의 식별
  ㉠ 검출 : 특정한 정보를 보내는 신호가 있을 때 신호의 존재여부를 검출해야 한다.
  ㉡ 상대식별 : 2가지 이상의 신호가 근접하여 제시될 때 이를 구별할 수 있어야 한다.
  ㉢ 절대식별 : 어떤 특정한 신호가 단독으로 제시될 때 그 음만이 가지고 있는 강도, 진동수, 지속시간 등을 식별할 수 있어야 한다.
    • 신호음은 배경 소음과는 다른 주파수를 이용한다.
    • 신호는 최소한 0.5~1초 동안 지속되게 한다.
    • 소음은 양쪽 귀에, 신호는 한쪽 귀에만 들리게 한다.
    • 주변 소음은 주로 저주파이므로 은폐효과를 막기 위해 500~1,000Hz 신호를 사용하는 것이 좋으며, 적어도 30dB 이상 차이가 나야 한다.

③ 청각적 표시장치의 설계
  ㉠ 인간이 들을 수 있는 가청주파수의 범위는 20~20,000Hz이나 청각신호는 500~3,000Hz 대역을 사용하며, 특히 청각은 중음역에 민감하기 때문에 2,000~5,000Hz 대역이 가장 좋다.
  ㉡ 300m 이상의 장거리용 청각신호는 멀리 도달할 수 있는 1,000Hz 이하의 신호가 적합하다.
  ㉢ 신호가 장애물을 돌아가야 하거나 칸막이를 통과해야 할 때 500Hz 이하의 신호를 사용한다.
  ㉣ 주의를 끌기 위해서는 초당 1~8번 나는 소리나 초당 1~3번 오르내리는 변조된 신호를 사용한다.
  ㉤ 배경 소음의 진동수와 다른 신호를 사용하고, 청각신호의 지속시간은 0.5초 이상으로 한다.
  ㉥ 경보 효과를 높이기 위해서 개시시간이 짧은 고강도 신호를 사용한다.
  ㉦ 가능하면 다른 용도에 쓰이지 않는 확성기, 경적과 같은 별도의 통신계통을 사용한다.

④ 첨두삭제
  ㉠ 신호가 비선형 회로를 통과할 때 생기는 변형을 진폭왜곡이라 하는데, 진폭왜곡의 한 형태로서 음파의 첨두치를 제거하고 중간부분만을 남기는 것을 첨두삭제라고 한다.
  ㉡ 삭제된 신호를 원 신호 수준으로 재증폭하면, 음성의 최고 수준을 증가시키지 않아도 약한 자음이 강화된다.

ⓒ 조용한 경우에 첨두삭제된 음성은 거칠고 불쾌하게 들리나 상당한 첨두삭제를 하여도 음성의 이해도는 거의 영향을 받지 않는다.
ⓔ 첨두삭제 단계 이후에 들어온 잡음이 있는 경우 왜곡효과는 잡음에 의해서 은폐되어 음성은 삭제되지 않은 것 같이 들리고, 잡음 속에서 음성의 통화 이해도는 오히려 증가한다.

⑤ 청각적 표시장치의 알람장치
  ㉠ 일반원리

양립성(Compatibility)	• 가능한 한 사용자가 알고 있거나 자연스러운 신호를 선택 • 긴급용 신호일 때는 높은 주파수를 사용하여 높고 길게 울리도록 함
근사성(Approximation)	복잡한 정보를 나타내고자 할 때는 주의신호와 지정신호 2단계를 고려 • 주의신호(Attention-demanding Signal) : 복잡한 정보를 나타내고자 할 때는 알람이 발생하였을 시 주의를 끌어서 정보의 일반적 부류를 식별 • 지정신호(Designation Signal) : 주의신호로 식별된 신호에 정확한 정보를 지정
분리성(Dissociability)	• 청각적 신호는 주변의 소리나 소음과 쉽게 식별되는 것이어야 함
검약성(Parsimony)	• 사용자가 인식한 신호는 꼭 필요한 정보만을 제공
불변성(Invariance)	• 동일한 신호는 항상 동일한 정보를 지정하도록 함

  ㉡ 설치원리
    • 사용할 신호를 시험한다. 설치하고자 하는 신호를 사용할 사람들을 대상으로 시험하여, 제대로 알람을 검출하고 식별하는지 확인한다.
    • 기존 신호와 상충되지 않도록 한다. 신규 신호는 기존 신호나 전에 사용하던 신호와 의미가 같아야 한다.

핵심이론 03 촉각적 표시장치

① 촉각적 표시장치는 감각의 종류에 따라 크게 두 가지로 나뉘는데 첫 번째는 근육과 관절에 위치 정보와 힘을 전달하는 역감 재현(Force Feedback)이고, 두 번째는 물체의 미세한 표면구조(Texture)와 진동을 피부로 전달하는 진동 촉감 재현(Vibrotactile Feedback)이다.
② 이러한 촉감의 재현을 위해서는 구동기에서 만들어지는 힘, 움직임, 진동 등 기계적 자극이 사용자의 신체에 전달되어야 한다.
③ 최근에는 구동기에서 만들어진 자극을 사용자의 신체에 직접적인 접촉이나 기계적인 연결 없이 공기 중으로 신체에 전달하는 기술인 '비접촉식 촉감 디스플레이'도 개발되고 있다.
④ 시각신호를 촉각신호로 변환하는 장치가 옵타콘(Optacon ; Optical-to-tactile Converter)이다.
⑤ 옵타콘은 1960년대에 개발된 것으로 인쇄된 문자를 점자 형식으로 변환하여 맹인이 손끝으로 감지하여 읽을 수 있도록 하는 기계이다. 1990년대 중반 사용하기 쉽고, 가격도 저렴한 단위 스캐너가 나오면서 지금은 거의 사용하지 않는다.

[촉각적 표시장치]

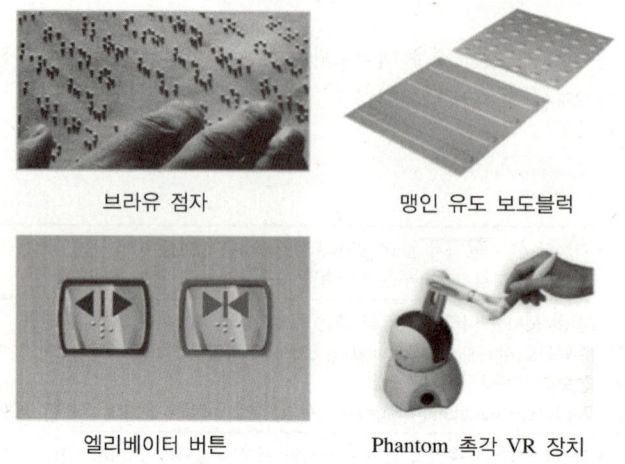

브라유 점자 맹인 유도 보도블럭
엘리베이터 버튼 Phantom 촉각 VR 장치

[항공기의 촉각적 표시장치]

과급기 혼합기 기화기 부 익 착륙장치
소 화 출 력 회전수 역출력

※ 출처 : 한경대학교, 박재희, KOCW

핵심이론 04 후각적 표시장치

① 콧구멍 윗부분에 있는 후각상피에서 감지하여 뇌에서 해석한다(화학물질 → 후각상피세포 → 대뇌).

② 훈련을 통해 60종까지도 식별이 가능하나 냄새에 대한 민감도에 대해 개인차가 크다.

③ 코가 막힐 경우 민감도가 현저히 떨어지고, 냄새에 빨리 익숙해져서 노출 후에는 냄새의 존재를 느끼지 못한다.

④ 특정 냄새에 대한 절대적 식별능력은 떨어지나 상대적 식별능력은 우수하다.

⑤ 가스누출탐지, 갱도탈출신호 등의 경보장치에서 제한적으로 사용된다.

제2절 | 조종장치

핵심이론 01 조종장치의 특징

① 조종장치의 기능
  ㉠ 양립성 : 여러 가지 대안 중 적절한 작동을 선택하여 수행함에 있어 사용하기 쉬워야 한다.
  ㉡ 추적성 : 연속제어를 하면서 외부 입력신호를 확인할 수 있어야 한다.
  ㉢ 감독제어 : 자동화 프로세스를 감독 시 잘못되었을 때 간섭할 수 있어야 한다.

② C/R비
  ㉠ 반응에 대한 조종의 비(Control/Response)를 C/R비라고 하는데, C/R비가 낮으면 조금만 움직여도 반응이 커서 원하는 위치에 갖다 놓기 힘들어 조종시간이 증가하고, C/R가 높으면 많이 움직여도 반응이 작아 미세조종이 가능하나 이동시간이 증가한다.
  ㉡ 아래의 그림에서 왼쪽은 조금만 조종해도 이동거리가 많기 때문에 C/R비가 낮고, 오른쪽 그림은 많이 조종해도 이동거리가 짧기 때문에 C/R비가 크다.

[낮은 C/R비와 높은 C/R비]

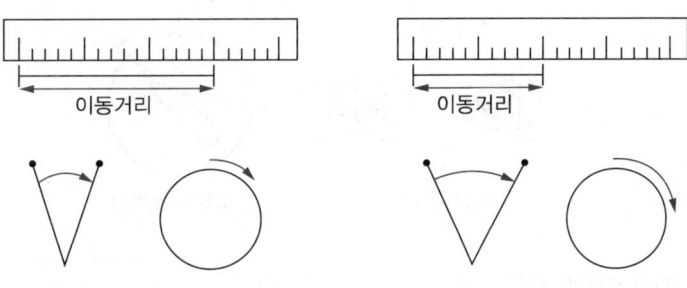

  ㉢ 아래 그림과 같이 회전운동하는 레버에서는 C는 $2\pi L \times \theta/360$이고, R은 표시장치의 이동거리가 된다.

$$C/R비 = \frac{\text{Control}}{\text{Rseponse}} = \frac{\text{조종장치의 이동량}}{\text{표시장치의 이동량}}$$

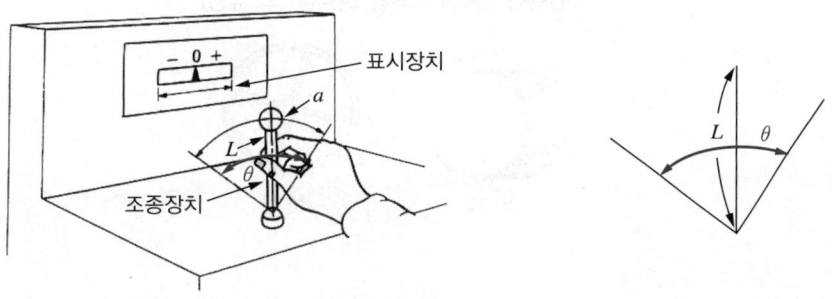

CD gain = 1/(CR비) = 표시장치/조종장치   레버 길이 : L, 각도 : θ

  ㉣ C/R의 역수를 취한 값을 CD Gain이라 하는데 이 값이 높을수록 매우 민감한 조종장치라 할 수 있다.
  ㉤ 일반적으로 노브(Knob)의 최적 C/R비는 0.2~0.8, 레버는 2.5~4이다.

> **핵심예제**
>
> 승용차의 조종구는 10cm이다. 이 조종간을 20도 움직일 때 눈금은 2cm 이동한다. C/R비를 구하고 설계의 적합성 여부를 판정하시오.
>
> | 풀이 |
>
> C/R비 = (20/360) × 2π10/2 = 1.74
> 선형표시장치와 회전형 제어장치 C/R비의 적정성은 2.5~3이므로 부적합하게 설계되었다.

핵심이론 02 조종장치의 유형

① 이산적 정보(Discrete Information)장치
    ㉠ 분산적 정보로 한정된 수의 상태나 문자/숫자 중 하나만을 나타내는 정보에 이용한다.
    ㉡ 이산적 제어의 수가 적을 때 사용하며, 상태의 일정수준 중 하나로 설정(on/off, 상중하)한다.

[이산적 정보를 다루는 조종장치의 유형]

  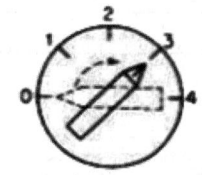

    토글 스위치   로터리 스위치

② 연속적 정보(Continuous Information)장치
    ㉠ 속도, 압력 등 연속적 정보를 나타내는 정보에 이용한다.
    ㉡ 제어상태가 연속체이거나 이산적 제어 상태의 수가 클 경우 적당하다.
    ㉢ 근대 기술의 발달로 제어장치와 표시장치의 구분이 없어지고 있다.
    ㉣ 조종장치의 C/R비는 연속제어장치에만 해당한다.

[연속적 정보를 다루는 조종장치의 유형]

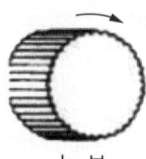  

    노브   핸들

③ Cursor Positioning 정보장치 : 화면좌표에서 마우스의 포인터나 커서의 위치를 나타낸다.

[Cursor Positioning 정보를 다루는 조종장치의 유형]

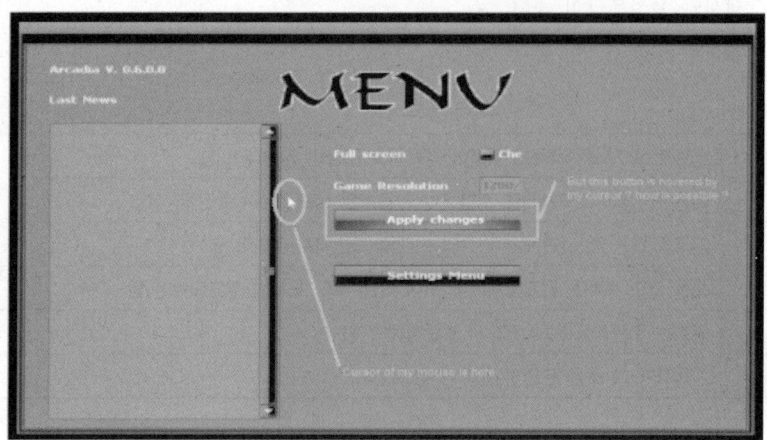

※ 출처 : gamedev.stack exchange.com

핵심이론 03 조종장치의 양립성

① 양립성(Compatibility) : 자극들 간의, 반응들 간의 혹은 자극 - 반응 간의 관계가 인간의 기대에 일치하는 정도로 조종장치는 양립성이 있어야 조종 시 인지적 부담이 적다.

② 표시장치와 조종장치를 양립하여 설계했을 때 장점
  ㉠ 조작오류가 적다.
  ㉡ 만족도가 높다.
  ㉢ 학습이 빠르다.
  ㉣ 위급 시 빠른 대처가 가능하다.
  ㉤ 작업 실행속도가 빠르다.

③ 양립성의 종류
  ㉠ 공간적(Spatial) 양립성
    • 물리적 형태나 공간적 배치가 사용자의 기대와 일치한다.
    • 조종장치가 왼쪽에 있으면 왼쪽에 장치를 배치한다.
    [예] 가스레인지의 오른쪽 조리대는 오른쪽 조절장치, 왼쪽 조리대는 왼쪽 조절장치
  ㉡ 개념적(Conceptual) 양립성 : 인간이 가지고 있는 개념적 연상(의미)에 관한 기대와 일치한다.
    [예] 빨간색 - 온수, 파란색 - 냉수
  ㉢ 운동적(Movement) 양립성
    • 조종장치의 방향과 표시장치의 움직이는 방향이 일치한다.
    • 조종장치를 시계방향으로 돌리면 표시장치도 우측으로 이동한다.

ⓔ 양식적(Modality) 양립성
- 과업에 따라 맞는 자극 – 응답양식이 존재한다.
- 음성과업에서 청각제시와 음성응답이 좋다.
- 공간과업에서 시각제시와 수동응답이 좋다.

④ 암호화 원칙

암호의 검출성	정보를 코드화한 자극은 식별이 용이하고 검출이 가능해야 함
다차원 암호의 사용	2가지 이상의 코드차원을 조합해서 사용하면 정보전달이 촉진됨
부호의 양립성	자극과 반응 간의 관계가 인간의 기대와 모순되지 않아야 함
암호의 변별성	모든 코드 표시는 감지장치에 의하여 다른 코드 표시와 구별되어야 함
암호의 표준화	암호는 일관성을 위해 반드시 표준화해야 함
부호의 의미	사용자가 그 뜻을 분명히 알아야 함

⑤ 암호화의 종류

청각적 암호화	• 진동수는 적은 저주파가 좋음 • 음의 방향은 두 귀 간의 강도차를 확실하게 해야 함 • 강도(순음)의 경우는 1,000~4,000Hz로 한정할 필요가 있음 • 지속시간은 0.5초 이상 지속시키고, 확실한 차이를 두어야 함
시각적 암호화	• 사용될 정보의 종류 • 수행될 과제의 성격과 수행조건 • 코딩의 중복 또는 결합에 대한 필요성
촉각적 암호화	• 위치암호 • 형상암호 • 표면상태암호

⑥ 조종장치의 암호화(Coding) 방법
  ㉠ 색 코딩
- 색에 특정한 의미가 부여될 때(비상정지버튼은 빨간색) 매우 효과적이다.
- 눈에 잘 띄는 색 코딩의 순서는 다음과 같다.
    Red > Amber > White
  ㉡ 형상 코딩
- 형상 코딩의 주요 용도는 촉감으로 조종장치의 손잡이나 핸들을 식별하는 것이다.
- 조종장치는 시각뿐만 아니라 촉각으로도 식별 가능해야 한다.
- 날카로운 모서리가 없어야 한다.

ⓒ 크기 코딩
- 촉감으로 구별이 불가능할 경우 조종장치의 크기는 두 종류 혹은 많아야 세 종류만 사용한다.
- 지름 1.3cm, 두께 0.95cm 차이 이상이면 촉각에 의해서 정확하게 구별할 수 있다.

[동심다단 Knob 스위치의 설계]

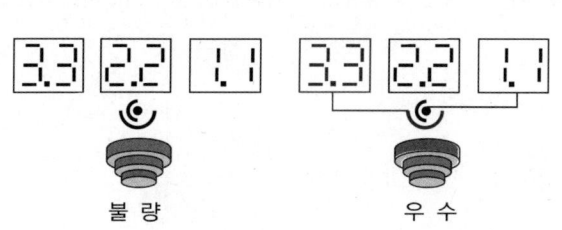

불량   우수

동심다단 Knob 스위치의 설계

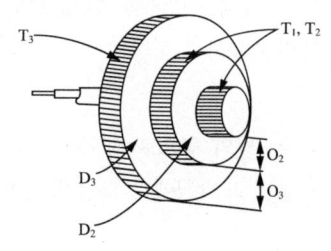

동심다단 Knob 스위치의 지름 설계

두께 $T_1, T_2 \geq 1.9$cm
두께 $T_3 \geq 0.6$cm
직경 $D_2 \geq 5$cm
직경 $D_3 \geq 7.6$cm
$O_2 \geq 1.3$cm
$O_3 \geq 1.6$cm

ⓓ 촉감 코딩
- 표면의 촉감을 달리하는 코딩방법으로 매끄러운 면, 세로 홈, 길쭉한 표면의 3종류로 정확하게 식별할 수 있다.
- 위험기계의 조종장치를 암호화할 수 있는 3가지 차원은 위치암호, 형상암호, 표면상태암호이다.

ⓔ 위치 코딩
- 유사한 기능을 가진 조종장치끼리는 패널에서 상대적으로 같은 위치에 있어야 한다.
- 조종장치가 운용자 정면에 있을 때 위치를 좀 더 정확하게 구별할 수 있다.

ⓕ 작동방법에 의한 코딩
- 작동방법에 의해서 조종장치를 암호화하면 각 조종장치는 고유한 작동방법을 갖게 된다.
- 작동방법의 종류 사례 : 밀고 당기는 것, 회전시키는 것

제3절 | 작업환경

핵심이론 01 조 명

① 조명은 눈의 피로를 감소시키고 재해를 방지할 수 있으며, 쾌적한 작업환경을 조성하여 작업능률을 향상시킨다. 또한 불량품 발생률이 감소하고 정밀작업을 가능하게 한다.

② 조명의 단위

 ㉠ 광속(Lm) : 광원에서 보내는 빛의 양으로 광도에서 유도

 ㉡ 광도(Cd) : 1개의 촛불의 밝기로 광원에서 특정한 방향으로 방출되는 빛의 밝기

 ㉢ 조도(Lux)

  • 1루멘의 광속이 1m떨어진 지점의 $1m^2$의 면적을 비추고 있을 때 빛의 밀도

  • 1cd의 점광원으로부터 1m 떨어진 곳에 비치는 빛의 밝기($cd/거리^2$)

  • 공부방의 평균조도는 300lux, 거실의 평균조도는 100lux가 적당

  • 산업안전보건법상의 작업종류에 따른 조명수준

   – 초정밀작업 : 750lux 이상

   – 정밀작업 : 300lux 이상

   – 보통작업 : 150lux 이상

   – 기타작업 : 75lux 이상

 ㉣ 휘도(Nit) : 물체의 표면에서 반사되는 빛의 양으로, 눈에 적응된 휘도보다 더 밝은 광원이나 반사광에 의해 생기는 것을 휘광(Glare)라 하며, 가시도와 시력의 성능을 저하시켜 시력 감소를 유발한다.

직사휘광의 처리방법	• 광원의 휘도를 줄이고, 광원의 수를 높임 • 광원을 시선에서 멀리 위치시킴 • 휘광원 주위를 밝게 하여 광속 발산비(휘도)를 줄임 • 가리개나 갓, 차양 등을 사용
창문으로부터 직사휘광의 처리	• 창문을 높이 설치 • 창의 바깥쪽에 가리개를 설치 • 창의 안쪽에 수직날개를 설치 • 차양의 사용
반사휘광의 처리방법	• 발광체의 휘도를 줄임 • 간접조명의 수준을 높임(간접조명은 조도가 균일하고, 눈부심이 적음) • 산란광, 간접광 사용 • 창문에 조절판이나 차양을 설치 • 반사광이 눈에 비치지 않게 광원을 위치 • 무광택 도료, 빛을 산란시키지 않는 재질을 사용

 ㉤ 반사율

  • 표면에 비치는 빛의 양에 대한 표면에서 반사되는 빛의 비율(표면에서 반사되는 빛의 양/표면에 비치는 빛의 양)이다.

  • 빛을 완전히 반사하면 반사율이 100%가 되나, 실제로 거의 완전히 반사되는 표면에서 얻을 수 있는 최대 반사율은 95% 정도이다.

ⓗ 대비
- 표적의 광도와 배경의 광도의 차를 나타내는 척도로 광도 대신에 휘도, 반사율을 사용하기도 한다.
- 대비 = (배경의 광도 - 표적의 광도)/배경의 광도
- 대비 = (배경의 휘도 - 표적의 휘도)/배경의 휘도
- 대비 = (배경의 반사율 - 표적의 반사율)/배경의 반사율

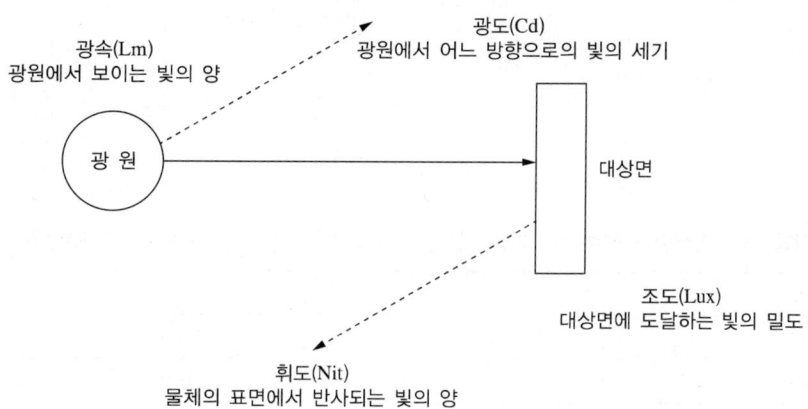

[광속, 광도, 조도, 휘도의 이해]

핵심이론 02 소 음

① 인간에게 불쾌하게 느껴지는 음으로 우리나라의 노출 소음기준은 8시간 기준으로 90dB이며, 노출시간이 반으로 감소하면 5dB씩 증가한다.

② 소음의 허용노출기준(강렬한 소음작업 : 허용노출시간 이상)

구 분	dB	허용노출시간(hr/day)
강렬한 소음작업	90dB	8
	95dB	4
	100dB	2
	105dB	1
	110dB	30분
	115dB	15분

③ 충격소음

충격소음	1초 간격으로 발생하는 다음 작업
120dB	1만회 이상/day
130dB	1천회 이상/day
140dB	1백회 이상/day

④ **소음노출지수** : 여러 종류의 소음이 여러 시간동안 복합적으로 노출된 경우의 소음지수
  ㉠ 소음노출지수(%) = C1/T1 + C2/T2 + ⋯ + Cn/tn(Ci : 노출된 시간, Ti : 허용노출기준)
  ㉡ 시간가중평가지수 TWA(dB) = 16.61 log(D/100) + 90(D : 누적소음노출지수)
  ㉢ TWA(Time – Weighted Average) : 누적소음노출지수를 8시간 동안의 평균소음 수준값으로 변환한 것
  ㉣ 소음노출기준을 정할 때 고려대상
    • 소음의 크기
    • 소음의 높낮이
    • 소음의 지속시간

핵심예제

어느 작업장의 8시간 작업 동안 발생한 소음수준과 발생시간은 다음과 같을 때 소음노출지수와 TWA는?

90dB	4시간
95dB	3시간
100dB	1시간

|풀이|

dB	실제치	기준치
90dB	4시간	8시간
95dB	3시간	4시간
100dB	1시간	2시간

소음노출지수(%) = C1/T1 + C2/T2 + ⋯ + Cn/tn = 4/8 + 3/4 + 1/2 = 175%
TWA = 16.61 log(D/100) + 90
    = 16.61 log(175/100) + 90
    = 94.04dB

---

⑤ **소음성 난청**
  ㉠ 소음의 주파수 분포와 관계없이 주 주파음이 3, 4, 6KHz 대역에서부터 시작되어 점차 확대되면서 그 주변의 전 대역에 걸쳐 확대된다.
  ㉡ 달팽이관의 전정계와 고실계 사이에 있는 기저막의 코르티 기관이 손실되면서 발생한다.
  ㉢ 4kHz의 소음에 특히 청력손실이 심해지는 C5 – dip 현상을 볼 수 있다.
  ㉣ C5 – dip
    • 초기에는 3,000~6,000Hz범위, 특히 4,000Hz에 대한 청력장해가 나타나고, 점차로 난청의 정도가 심해질수록 6,000Hz 이상의 고음역과 3,000Hz이하의 저음역에까지 청력손실이 파급되는 현상이다.
    • 청력도(Audiogram)상으로 C5음계(4,096Hz)에서 청력손실이 커서 움푹 들어가기 때문에 C5 – dip이라 부르게 되었다.

[귀의 구조]

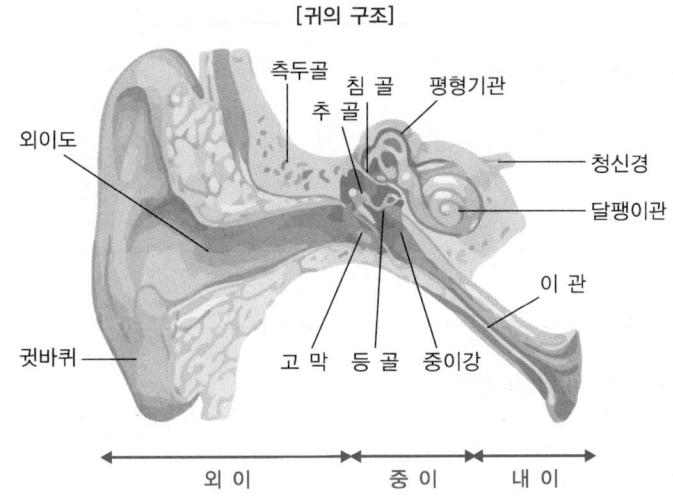

[달팽이관의 단면]

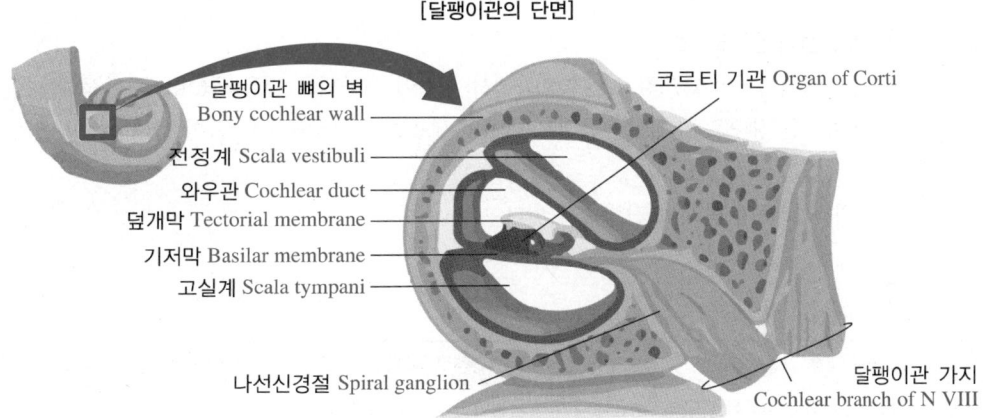

⑥ 은폐효과(Masking Effect)
  ㉠ 2개의 소음이 동시에 존재할 때 낮은 음의 소음이 높은 음에 가려 들리지 않는 현상이다.
  ㉡ 복합 소음 : 소음 수준이 같은 2대의 기계가 공존할 때 3dB 증가한다.
  ㉢ 합성소음식(SPL_0)

$$SPL_0 = 10\log\left(\sum_{i=1}^{x} 10^{\frac{Li}{10}}\right)$$

> **핵심예제**

소음이 80dB인 기계 2대의 합성소음은 얼마인가?

|풀이|

$$SPL = 10\log(10^{\frac{80}{10}} + 10^{\frac{80}{10}}) = 83.01 \text{dB}$$

> **핵심예제**

소음이 각각 60, 85, 90dB인 기계 3대의 합성소음은?

|풀이|

$$SPL = 10\log(10^{\frac{60}{10}} + 10^{\frac{85}{10}} + 10^{\frac{90}{10}}) = 91.2 \text{dB}$$

⑦ 소음성 난청의 초기 단계 현상인 C5 – dip현상
  ㉠ C5(4,096Hz) 부근에서 청력손실이 현저하고 청력도상에서 청력이 저하되어 깊은 골(dip)을 형성하는 현상을 말한다.
  ㉡ 일시장해에서 회복 불가능한 상태로 넘어가는 상태로 내이의 세포변성이 원인이며, 음이 강해짐에 따라 정상인에 비해 음이 급격하게 크게 들린다.
  ㉢ C5 – dip현상이 발생하면 소음성 난청이 진행되고 있다고 봐야 한다.

⑧ 소음대책
  ㉠ 소음원·전파경로·수음 측의 대책

소음원 대책	전파경로 대책	수음 측 대책

• 소음의 제거 : 가장 효과적이고 적극적인 대책
• 음향적 설계
  – 진동시스템의 에너지를 줄임
  – 에너지와 소음발산 시스템과의 조합을 줄임
  – 구조를 바꿔서 적은 소음이 노출되게 함
• 저소음 기계로 교체
• 작업방법의 변경
• 소음 발생원의 유속저감, 마찰력감소, 충돌방지, 공명방지
• 급·배기구에 팽창형 소음기 설치
• 흡음재로 소음원 밀폐
• 방진재를 통한 진동감소
• 밸런싱을 통해 구동부품의 불균형에 의한 소음 감소
• 능동제어 : 감쇠대상의 음파와 동위상인 신호를 보내어 음파 간에 간섭현상을 일으켜 소음을 저감
	• 근로자와 소음원과의 거리를 멀게 함
	• 천정, 벽, 바닥이 소음을 흡수하고 반향을 줄임
	• 기전파경로와 고체전파경로상에 흡음장치, 차음장치를 설치, 진동전파경로는 절연
	• 소음원을 밀폐, 소음원과 인접한 벽체에 차성을 높임
	• 차음벽을 설치
	• 차음상자로 소음원을 격리
	• 고소음장비에 소음기 설치
	• 공조덕트에 흡·차음제를 부착한 소음기 부착
	• 소음장비의 탄성지지로 구조물로 전달되는 에너지양 감소
		• 건물과 그 안의 각실의 차음성능을 높임
		• 작업자 측을 밀폐
		• 작업시간을 변경
		• 교대근무를 통해 소음노출시간을 줄임
		• 개인보호구를 착용(적합하지 않은 방법으로 최후수단으로 사용해야 함)

  ㉡ 소음관리 대책 적용순서
    소음원의 제거 → 소음의 차단 → 소음수준의 저감 → 개인보호구 착용

⑨ 청력보존프로그램
　㉠ 청력보존 프로그램 시행대상
　　• 작업환경측정결과 소음수준이 90dB(A) 초과하는 사업장
　　• 소음으로 인하여 근로자에게 건강장해가 발생한 사업장
　㉡ 소음측정
　　소음발생시간을 등간격으로 나누어 4회 이상 측정
⑩ 청력보존프로그램의 구성
　㉠ 소음측정
　㉡ 공학적 대책, 관리적 대책
　㉢ 청력보호구 사용
　㉣ 청력검사 및 의학적 판정
　㉤ 보건교육 및 훈련
　㉥ 기록보관 및 프로그램 효과 평가

핵심이론 03 진 동

① 진동 : 어떤 물체의 상하, 좌우, 전후방향으로의 주기적인 움직임으로 인체와 접촉하는 것으로 진동의 측정단위로는 진동폭, 진동수, 속도, 가속도, 전위가 있다.

② 인체에 미치는 영향
　㉠ 진동수가 3Hz 이하이면 신체도 함께 움직인다.
　㉡ 멀미(Motion Sickness)를 일으킨다.
　㉢ 전신진동 : 2~100Hz에서 문제
　㉣ 국소진동 : 8~1,500Hz에서 문제
　㉤ 두개골과 견부는 20~30Hz에서 진동에 의한 공명현상을 일으켜 시력·청력장애가 발생한다.
　㉥ 안구 : 60~90Hz에서 공명현상
　㉦ 전신진동 : 말초혈관의 수축, 혈압상승, 맥박증가, 위장장애, 내장 하수증, 척추이상을 초래한다.
　㉧ Raynaud : 국소진동으로 한랭환경에서 발생, 수지의 말초혈관 장애에 의한 혈액순환 장애, 감각마비, 창백, 동통 유발

③ 진동의 영향
　㉠ 단기노출 시
　　호흡량 상승, 심박수 증가, 근장력 증가, 스트레스 유발
　㉡ 장기노출 시
　　• 전신진동, 안정감 저하, 활동의 방해, 건강의 약화, 과민반응, 멀미, 순환계, 수면장애
　　• 순환계, 자율신경계, 내분비계 등에 생리적 문제 유발, 심리적 문제 유발

④ 전신진동과 국소진동
  ㉠ 전신진동
    - 진동수 5Hz 이하 : 운동성능이 가장 저하된다.
    - 진동수 5~10Hz : 흉부와 복부에 고통이 생긴다.
    - 진동수 1~25Hz : 시성능이 가장 저하된다.
    - 진동수 20~30Hz : 두개골이 공명하기 시작하여 시력 및 청력장애를 초래한다.
    - 진동수 60~90Hz : 안구가 공명을 유발한다.
    - 전신진동은 진폭에 비례하여 추적작업에 대한 효율을 떨어뜨린다.
    - 전신진동은 차량, 선박, 항공기 등에서 발생하며 어깨 뭉침, 요통, 관절통증을 유발한다.
  ㉡ 국소진동
    - 레이노 현상(Raynaud's Phenomenon)
      - 압축공기를 이용한 진동공구를 사용하는 근로자의 손가락에서 흔히 발생한다.
      - 손가락에 있는 말초혈관 운동의 장애로 인하여 혈액순환이 저해된다.
      - 손가락이 창백해지고 동통을 느끼게 된다.
      - 한랭한 환경에서 더욱 악화되며 이를 Dead Finger, White Finger라고도 부른다.
      - 발생원인으로 공구의 사용법, 진동수, 진폭, 노출시간, 개인의 감수성 등이 관계한다.
    - 뼈 및 관절의 장애
      - 심한 진동을 받으면 뼈, 관절 및 신경, 근육, 건인대, 혈관 등 연부조직에 병변이 나타난다.
      - 심한 경우 관절연골의 괴저, 천공 등 기형성 관절염, 이단성 골연골염, 가성관절염과 점액낭염, 건초염, 건의 비후, 근위축 등이 생긴다.

⑤ 진동에 대한 건강장해 예방대책
  ㉠ 공학적 대책
    - 진동댐핑 : 탄성을 가진 진동흡수재(고무)를 부착하여 진동을 최소화한다.
    - 진동격리 : 진동발생원과 직업자 사이의 진동 경로를 차단한다.
  ㉡ 조직적 대책
    - 전동 수공구는 적절하게 유지보수하고 진동이 많이 발생되는 기구는 교체한다.
    - 작업시간은 매 1시간 연속 진동노출에 대하여 10분 휴식을 취한다.
    - 지지대를 설치하는 등의 방법으로 작업자가 작업공구를 가능한 한 적게 접촉한다.
    - 작업자가 적정한 체온을 유지할 수 있게 관리한다.
    - 손은 따뜻하고 건조한 상태를 유지한다.
    - 공구는 가능한 한 낮은 속력에서 작동될 수 있는 것을 선택한다.
    - 방진장갑 등 진동보호구를 착용하여 작업한다.
    - 니코틴은 혈관을 수축시키기 때문에 진동공구를 조작하는 동안 금연해야 한다.
    - 관리자와 작업자는 국소진동에 대하여 건강상 위험성을 충분히 알고 있어야 한다.
    - 손가락의 진통, 무감각, 창백화 현상이 발생되면 즉각 전문의료인에게 상담한다.

- ⓒ 진동의 유해성 주지
    - 진동이 인체에 미치는 영향과 증상
    - 보호구의 선정과 착용방법
    - 진동 기계, 기구 관리방법
    - 진동장해 예방방법 등
- ⓔ 진동 기계, 기구의 관리
    - 해당진동기계기구의 사용설명서 등을 작업장 내에 비치한다.
    - 진동 기계, 기구가 정상적으로 유지될 수 있도록 상시 점검하고 보수한다.

핵심이론 04 고 온

① 생체의 열교환에 미치는 환경요인
  ⊙ 온열인자 : 기온, 기습, 기류, 복사열
  ⓛ 인체에서 만들어진 열은 이들 온열인자의 종합적인 조건에 따라서 방열정도가 달라진다.
  ⓒ 열교환 방정식(열수지 방정식)

  $$\Delta S = M - E \pm R \pm C - W$$

  - ΔS : 신체에 저장되는 열
  - M : 대사에 의한 열생산량
  - C : 대류와 전도에 의한 열교환량
  - E : 증발에 의한 열손실
  - R : 복사에 의한 열교환량
  - W : 수행한 일

  ⓔ 체열 생산과 방산이 평형이 되어 생체 내 열용량의 변화가 없는 상태는 $\Delta S = 0$인 $M = E \pm R \pm C$ 상태로 이때가 가장 쾌적한 상태라고 할 수 있다.
  ⓜ 생체 내 열생산은 골격근 60%, 간 22%를 차지하며 상온에서 경작업 시 열 방출은 복사 44%, 대류/전도 31%, 수분증발 21%를 차지한다.
  ⓗ 환경온도가 30℃를 넘어가면 수분증발에 의한 열방출이 급격하게 늘어난다.
  ⓢ 환경온도가 34℃ 이상의 환경조건에서는 복사와 전도에 의해 오히려 외부로부터 열을 받아들이기 때문에 열방출에 부담이 된다.
  ⓞ 불감증발은 땀이 나는 것을 느끼지 못하는 상태에서 피부표면과 호흡기를 통하여 수분이 600mL/day 증발하는 현상이다.
  ⓩ 인체의 체온조절 중추는 시상하부에 있으며 체열 생산이 필요한 경우에는 갑상선, 부실피질, 호르몬의 분비증가, 근육활동증가, 피부혈관의 수축 작용이 있다.

② 온열지수(Heat Stress Indices)
　㉠ 한국은 미국 ACGIH의 WBGT(Wet Bulb Globe Temperature Index)를 온열지수로 채택하고 있다.
　㉡ WBGT는 기온, 기습, 기류, 복사열을 모두 고려하여 만든 것으로 계산이 간편하고 합리적이다.
　㉢ 태양광선이 있는 옥외 작업장 : WBGT = 0.7NWB + 0.2GT + 0.1DB
　㉣ 태양광선이 없는 옥내 작업장 : WBGT = 0.7NWB + 0.3GT

> - WBGT : 건구, 습구, 흑구 온도지수
> - NWB : 자연습구온도(Natural Wet-Bulb Temperature)
> - DB : 건구온도(Dry Bulb Temperature)
> - GT : 흑구온도(Globe Temperature)

③ 급성고열장애
　㉠ 열피로(Heat Exhaustion)
　　- 고온 다습한 환경에서 특히, 미숙련자가 작업을 하였을 때 심한 탈수와 염분손실로 인하여 발생한다.
　　- 말초혈관의 확장으로 말초혈관의 혈액이 저류하여 혈압이 저하되는 등 순환기계의 이상으로 생긴다.
　　- 두통, 현기증, 오심, 구토, 갈증, 무력감 등을 초래하며 심하면 의식이 혼미해진다.
　　- 신속히 차갑고 신선한 그늘에 눕히고 허리띠를 느슨하게 풀어주어 혈액순환을 촉진시키고, 5%의 포도당 주사를 정맥주사하거나 경구 투여해야 한다.
　㉡ 열경련(Heat Cramp)
　　- 과도한 염분의 손실로 인체 내 전해질의 균형이 깨지면서 신경전달에 이상이 생겨 수의근에 심한 경련을 일으키는 것이다.
　　- 신속하게 휴식을 취하게 하고, 수분과 염분을 섭취하여 전해질의 균형을 맞춰줘야 한다.
　　- 생리식염수 1~2L를 정맥주사하거나 0.1%의 식염수를 복용케 한다.
　㉢ 열사병(Heat Stroke)
　　- 고온 다습한 환경에서 미숙련된 사람이 고도하게 일을 할 때 체온조절 중추신경에 이상이 생겨 열의 방산이 이루어지지 않고 체내에 열이 울적하게 된다.
　　- 열피로와 같은 전구 증상이 있고, 발한이 제대로 이루어지지 않아 체온이 급격히 상승하여 심부 온도가 41℃까지 상승한다.
　　- 뇌의 손상을 초래하고 사망에 이른다.
　　- 치료하지 않으면 100% 사망하고 치료가 된다고 해도 예후가 불량하다.
　　- 응급처치로는 냉수마찰 등을 시켜 가능한 한 체온을 급속하게 낮춰야 한다.

핵심이론 05 저 온

① 저온에 의한 장애

 ㉠ 전신체온 강하(Hypothermia)
  - 장시간 한랭노출로 인한 급성 중증장애이다.
  - 육체작업 중 피로가 겹치면 혈관 확장이 일어나 급격한 체온저하가 발생한다.
  - 이때 진정제, 음주는 극히 위험하다.

 ㉡ 참호족(Trench Foot)
  동결이 일어나지 않더라도 한랭 상태에서 과도한 습기나 물에 장기간 노출 시 지속적인 국소의 산소결핍으로 부종, 소양감, 심한 동통, 수포, 괴사, 궤양이 일어난다.

 ㉢ 동상(Frostbite)
  - 이론적으로 피부온도가 −1℃이면 얼게 된다.
  - 바람의 속도가 증가할수록 급격하게 일어난다.
  - 한번 동상과정이 시작되면 진행이 빠르다.
  - 감각마비, 수포형성, 혈전형성, 괴저에 이른다.

 ㉣ 기타 : 한랭에 의한 알레르기, 피로가중, 작업능률저하

┌ 더 알아보기 ├─

고온, 저온 및 기후환경

- 체온조절
  - 항온동물은 체내에서 열을 생산하는 화학적 조절기능과 외부로 열을 방출하는 이학적 조절기능을 가지고 있음
  - 사람은 주위환경의 변화에 관계없이 항상 심부온도를 일정한 수준(37±1℃)으로 유지해야 함
  - 화학적, 이학적 조절기능이 외부의 기후조건에 따라 적절히 균형을 이룸으로써 일정한 체온을 유지하며 이들의 균형적 조절은 체온조절중추에서 이루어짐
  - 여성은 남성보다 심박수가 높기 때문에 피부온도가 높고, 체지방이 많아 고온환경에 약함

- 실효온도(체감온도, 감각온도)
  - 온도, 습도, 공기유동이 인체에 미치는 열효과를 하나의 수치로 통합한 것
  - 상대습도 100%일 때의 건구온도에서 느끼는 것과 동일한 온감
  - 체감온도에 영향을 주는 요인 : 온도, 습도, 기류
  - 사무작업의 허용한계 : 15~17℃
  - 경작업의 허용한계 : 12~15℃
  - 중작업의 허용한계 : 10~12℃
  - 보온율(clo단위) : 보온효과는 clo단위로 측정
  - 열교환에 영향을 주는 4요소 : 온도, 습도, 복사온도, 대류

- 열손실 및 열평형
  - 인체 내의 근육조직에서 생산된 열은 피부표면으로 운반되며 대류, 복사, 증발, 전도에 의하여 주위로 방출
  - 전도에 의한 열 손실이 없는 경우 인체의 열손실
    ⓐ 복사(Radiation) : 45%
    ⓑ 대류(Convection) : 30%
    ⓒ 증발(Evaporation) : 25%

- 열평형 : S = M − W ± Cnd ± Cnv ± R − E
  (S : 열축적, M : 대사, E : 증발, R : 복사, Cnd : 전도, Cnv : 대류, W : 일)
  - 열평형 : S = 0
  - 열이득 : S > 0
  - 열손실 : S < 0

- 대류, 복사, 증발
  - 대류 : 고온의 액체나 기체가 이동하면서 일어나는 열전달
  - 복사 : 광속으로 공간을 퍼져나가는 전자기파 에너지
  - 증발 : 인체의 정상체온 37℃에서 물 1g을 증발시키는 데 필요한 에너지는 2.4kJ/g

- 건습지수(Oxford 지수)
  - 습건(WD)지수라고도 하며 습구, 건구온도의 가중 평균치로써 나타냄
  - WD = 0.85W(습구온도) + 0.15D(건구온도)

- 불쾌지수
  - 기온과 습도에 의하여 체감온도의 개략적 단위로 사용
  - 불쾌지수 = 섭씨(건구온도 + 습구온도) × 0.72 + 40.6
  - 불쾌지수 = 화씨(건구온도 + 습구온도) × 0.4 + 15
  - 불쾌지수 70 미만 : 모든 사람이 불쾌감을 느끼지 않음
  - 불쾌지수 70~75 : 10명 중 2~3명이 불쾌감을 느낌
  - 불쾌지수 76~80 : 10명 중 5명 이상이 불쾌감을 느낌
  - 불쾌지수 80 초과 : 모든 사람이 불쾌감을 느낌

- 고열장해
  - 강도순서 : 열사병 > 열소모 > 열경련 > 열발진
  - 열사병 : 고온작업 시 체온조절계통의 기능이 상실되어 갑자기 의식상실에 빠지고 심하면 사망에 이름
  - 열소모 : 땀을 많이 흘려 수분과 염분손실이 많음, 두통·구역질·현기증·무기력증·갈증
  - 열경련 : 고열의 작업환경에서 심한 근육작업 후 발생, 근육수축이 일어나고 탈수와 체내염분농도 부족
  - 열발진 : 열로 인해 발생하는 피부장해(땀띠)
  - 산업안전보건법령상 작업환경 측정에 사용되는 고열의 평가는 습구흑구온도지수(WBGT)로 함

제1절 | 인간기계시스템(MMS)

핵심이론 01 시스템(System)

① 구성요소들이 모여서 정보를 주고받으며 공통의 목적을 달성하기 위해 모인 집합체를 시스템이라 한다.

② 시스템의 3요소
  ㉠ 목적(Goal) : 추구하는 공통의 목적
  ㉡ 구성요소(Component) : 시스템을 구성하는 요소 중 가장 작은 단위
  ㉢ 상호작용(Interaction) : 구성요소들이 모여 서로 정보를 주고받는 행위

③ 시스템의 4가지 기본기능 : 감지 → 정보보관 → 정보처리 및 의사결정 → 행동

④ 인간의 기본기능 : 지각 → 선택 → 조직화 → 해석 → 의사결정 → 행동

⑤ 개회로 및 폐회로

개회로	일단 작동하면 더 이상 제어가 필요 없음. 제어가 불가능하며 정해진 절차에 의해서 작업을 진행
폐회로	출력에 관한 정보를 입력에 다시 되돌려 주는 과정이 연속적으로 존재(Feedback)

⑥ 인간의 개입여부에 따른 시스템의 분류
  ㉠ 수동시스템 : 동력원 = 인간, 수공구 + 보조물 + 작업자
  ㉡ 기계시스템 : 동력원 = 기계, 인간은 제어장치를 이용하여 조정
  ㉢ 자동시스템 : 동력원 = 기계, 조정자 = 기계/인간은 설치, 감시, 정비 및 보수, 유지, 감시, 프로그래밍 역할만 담당

핵심이론 02 시스템의 평가척도의 유형

시스템을 평가할 때 얼마나 효율적으로 목표를 수행할 수 있는가를 기준으로 3가지의 유형이 있다.

시스템기준 (System Descriptive Criteria)	• 시스템이 원래 의도하는 바를 얼마나 달성하고 있는가?(생산량, 신뢰도)
작업성능기준 (Task Performance Criteria)	• 작업결과에 대한 효율(출력의 양, 출력의 질, 작업시간)
인간기준 (Human Criteria)	• 작업실행 중의 인간의 행동과 응답을 다룸 • 인간성능에 관한 척도(Performance Measure) : Frequency, Intensity, Latency, Duration • 생리학적 지표(Physiological Index) : 신체활동에 관한 육체적・정신적 활동정도, 심장활동지표, 호흡지표, 신경지표, 감각지표 • 주관적 반응(Subjective Response) : 사용편의성, 도구 손잡이 길이에 대한 선호도 등 사람의 의견, 판단

핵심이론 03 시스템 평가척도의 요건

① 실제적인 요건(Practical Requirement) : 객관적, 정량적, 비가용적, 수집용이성, 저비용, 보편성
② 유효성(Validity), 타당성, 적절성(Relevance) : 평가척도가 시스템의 목표를 잘 반영하는가?
③ 신뢰성(결과에 대한 반복성, Repeatability) : 비슷한 환경에서 평가를 반복할 경우 일정한 결과를 나타내야 함
④ 무오염성(Freedom from Contamination) : 측정하고자 하는 변수가 아닌 다른 외적변수들에 의해 영향을 받지 않는 성질
⑤ 측정의 민감도(Sensitivity of Measurement) : 차이에 비례하는 단위로 측정이 가능해야 함

핵심이론 04 MMS(Man Machine System)

① 인간과 기계가 특정한 목적을 수행하기 위하여 결합된 집합체이다.
② 인간과 기계에 각각의 역할과 기능이 주어진다.
③ 공통의 목표를 이루기 위하여 인간과 기계의 의사소통이 존재하는 집합체이다.
④ 인간과 기계 사이의 유기적인 정보흐름이 중요하다.

핵심이론 05 MMI(Man Machine Interface)

① 인간과 기계의 접합면

② 인간과 기계 사이에 정보전달과 조정이 실질적으로 행해지는 접합면

③ MMI의 3가지 설계요소 : 기계특성, 인간특성, 사용환경특성

핵심이론 06 MMI 시스템의 설계원칙

① 양립성의 원칙 : 재코드화과정이 적어짐, 학습능력이 빨라짐, 오류가 적어짐, 심리적 작업부하가 감소

② 부품배치의 원칙 : 중요도 → 사용빈도 → 사용순서 → 일관성 → 양립성 → 기능성

③ 인체특성 적합의 원칙 : 인간의 신체특성을 고려(청각, 시각, 촉각적 특성)

④ 인간의 기계적 성능 부합의 원칙 : 인간에게 적합한 기계장치 설계(인간의 심리, 생리, 능력, 한계에 대한 데이터확보)

핵심이론 07 MMI의 3가지 관점의 접근방식

① Solid Interface(신체적 인터페이스) : 사용자의 신체특성을 고려(신체역학적 특성, 인체측정학적 특성)
   예 제품의 외관 및 형상 설계 시

② User Interface(사용자 인터페이스) : 지적 인터페이스라고도 하며, 물건을 사용하는 순서나 방법 등에서 사용자의 행동에 관한 특성을 고려

③ Emotional Interface(감성적 인터페이스) : 즐거움이나 기쁨을 느끼게 하는 감성 특성에 관한 정보를 고려하고 소비자의 정서에 관심

핵심이론 08 시스템 설계 시 인간성능을 고려하기 위한 기본단계

목표 및 성능명세 결정 → 시스템의 정의 → 기본 설계 → 인터페이스 설계 → 촉진물 설계 → 시험 및 평가

제1단계	목표 및 성능명세 결정	• 시스템이 설계되기 전에 우선 그 목적이나 존재이유가 있어야 함 • 시스템 성능명세는 목표를 달성하기 위해서 시스템이 해야 하는 것을 서술 • 시스템 성능명세는 기존 혹은 예상되는 사용자 집단의 기술이나 편제상의 제약을 고려하는 등 시스템이 운영될 맥락을 반영
제2단계	시스템의 정의	• 시스템의 목표나 성능에 대한 요구사항들이 모두 식별되었으면, 적어도 어떤 시스템의 경우에 있어서는 목적을 달성하기 위해서 특정한 기본적인 기능들이 수행되어야 함 • 기능분석 단계에 있어서는 목적의 달성을 위해 어떠한 방법으로 기능이 수행되는가 보다는 어떤 기능들이 필요한가에 관심을 두어야 함

제3단계	기본 설계	• 시스템 개발 단계 중 이 단계에 와서 시스템이 형태를 갖추기 시작하는 단계
		• 인간, 하드웨어, 소프트웨어에 기능을 할당하고 수행되어야 할 기능들이 주어졌을 때, 특정한 기능을 인간에게 또는 물리적 부품에게 할당해야 할지를 명백한 이유를 통해 결정
		• 인간 – 기계 비교의 한계점
		• 인간성능 요건명세 : 설계팀이 인간에 의해서 수행될 기능들을 식별한 후 그 기능들의 인간 성능 요구조건을 결정
		• 인간 성능 요건 : 시스템이 요구조건을 만족하기 위하여 인간이 달성하여야 하는 성능특성들
		• 2가지 목표를 향한 어떤 형태의 직무분석이 이루어져야 함
		  – 설계를 좀 더 개선시키는 데 기여해야 함
		  – 사실상 최종설계에 있게 될 각 작업의 명세를 마련하기 위한 것이며, 이러한 명세는 요원명세, 인력수요, 훈련계획 등의 개발 등 다양한 목적에 사용됨
		• 작업설계 : 사람들이 사용하는 장비나 다른 설비의 설계는 그들이 수행하는 작업의 특성을 어느 정도 미리 결정

제4단계	인터페이스 설계	• 작업공간, 표시장치, 조종장치, 제어, 컴퓨터 대화 등이 포함됨
		• 인간기계 인터페이스는 사용자의 특성을 고려하여 신체적 인터페이스, 지적 인터페이스, 감성적 인터페이스로 분류할 수 있음
		• 인터페이스 설계를 위한 2가지 인간요소 자료
		  – 상식과 경험 : 디자이너가 기억하고 있는 것으로 타당한 것도 있고, 그렇지 못한 것도 있음
		  – 상대적인 정량적 자료 : 두 종류의 시각적 계기를 읽을 때의 상대적 정확도 등
		• 정량적 자료집 : 인구표본의 인체 계측값, 여러 직무를 수행할 때의 착오율 등

제5단계	촉진물 설계	• 만족스러운 인간성능을 증진시킬 보조물에 대해서 계획하는 것으로 지시수첩(Instruction Manual), 성능보조자료 및 훈련도구와 계획이 포함됨
		  – 내장훈련 : 훈련 프로그램이 시스템에 내장되어 있어 설비가 실제 운용되지 않을 때에는 훈련 방식으로 전환될 수 있는 것을 말함
		  – 지시수첩 : 시스템을 어떻게 운전하고 경우에 따라서는 보전하는 것까지도 명시한 시스템 문서의 한 형태

제6단계	시험 및 평가	• 시스템 개발과 연관된 평가 : 시스템 개발의 산물(기기, 절차 및 요인)이 의도된 대로 작동하는가를 입증하기 위하여 산물을 측정하는 것 • 인간요소적 평가 : 인간성능에 관련되는 속성들이 적절함을 보증하기 위하여 이러한 산물들을 검토하는 것

제2절 | 사용성

핵심이론 01 사용자 인터페이스(User Interface)

① 인터페이스란 서로 다른 두 개의 시스템, 장치 사이에서 정보나 신호를 주고받는 접점이나 경계면으로 사용자가 기기를 쉽게 동작시키는 데 도움을 주는 시스템을 의미한다.

② 사용자 인터페이스란 인간과 컴퓨터 간의 경계면으로, 인간이 사용하기 쉽고 이해하기도 쉬워야 오류와 사고를 줄일 수 있다.

③ UI(User Interface)를 설계할 때 과거에는 하드웨어적인 연구(입력장치, 출력장치)가 주를 이루었으나, 최근에는 인간의 정보처리 능력, 인지과정 등과 같은 논리적 인터페이스를 연구하는 소프트웨어적 연구 추세로 바뀌고 있다.

④ UI는 사람과 컴퓨터 사이에서 일어나는 상호작용(Interaction)을 매개하기 때문에 신체적·심리적으로 사용하기 쉽고, 이해하기 쉽게 설계하여야 한다.

핵심이론 02 사용자 인터페이스의 목적

① 사용자 인터페이스의 목적은 좋은 사용성(Usability)에 있으며, 좋은 사용자 인터페이스는 심리학과 생리학에 기반하여 사용자가 필요로 하는 요소를 쉽게 찾고 사용하며 그 요소로부터 의도한 결과를 명확하고 쉽게 얻어낼 수 있어야 한다.

② 좋은 시스템이란 UI에 있어서 기능(Function)과 안전(Safety)과 편리성(Usable)이 골고루 결합된 시스템이다.

핵심이론 03 사용자 인터페이스(UI)의 구분(종류)

① CUI(Character based UI) : 문자방식의 명령어 입력 사용자 인터페이스
② GUI(Graphic UI) : 그래픽 환경 기반의 마우스 입력 사용자 인터페이스
③ NUI(Natural UI) : 사용자의 말과 행동 기반 제스쳐 입력 인터페이스

핵심이론 04 사용자 인터페이스 기본 원칙

① 직관성(Intuitiveness)
  ㉠ 앱의 구조를 큰 노력 없이도 쉽게 이해하고, 쉽게 사용할 수 있도록 제작해야 한다.
  ㉡ 용이한 검색(Findability), 쉬운 사용성(Easy of use), 일관성(Consistency)

② 유효성(Efficiency) : 정확하고 완벽하게 사용자의 목표가 달성될 수 있도록 제작해야 한다.

③ 학습성(Learnability)
  ㉠ 초보와 숙련자 모두가 쉽게 배우고 사용할 수 있도록 제작해야 한다.
  ㉡ 쉽게 학습(Easy of Learning), 쉽게 접근(Accessibility), 쉽게 기억(Memorability)
④ 유연성(Flexibility)
  ㉠ 사용자의 인터랙션을 최대한 포용하고 실수를 방지할 수 있도록 제작해야 한다.
  ㉡ 오류 예방(Error Prevention), 실수 포용(Forgiveness), 오류 감지(Error Detectability)
⑤ 효율성 : 업무달성 수준과 사용자의 달성 수준
⑥ 태도 : 불편함의 허용수준과 만족도 수준

핵심이론 05 사용편의성의 요인

① 수행속도 : 얼마나 빨리 사용자가 수행할 수 있는가?
② 실수율 : 작업을 수행하는 동안의 실수율의 발생빈도
③ 실수정정비율 : 발생하는 실수를 사용자가 수정하는 능력
④ 학습용이성 : 사용자의 작업 정도에 따라 시스템을 사용하기 위한 학습 정도
⑤ 학습기술의 유지 : 사용자가 터득한 기술을 얼마나 오래 유지하는가?
⑥ 변형능력 : 사용자가 작업을 자신에게 적합하게 변형할 수 있는 능력
⑦ 재조직활동 : 시스템에 의해 지원되는 활동을 얼마나 쉽게 재조직할 수 있는가?
⑧ 만족도 : 시스템에 대한 사용자의 만족도

핵심이론 06 사용편의성 단계

① 사용편의성의 목표를 정의
② 사용편의성의 수준을 설정
③ 가능한 디자인 해결책의 영향을 분석
④ 제품디자인에 사용자에게서 나온 의견을 반영
⑤ 계획된 수준이 달성될 때까지 '디자인 – 평가 – 디자인'의 순환을 반복

핵심이론 07 사용자 인터페이스 설계방법(인간공학적 요소 측정)

① 학습시간 : 사용자가 숙련되기 위해 배우는 데 걸리는 시간

② 수행속도 : 특정작업을 하는 데 걸리는 시간

③ 실수횟수 : 작업수행 과정에서 발생되는 실수의 빈도수와 종류 측정

④ 만족도 : 시스템 사용에 대한 만족도의 측정

⑤ 기억력 : 일정 시간 뒤에 얼마나 기억하는가를 측정

핵심이론 08 조화성의 설계원칙

① 신체적 인터페이스(Solid Interface, 사용자의 신체특성을 고려) : 신체역학적 특성, 인체측정학적 특성

② 사용자 인터페이스(User Interface)
  ㉠ 지적 인터페이스라고도 한다.
  ㉡ 사용자의 행동에 관한 특성을 고려한다(물건을 사용하는 순서나 방법 등).

③ 감성적 인터페이스(Emotional Interface)
  ㉠ 즐거움이나 기쁨을 느끼게 하는 감성 특성에 관한 정보를 고려한다.
  ㉡ 소비자의 정서에 관심을 갖는다.

핵심이론 09 사용성 평가(Usability Testing)

① 사용자의 입장에서 사용환경을 고려해 사용성을 향상시키는 공학적인 활동을 말한다.

② 평가대상
  ㉠ 시스템이 제공하는 서비스
  ㉡ 사용자 인터페이스에 의한 상호작용
  ㉢ 사용자가 표면적으로 지각하는 요소

③ 사용성 평가요소
  ㉠ 에러의 빈도 : 작업을 수행하는 자가 얼마나 많은 종류의 에러를 범하는가?
  ㉡ 학습용이성 : 사용자가 작업수행에 필요한 기능을 얼마나 쉽게 배울 수 있는가?
  ㉢ 기억용이성 : 시스템의 이용법을 얼마나 오랫동안 기억할 수 있는가?
  ㉣ 효율성 : 작업을 시행하는 데 얼마의 시간이 걸리는가?
  ㉤ 사용자들의 주관적인 만족도 : 시스템에 대한 사용자의 선호도는 얼마나 되는가?

④ 사용성 평가방법의 종류
  ㉠ 사용자 설문조사(User Survey) : 다수의 사용자에게 동일한 질문을 수행하는 방법으로, 설문문항을 통해 사용자들이 필요로 하는 유용한 정보를 얻을 수 있다고 생각되는 경우 사용한다.
  ㉡ 사용자 관찰법 : 사용자를 계속 관찰하여 문제점을 찾아내는 방법이다.
  ㉢ 휴리스틱 평가법(Heuristic Evaluation)
    • 전문가가 체크리스트나 평가기준을 가지고 평가대상을 보면서 사용성에 관한 문제점을 찾아나가는 사용성 평가방법으로 알고리즘(Algorithm)의 반대개념
    • 논리적 추론보다 경험적, 직관적 사고체계를 이용해 단순하고 빠르게 의사결정하는 능력
    • 인간의 제한된 인지자원에서 비롯된 성향으로 원시조상으로부터 내려온 생존전략으로 시간이나 정보가 불충분하여 합리적인 판단을 할 수 없거나 굳이 체계적이고 합리적인 판단을 할 필요가 없는 상황에서 신속하게 사용하는 어림짐작의 기술
  ㉣ FGI(Focus Group Interview)
    • 관심이 있는 특성을 기준으로 표적집단을 3~5개 그룹으로 분류한다.
    • 각 그룹별로 6~8명의 참가자들을 대상으로 진행자가 조사목적과 관련된 토론을 통해 평가대상에 대한 의견이나 문제점 등을 조사한다.
  ㉤ GOMS : 숙련된 사용자가 인터페이스에서 특정작업을 수행하는 데 얼마나 많은 시간을 필요로 하는지 예측한다.
  ㉥ 에스노그라피(Ethnography)
    • 그리스어 사람들(Ethnos)과 기록(Grapho)의 합성어
    • 현장조사, 관찰조사라고도 불리며 참여관찰과 심층면담을 기반으로 하는 현장 연구방법

⑤ ISO에서 정하는 사용성의 3척도

효과성	• 완성된 과제의 비율 • 실패와 성공의 비율 • 사용된 특징이나 명령어의 수 • 작업 부하
효율성	• 과제 완성시간, 학습시간, 에러까지의 시간 • 에러 비율이나 에러 수 • 도움의 수나 보조자료의 참조 수 • 잘못된 명령의 반복 수
만족도	• 기능/특징에 대한 만족도 척도 • 사용자가 불만감이나 좌절감을 표현한 빈도

⑥ 제이콥 닐슨(Jakob Nielsen)의 사용성 10원칙
  ㉠ 학습용이성 : 알기 쉬운 시스템 상태
    시스템마다 적절한 피드백을 통해 적절한 시간에 사용자에게 "무슨 일이 일어나고 있는지"를 알 수 있게 해야 한다.
  ㉡ 실제 사용 환경에 적합한 시스템
    시스템은 시스템 지향 언어가 아닌 사용자 언어(사용자에게 친숙한 단어와 문구, 개념)를 사용하여 사용자와 소통해야 하고, 실제환경의 관례에 따라 자연스럽고 논리적으로 정보를 제공해야 한다.
  ㉢ 사용자에게 자유와 주도권 제공
    사용자는 종종 시스템의 기능 선택에서 실수를 하기 때문에 원치 않는 상태로부터 확실한 "비상구"(장황한 상호작용 없이)를 제공해 줄 필요가 있다.

ⓔ 일관성과 표준화
　　　동일한 상황에서 상이한 말, 상태, 작용을 UI에 구현하여 사용자에게 혼란을 주어서는 안 된다.
　　ⓜ 오류 예방
　　　좋은 오류 메시지를 준비하는 것보다 처음부터 주의 깊게 디자인하여 문제 발생을 방지하는 것이 좋다. 오류가 발생하기 쉬운 조건을 제거하거나 체크해놓고 사용자에게는 작업을 취하기 전에 확인 옵션을 제공한다.
　　ⓑ 기억용이성 : 기억을 불러오지 않고 보는 것만으로 이해할 수 있는 디자인
　　　객체나 행위, 옵션을 시각화해 사용자의 기억 부하를 최소화한다. 사용자는 시스템과 상호 작용을 하면서 정보를 기억하지 않도록 해야 하고, 시스템을 사용하기 위한 설명은 언제든지 적절할 때 볼 수 있거나 쉽게 찾을 수 있어야 한다.
　　ⓢ 유연성과 효율성
　　　시스템 이용을 효율화할 수 있는 구조가 초보 사용자에게는 보이지 않지만, 숙련 사용자의 작업을 가속화하고 나아가 경험자/미경험자 불문하고 사용자 모두의 요구에 부응하는 것이다. 사용자가 자주 실행하는 기능은 사용자가 직접 효율화를 조정할 수 있도록 한다.
　　ⓞ 심플하고 아름다운 디자인
　　　사용자와 시스템 간의 대화에서는 상관없거나 불필요한 정보를 포함해서는 안 된다. 이는 불필요한 정보군이 관련 정보군과 충돌해버려 상대적으로 필요한 정보의 가시성을 약화시킨다.
　　ⓩ 에러빈도 및 정도
　　　사용자가 오류를 인식하고 진단하며 복구할 수 있도록 지원한다. 오류 메시지는 평이한 언어(코드가 아닌)로 표현되어야 하며, 문제를 정확히 지적하고 해결책을 건설적으로 제안해야 한다.
　　ⓒ 도움말과 설명서 준비
　　　시스템이 설명서 없이도 사용할 수 있다면 더할 나위 없이 좋지만 도움말 및 설명서는 필요하다. 어떤 정보든 쉽게 찾을 수 있고, 사용자의 행위에 초점을 가지고 수행할 구체적인 단계가 나열되며, 분량이 너무 많지 않아야 한다.

⑦ 노먼(Norman)이 제시한 사용자 인터페이스 설계원칙
　㉠ 가시성(Visibility)의 원칙 : 현재 상태를 명확하게 표시
　㉡ 대응의 원칙, 양립성(Compatibility)의 원칙 : 인간의 기대와 일치시킴
　㉢ 행동유도성(Affordance)의 원칙 : 행동의 제약을 줌
　㉣ 피드백(Feedback)의 원칙 : 조작결과가 표시되도록 함

더 알아보기

행동유도성
- 정 의
  - 물건에 특성을 부여하여 행동에 관한 단서를 제공
  - 제품에 사용상의 제약을 주어 사용방법을 유인함
  - 좋은 행동유도성(Affordance)을 가진 디자인은 설명 없이 보기만 해도 무엇을 해야 하는지 알 수 있음
- 깁슨의 주장
  - '수여하다' 혹은 '가져오다'라는 뜻을 지닌 Afford를 명사화한 단어
  - 어떤 상황과 사물의 인상이 자연스럽게 특정행동으로 이루어질 수 있다는 것을 의미

- 노먼 : 깁슨의 개념을 유용성의 관점에서 확장하여 디자인에 적용. 사물의 인지된 속성이나 실질적 특성이 곧 Affordance이며 이것이 바로 사물이 어떻게 사용되는지 결정한다고 봄
- 산업디자인이나 인터랙션 디자인 등에서 Affordance는 서로 다른 콘셉트를 연결하는 것을 의미하기도 함
• 제 약
  - 행동유도성에서 Constraint는 사용자가 느끼지 못할 정도로 자연스럽게 제약을 주어 행동의 단서를 제공
  - 물리적 제약 : 조작의 가능성을 제한
  - 의미적 제약 : 상황과 지식에 따른 제약
  - 논리적 제약 : 대응하는 행동에 의존하는 제약
  - 문화적 제약 : 문화적 관습의 영향을 이용한 제약
• 대 응
  - 행동유도성에서 대응 Mapping은 디자인에 존재하는 통제요소와 그에 따른 행동 결과의 관계성을 가리킴
  - 행동의 결과와 효과가 기대치에 가까우면 대응이 좋은 것
  - 기대치와 다르면 대응이 나쁜 상태
  - 행동과 결과의 대응성이 낮으면 사용자는 인지적인 부담을 느끼게 됨

⑧ 노먼의 7단계 행위모형

실 행	평 가
• 목표설정 • 의도형성 • 행동단계 구체화 • 실 행	• 결과인지 • 결과해석 • 평 가

⑨ GOMS 모델
  ㉠ 사용자가 시스템을 사용하면서 어떻게 이해하고 배우며 사용하는지에 대해 예측하여 이를 수행하기 위해 소요되는 시간이나 학습시간 등을 평가하기 위한 방법이다.
  ㉡ 사용자 행위의 순서를 미리 알고 있을 경우, 사용자가 과업(Task)을 수행하는 각 단계마다 소요되는 시간을 미리 예측하여 알고 있거나 과업(Task)을 해결하기 위해 수행해야 하는 순차적인 과정을 제공함으로써 전문가 수준으로 얼마나 신속하게 수행하는지 결과를 알고자 하는 경우에 사용된다.
  ㉢ 사용자에게 주어진 과업(Task)에 대한 실행순서가 일정하거나 주어진 과제를 사용자가 얼마나 빨리 수행하는지를 알고자 하는 경우에 주로 사용한다.
  ㉣ 각 과제의 목표에 정확한 수행 단계가 정해져 있으며, 사용자가 한 번도 실수하지 않고 작업을 완료한다는 가정을 두고 있다.
  ㉤ 사용자가 자신의 목표를 이성적으로 성취할 수 있는 존재이며, 어떤 문제에 직면했을 때 자신이 취해야 하는 행동이 무엇인지 알고 있기 때문에 실수나 시행착오를 범하지 않는다는 전제하에 적용이 가능한 모형이다.
  ㉥ 인간의 행위를 Goal(목표), Operation(행위), Method(방법), Selection Rules(선택규칙) 등의 4가지 요소로 구성한다.

Goal	성취해야 할 일의 상태를 정의하고 그것을 실행하기 위해 가능한 방법을 결정하는 상징적인 구성요소
Operation	사용자의 내적 상태의 어떤 면을 변화시키거나 작업환경에 영향을 주는 지각적, 인지적 혹은 운동적인 행위
Method	한 목표를 실행하기 위한 과정으로서, 이 과정을 수행하기 위해 요구되는 목표와 행위를 이용하여 그 과정을 표현
Selection Rules	사용자가 행위를 수행하기 위한 방법을 선택하기 위한 규칙

ⓢ 장단점

장점	• 실제 사용자를 포함하지 않고 모의실험을 통하여 대안을 제시할 수 있다. • 사용자에 대한 별도의 피드백 없이 수행에 대한 관찰 결과를 알 수 있다. • 실제로 사용자가 머릿속에서 어떠한 과정을 거쳐서 시스템을 이용하는지 자세히 알 수 있다. • 사람들의 실제 사용 절차를 예측하고 얼마나 신속하게 그리고 어떤 경로를 통해서 사용할 수 있는지 측정할 수 있다. • 사용자가 Task에 대한 실행순서를 가장 능률적이고 일관성 있게 실행하는 데 있어서 각 단계에 대해 어떠한 어려움이 있는지를 파악할 수 있다.
단점	• 이론에 근거한 모델인 만큼 실제적인 정황이 고려되지 않는다. • 설계 대안에 대한 결과는 전문가의 작업 형태에 초점을 맞추고 있기 때문에 초보자를 포함한 다양한 사용자 수준에 대한 고려와 새로운 시스템을 익히는 단계는 다루지 못한다.

⑩ 사용자 경험(User Experience)
  ㉠ UI가 사용자 환경으로 사용자가 접하는 시스템의 외형과 구조, 배치 등에 가까운 것이라면, UX는 그 제품으로 인해 느끼는 총체적인 사용자 경험을 의미한다.
  ㉡ 예를 들어, 사용자가 제품에 관심을 가진 시점부터 시작하여 구매, 사용, 폐기할 때까지 일련의 과정에 만족감을 주었다면 좋은 UX디자인을 한 것이다.
  ㉢ UX디자인
    • 사용자 중심의 디자인 원리로 한 가지 상품이나 서비스에 초점을 맞추기보다는 전체적인 환경 사이에서 나타나는 상호작용에 초점을 맞춘 디자인을 의미한다.
    • 사용자를 조사하여 그들의 요구, 목표를 파악하는 사용자 조사 전문가가 필요하다.
  ㉣ UX디자인의 장점
    • 사용자의 요구를 벗어나는 요소를 감소시킬 수 있다.
    • 전체적인 사용성이 증가한다.
    • 가이드라인을 통해 효율적으로 개발할 수 있다.
    • 사용자 관찰을 통한 사업과 마케팅 목표를 달성할 수 있다.
  ㉤ 사용설명서 제작 시 고려사항
    • 사용방법
    • 안전에 관한 주의사항
    • 제품사진, 성능, 기능
    • 제품의 설치, 조작, 보수, 점검, 폐기, 기타 주의사항
    • 제품명칭, 개봉방법
    • 형식, 회사명, 주소, 전화번호 등

제3절 | 신뢰도

핵심이론 01 고장률

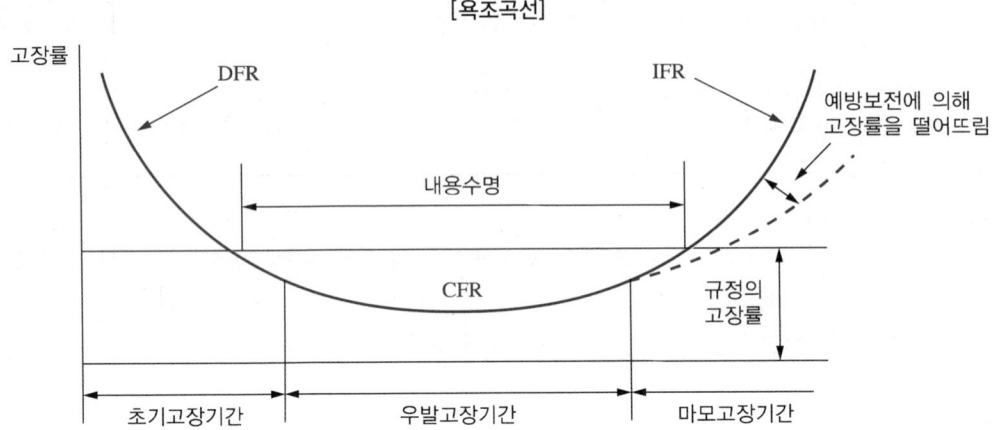

[욕조곡선]

① 초기고장(Intial Failure, Decreasing Failure Rate)
   ㉠ 세로축을 고장률로 하고 가로축을 시간으로 하는 그래프에서 초기고장은 고장률이 높은 상태에서 출발하여 점차 감소하는 형태로 변화한다.
   ㉡ 초기고장은 설계, 제작, 조립상의 결함, 사용환경과 부적합 등에 의해서 발생한다.

② 우발고장(Random Failure, Constant Failure Rate)
   ㉠ 초기고장과 마모고장 기간 사이에서 우발적으로 발생하는 일정형 고장이다.
   ㉡ 돌발형 고장으로 시간 의존성이 없고, 다음에 언제 고장이 일어날지 예측할 수 없다.

③ 마모고장(Wear-out Failure, Increasing Failure Rate)
   ㉠ 구성부품 등의 피로, 마모, 노화 현상 등에 의해서 시간의 경과와 함께 고장률이 커지는 증가형 고장이다.
   ㉡ 사전검사 또는 감시에 의해서 예지할 수 있으며, 정기적인 보수와 정비로 고장률을 줄여야 한다.

④ 고장 예방방법
   ㉠ 정기점검을 실시한다.
   ㉡ 주유방법을 개선한다.
   ㉢ 구성품의 신뢰도를 향상시킨다.
   ㉣ 보전용 통로나 작업장을 확보한다.
   ㉤ 분해 및 교환을 철저하게 한다.

핵심이론 02 신뢰도

① 신뢰도(Reliability) : 의도하는 기간에 정해진 기능을 수행할 확률(고장나지 않을 확률)
  ㉠ 신뢰도 $R(t) = e^{-\lambda t}$
  ㉡ 불신뢰도 $F(t) = 1 - R(t) = 1 - e^{-\lambda t}$

② 고장률(λ) = 기간 중 총고장건수/총동작시간

③ 평균고장간격(MTBF ; Mean Time Between Failure) = 1/고장률

④ 평균수리시간(MTTR ; Mean Time To Repair) = 총수리시간/수리횟수

⑤ 평균수명(MTTF ; Mean Time To Failure) = 총동작시간/기간 중 총고장건수
  ㉠ 직렬계 시스템의 평균수명 = MTTF/n = $1/\lambda$
  ㉡ 병렬계 시스템의 평균수명 = MTTF(1 + 1/2 + 1/3 + … + 1/n)

⑥ 가용도(Availability) : 시스템이 어떤 기간 중에 성능을 발휘하고 있을 확률(MTTF/MTBF)

[MTBF의 개념]

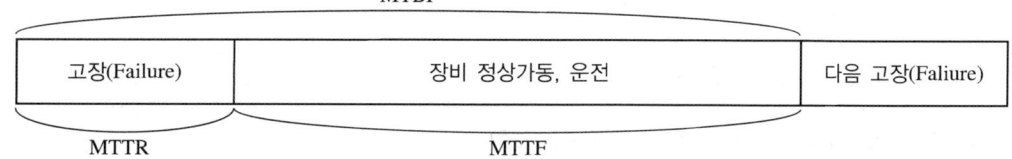

⑦ 직렬시스템의 신뢰도

$$R = a \times b \times c$$

핵심예제

R1, R2, R3가 모두 0.9일 때 다음 시스템의 신뢰도는?

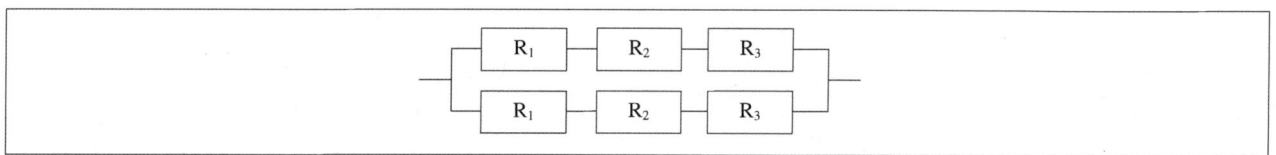

|풀이|
R = 1 - (1 - 0.9 × 0.9 × 0.9) × (1 - 0.9 × 0.9 × 0.9) = 0.93

⑧ 병렬시스템의 신뢰도

R = 1 − (1 − a)(1 − b)

핵심예제

R1, R2, R3가 모두 0.9일 때 다음 시스템의 신뢰도는?

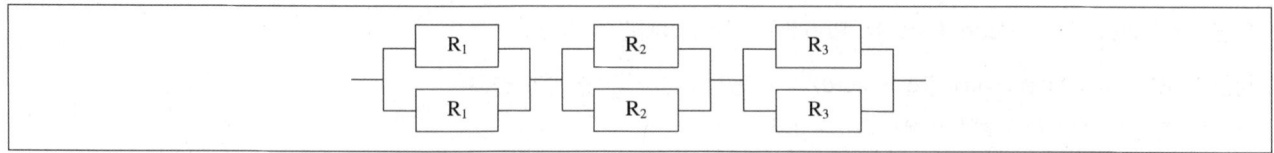

|풀이|

R = 1 − (1 − a)(1 − b) = [1 − (1 − 0.9)(1 − 0.9)] × [1 − (1 − 0.9)(1 − 0.9)] × [1 − (1 − 0.9)(1 − 0.9)] = 0.97

핵심예제

다음 그림에서 A, B의 고장률이 다음과 같을 때 T의 신뢰도를 구하시오.

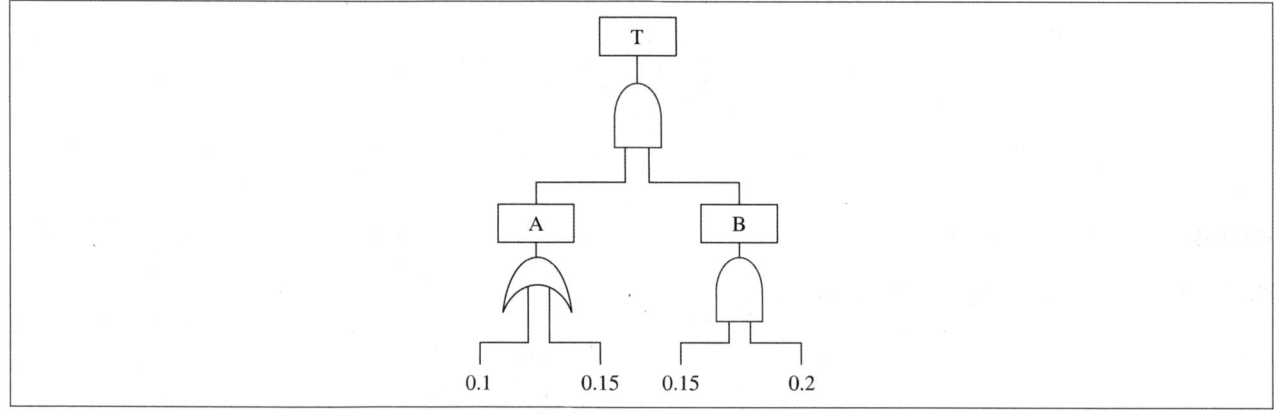

|풀이|

P(A) = 1 − (1 − 0.1)(1 − 0.15) = 0.235
P(B) = 0.15 × 0.2 = 0.03
P(T) = 0.235 × 0.03 = 0.00705
따라서 T의 신뢰도는 1 − 0.00705 = 0.99295

핵심이론 03 신뢰도의 유지방법

① Fail Safe : 부품에 고장이 생겨도 재해로 이어지지 않도록 한다. 기계나 그 부품에 고장이나 기능불량이 생겨도 항상 안전하게 작동하는 구조, 그 기능 병렬계통이나 대기여분을 갖춰 항상 안전한 방향으로 유지되는 기능을 말하는 것으로, Redundancy System(중복시스템 설계), Standby System(대기시스템 설계), Error Recovery(에러복구) 등의 원칙이 있다.

[Fail Safe 적용의 예]

Redundancy System　　　　Standby System　　　　Error Recovery

※ 출처 : 한경대학교, 박재희, KOCW

② Fool Proof : 인간이 실수를 범해도 재해로 이어지지 않도록 한다.
　㉠ 사람의 부주의로 인한 실수를 미연에 방지하거나 발생된 실수를 검출해 내어 주로 작업의 안전성을 유지하기 위하여 고안된 장치 또는 방법이다.
　㉡ Fool Proof에서 이야기하는 에러는 단순한 실수가 아닌 시스템적 개념, 근원적 실수를 말한다.
　㉢ Fool Proof 기본 원칙은 누가 하더라도 절대로 잘못되는 일이 없는 자연스러운 작업으로 한다. 만일 잘못되어도 그것을 깨닫게만 하고 그 영향이 나타나지 않도록 한다는 것이다.

③ Tamper Proof : 사용자가 임의로 안전장치를 제거할 경우 작동하지 않도록 한다.
　㉠ 장치작동의 간섭(Tamper)을 방지, 고의로 안전장치를 제거하는 등의 부정한 조작과 변경을 방지, 임의로 변경하는 것을 방지하는 장치이다.
　㉡ 위험설비의 안전장치를 제거할 경우 작동하지 않도록 한다.

④ Lock System
　㉠ Lockin : 제품의 작동을 계속 유지시킨다.
　　예 PC에서 종료 시 저장할까요?
　㉡ Lockout : 위험한 상태로 들어가거나 사건이 일어나는 것을 방지한다.
　㉢ Interlock : 조작들이 올바른 순서대로 일어나도록 강제하는 장치이다.

핵심이론 04 인간의 신뢰도

① 이산적(단절) 직무에서의 인간 신뢰도
　㉠ HEP(Human Error Probability) : 주어진 작업이 수행하는 동안 발생하는 오류의 확률
　㉡ 휴먼 에러 확률 = 오류의 수/전체 오류발생 기회의 수
　㉢ 인간 신뢰도 : $R = 1 - HEP$

② 연속적(연결) 직무에서의 인간 신뢰도
　　㉠ $R(t) = e^{-\lambda t}$
　　㉡ 고장률(λ) = 기간 중 총고장건수/총동작시간 = 1/평균수명
　　㉢ 연속적 직무를 성공적으로 수행할 확률 : $R(n) = (1 - HEP)^n$
　　㉣ 인간의 실수율이 불변이고 실수과정이 과거와 무관하다면 실수과정은 베르누이 과정으로 묘사됨(Cacciabue, 1988)

핵심이론 05 휴먼에러

① 심리적 분류(Swain & Guttman의 분류, 독립행동에 관한 분류)
　　㉠ 실행 에러(Commission Error) : 작업 내지 단계는 수행하였으나 잘못한 에러
　　　　예 주차금지 구역에 주차하여 스티커가 발부된 경우
　　㉡ 생략 에러(Omission Error) : 필요한 작업 내지 단계를 수행하지 않은 에러
　　　　예 자동차 하차 시 실내등을 끄지 않아 방전된 경우
　　㉢ 순서 에러(Sequential Error) : 작업수행의 순서를 잘못한 에러
　　　　예 자동차 출발 시 사이드 브레이크를 내리지 않고 가속하는 경우
　　㉣ 시간 에러(Timing Error) : 주어진 시간 내에 동작을 수행하지 못하거나 너무 빠르게 또는 너무 느리게 수행하였을 때 생긴 에러
　　㉤ 불필요한 행동에러(Extraneous Act Error) : 해서는 안 될 불필요한 작업의 행동을 수행한 에러

② 원인적 분류
　　㉠ Primary Error : 작업자 자신으로부터 발생한 오류
　　㉡ Secondary Error : 작업조건 중에 문제가 생겨 발생한 오류
　　㉢ Command Error : 작업자가 움직이려 해도 움직일 수 없어 발생한 오류(정보, 에너지, 물건공급이 안 됨)

③ 정보처리과정의 분류
　　㉠ 입력오류 : 외부정보를 받아들이는 과정에서 인간의 감각기능의 한계
　　㉡ 정보처리오류 : 입력정보는 올바르나 처리과정에서 기억, 추론, 판단의 오류
　　㉢ 출력오류 : 신체적 반응에서 제대로 수행하지 못해 일어나는 오류
　　㉣ 피드백오류 : 잘못된 피드백의 오류
　　㉤ 의사결정오류 : 판단상의 오류

④ 작업별 오류의 분류
　　㉠ 설계오류 : 인간의 신체적·정신적 특성을 충분히 고려하지 않아 발생하는 오류
　　㉡ 제조오류 : 제조공정상의 오류
　　㉢ 검사오류 : 검사 시 발생하는 오류
　　㉣ 설치오류 : 설치 시 잘못된 착수와 조정의 오류
　　㉤ 조작오류(운용오류) : 사용방법, 절차 미준수

⑤ 라스무센(Rasmussen)의 분류
  ㉠ 숙련기반
  ㉡ 규칙기반
  ㉢ 지식기반

⑥ 제임스 리즌(James Reason)의 분류
  ㉠ 의도적 행동 : 규칙기반, 지식기반오류에서 발생, 착오, 위반
  ㉡ 비의도적 행동 : 숙련기반 오류에서 발생(실수, 건망증)

[라스무센 행동모델에 의한 제임스 리즌의 휴먼에러 분류]

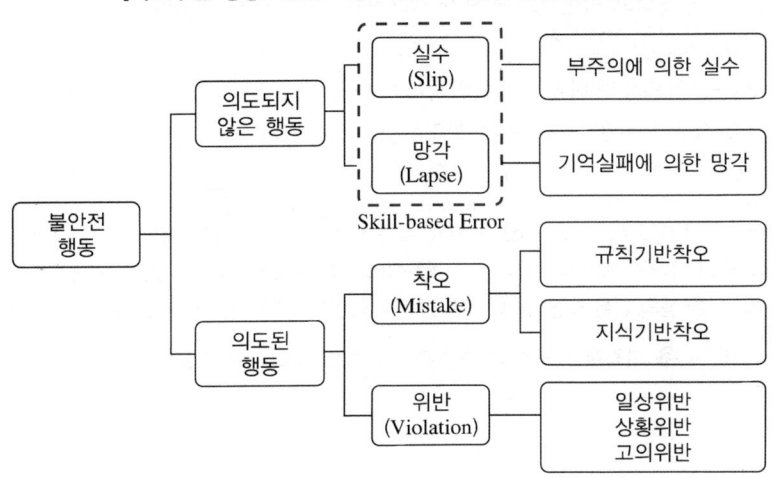

제4절 | 위험성 평가

핵심이론 01 정량적 평가기법

① 결함트리분석(FTA ; Fault Tree Analysis)
  ㉠ 사고의 원인을 찾아가는 연역적 톱다운(Top - Down) 방식의 분석기법이다.
  ㉡ 각 사상이 발생할 확률에 기반하여 정상사상이 발생할 가능성을 평가, 의도하지 않은 사건이나 상황을 만들 수 있는 과정을 그림과 논리도로 표시한다.
  ㉢ 공정이 복잡하면 결함수가 커지고 숙련된 기술자가 필요하며, 수리·정비정책이나 가용도 분석에는 유용하지 않다.
  ㉣ 최소 컷셋(Minimal Cut Sets)
    • 정상사상(Top Event)을 일으키기 위한 최소한의 집합이다.
    • 시스템의 위험성을 표시하여 개수가 늘어나면 위험수준이 높아진다.
  ㉤ 최소 컷셋을 구하는 법

  > ❶ 정상사건으로부터 아래 방향으로 전개 → ❷ and게이트는 횡방향, or게이트는 종방향으로 전개 → ❸ 개별행 안에 동일사건이 있으면 동일성법칙에 의해 하나를 제거($A \cdot A = A$) → ❹ 정리한 후 행별로 나타난 사건들의 집합을 컷셋이라 함 → ❺ 행과 행을 비교하여 어느 한 행이 다른 행의 다른 절단집합이 부분집합이 되는지 판단해서 부분집합에 해당하는 행은 절단집합에서 흡수법칙에 의해 제거 $\binom{A}{A \cdot B} \to A$ → ❻ 이렇게 정리한 후 최종적으로 행별로 나타난 집합을 최소 컷셋이라 함

핵심예제

다음 그림의 경우 최소 컷셋은?

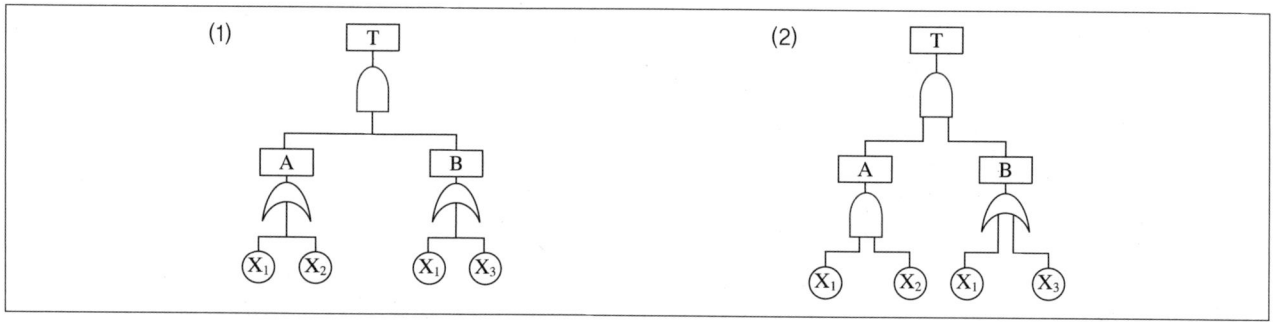

| 풀이 |

①
A, B가 and로 연결되므로 A, B 둘 다 발생해야 사고
X_1, X_2가 or로 연결되므로, X_1 또는 X_2가 발생하면 A 발생
X_1, X_3가 or로 연결되므로, X_1 또는 X_3가 발생하면 B 발생
X_2만 발생하면 A만 발생 → 무사고
X_3만 발생하면 B만 발생 → 무사고
X_1만 발생하면 A, B 모두 발생 → 사고

X_1, X_2, X_3 모두 발생하면 A, B 모두 발생 → 사고
따라서 최소 컷셋은 X_1

②
A, B가 and로 연결되므로 A, B 둘 다 발생해야 사고
X_1, X_2가 and로 연결되므로, X_1과 X_2가 모두가 발생하면 A 발생
X_1, X_3가 or로 연결되므로, X_1 또는 X_3가 발생하면 B 발생
X_1만 발생하면 B가 발생 → 무사고
X_2만 발생하면 A, B 모두 발생하지 않음 → 무사고
X_3만 발생하면 B가 발생 → 무사고
X_1, X_2가 발생하면 A, B 모두 발생 → 사고
사고가 발생하려면 X_1, X_2 모두가 발생해야 함
따라서 최소 컷셋은 X_1, X_2

ⓑ 최소 패스셋(Minimal Path Sets)
- 기본사상이 일어나지 않으면 정상사상이 발생하지 않는 기본사상의 집합이다.
- 시스템의 신뢰성을 표시한다.

컷 셋	정상사상을 일으키는 기본사상의 조합
최소 컷셋	정상사상을 일으키는 최소한의 기본사상의 조합
패스셋	정상사상을 일으키지 않는 기본사상의 조합
최소 패스셋	정상사상을 일으키지 않는 최소한의 기본사상의 조합

② **사건트리분석(ETA ; Event Tree Analysis)**
㉠ 초기 사건이 발생하였다고 가정한 후 후속사건이 성공(S)했는지 실패(F)했는지를 가정하여 최종결과가 나타날 때까지 계속적으로 가지를 뻗어나가는 방식으로 작성한다.
㉡ 왼쪽의 고장에서 시작하여 초기사건에 대처하기 위해 설계된 안전기능을 확인한다.
㉢ 오른쪽으로의 발생경로를 통해 어떤 사고가 발생하는지 상황전개를 한눈에 볼 수 있다.
㉣ 무심코 넘어가기 쉬웠던 재해 확대요인이 쉽게 검출 가능하다.
㉤ 단점은 발생확률을 정하기 어렵고, 자료수집이 오래 걸리며, 매우 거대한 ETA가 작성될 수 있다는 것이다.

A (정상사상)	B(대응1) 고온경보	C(대응2) 운전자조치	D(2차 정보) 인터록	결 과
냉각수공급중단 S(0.9)	S(0.95)		ABC	정상가동 (0.855)
	F(0.05)	S(0.9)	ABCD	정상S/D (0.9855)
		F(0.1)	ABCD	반응폭주 (0.0145)
F(0.1)		S(0.9)	ABD	정상S/D
		F(0.1)	ABD	반응폭주

S : Success
F : Failure

③ 인간 에러율 예측기법(THERP ; Technique for Human Error Rate Prediction)
   ㉠ Swain을 대표로 하는 미국 샌디아 국립연구소 연구팀에 의하여 개발된 정량적 분석기법이다.
   ㉡ 확률론적 안전기법으로 인간의 과오율 추정법은 5개의 단계로 되어 있다.
     • 독립(ZD ; Zero Dependence)
     • 저의존성(LD ; Low Dependence)
     • 중간 의존성(MD ; Moderate Dependence)
     • 고의존성(HD ; High Dependence)
     • 완전 의존성(CD ; Complete Dependence)
   ㉢ 인간 - 기계시스템(MMS)에서 인간의 에러와 이에 의해 발생할 수 있는 위험성의 예측과 개선을 위한 기법이다.
   ㉣ 분석하고자 하는 작업을 기본적 행위로 분할하여 각 행위의 성공 또는 실패확률을 결합함으로써 작업의 성공확률을 추정한다.
   ㉤ 작업의 각 단계를 생각하고 거기에서 발생할 수 있는 인간의 행동을 상호 배반적인 사상으로 나누어 사상나무를 작성한다.
   ㉥ 사상나무가 작성되고 각 행위의 성공 혹은 실패확률 추정치가 각 가지에 부여되면 나무를 통한 각 경로의 확률을 계산할 수 있다.

핵심예제

A(밸브를 연다)와 B(밸브를 천천히 잠근다)를 동시에 실시할 때 성공할 확률?

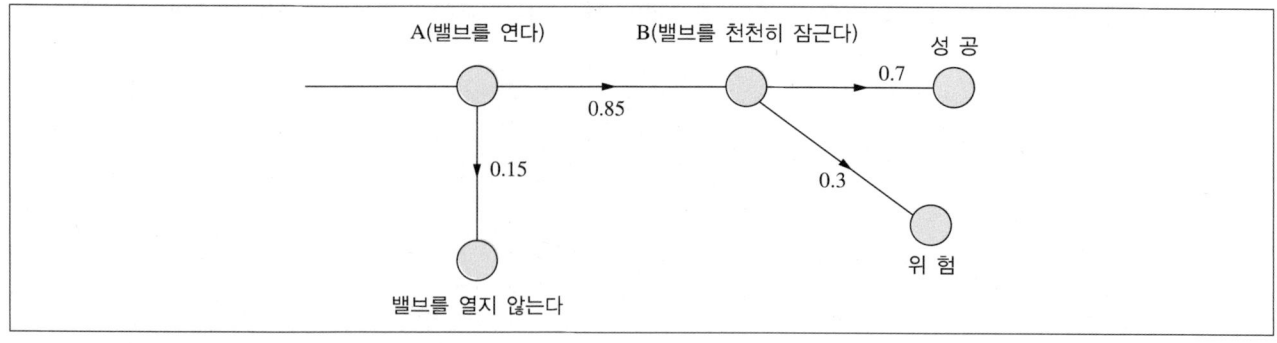

| 풀이 |

THERP는 분석하고자 하는 작업을 기본적 행위로 분할하여 각 행위의 성공 또는 실패 확률을 결합함으로써 작업의 성공확률을 추정한다. 이 문제에서는 밸브를 열고 그다음 닫는 과정에서의 성공확률을 묻는 문제이다. 작업 성공확률은 다음과 같다.
P(작업 성공확률) = P(밸브 개방시도 확률) × P(밸브 잠금시도 확률) = 0.85 × 0.7 = 0.6

| 핵심예제 |

A(밸브를 연다)와 B(밸브를 천천히 잠근다)를 동시에 실시할 때 성공할 확률?

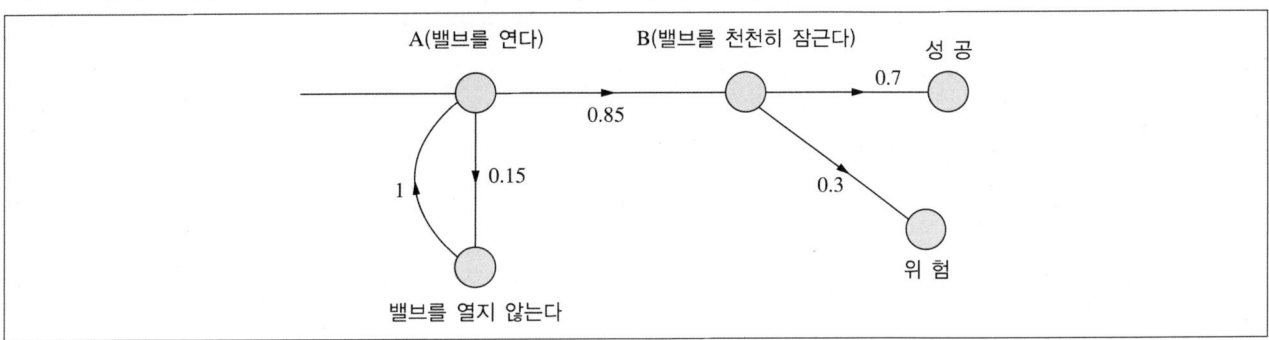

| 풀이 |

작업 성공확률은 다음과 같다.
P(작업 성공확률) = P(밸브 개방시도 확률) × P(밸브 잠금시도 확률)
① P(밸브 개방시도 확률) : 밸브를 여는 확률은 0.85, 열지 않는 확률은 0.15인데, 1을 타고 다시 원래의 위치로 돌아와서 두 번째에는 밸브를 여는 확률은 0.85×0.15가 되고, 세 번째는 0.85×0.15^2, 무한히 반복된다($a, ar, ar^2, ar^3, ar^4 \cdots$ 이와 같은 형태를 '등비수열'이라 하며, 이들의 합은 $a/(1-r)$로 계산된다). 따라서 P(밸브 개방시도 확률)는 무한등비수열의 합이 된다.

$$\sum_{k=1}^{\infty} ar^{k-1} = a + ar + ar^2 + \cdots ar^{n-1} + \cdots = \frac{a}{1-r} (|r| < 1 \text{일 때})$$
$$= a + ar + ar^2 + ar^3 + ar^4 + \cdots + ar^n = a/(1-r) = 0.85/(1-0.15) = 1$$

P(밸브 개방시도 확률) = 1
② P(밸브 잠금시도 확률) = 0.7
따라서 P(작업 성공확률) = P(밸브 개방시도 확률) × P(밸브 잠금시도 확률) = 1 × 0.7 = 0.7

④ 의사결정나무 분석기법(DT ; Decision Tree)
  ㉠ 요소의 신뢰도를 사용해서 시스템 전체의 신뢰도를 나타내는 시스템 귀납적 분석기법이다.
  ㉡ 의사결정 규칙을 도표화하여 관심대상이 되는 집단을 몇 개의 소집단으로 분류(Classification)하거나 예측(Prediction)한다.
  ㉢ 분석결과는 '조건 A이고 조건 B이면 결과집단 C'라는 형태의 규칙으로 표현된다.
  ㉣ 다른 정량적 분석방법에 비해 쉽게 이해되고 활용할 수 있다는 장점이 있다.

핵심예제

Decision Tree에서 A, B, C, D의 값을 구하고, A, B, C, D의 곱을 구하시오.

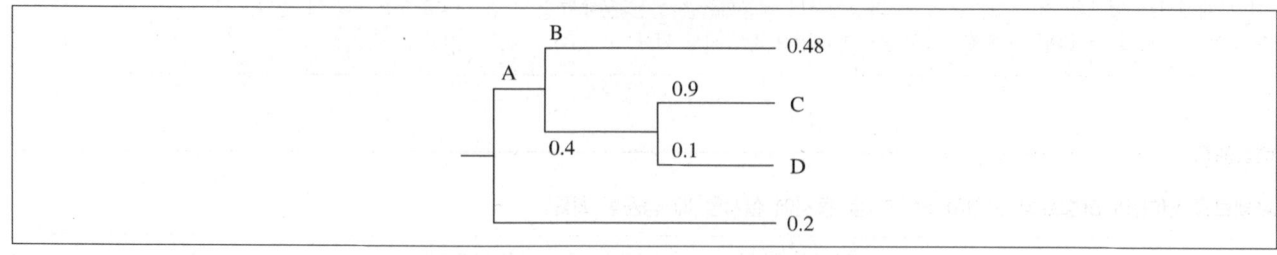

|풀이|

A = 1 - 0.2 = 0.8
B = 1 - 0.4 = 0.6
C = 0.8 × 0.4 × 0.9 = 0.288
D = 0.8 × 0.4 × 0.1 = 0.032
A × B × C × D = 0.8 × 0.6 × 0.288 × 0.032 = 0.00442

핵심이론 02 정성적 평가기법

① 예비위험분석(PHA ; Preliminary Hazard Analysis)
　복잡한 시스템을 설계, 가동하기 전의 구상단계에서 시스템의 근본적인 위험성을 평가한다.

② 인간오류분석(HEA ; Human Error Analysis)
　설비 운전원 등의 실수에 의한 사고를 분석하여 실수의 원인을 파악하고, 실수의 상대적 순위를 결정한다.

③ 체크리스트(Checklist) : 목록 확인의 간단한 형식으로 공정 및 설비의 오류, 결함상태, 위험상황을 경험적으로 비교하여 위험을 확인한다.

④ 사고예상질문 분석법(What if) : 공정에 내재되어 있는 위험으로 인해 일어날 수 있는 사고를 예상질문을 통해 사전에 확인하고 예측한다.

⑤ HAZOP(Hazard And Operability Study) : 여러 전문가들이 모여서 공정에 관련된 자료를 토대로 정해진 연구방법에 의해 위험요소들과 문제점을 찾아내어 그 원인을 제거한다.

⑥ FMEA(Failure Mode & Effect Analysis)
　㉠ 정성적, 귀납적 분석법이다.
　㉡ 부품 등이 고장났을 경우 그것이 전체제품에 미치는 영향을 분석한다.
　㉢ 공정이나 장치에서 일어나는 오류와 이에 따른 영향을 파악하는 기법이다.

CHAPTER 05 작업관리

PART 01 핵심이론 + 핵심예제

제1절 | 작업관리

작업관리란 작업을 좀더 효율적으로 안전하고 편안하게 할 수 있는 방법을 연구하는 것으로 간단하게는 동작연구와 시간연구로 이루어진다.

핵심이론 01 작업연구의 목적

① 최선의 작업방법 개발 및 표준화
② 최적 작업방법에 의한 작업자 훈련
③ 표준시간의 산정
④ 생산성 향상

핵심이론 02 작업관리의 종류

① 동작연구(Motion Study)
  ㉠ 주로 방법연구(Method Engineering)로 불린다.
  ㉡ 경제적인 작업방법을 검토하여 최적의 표준화된 작업방법을 개발하는 분야이다.
  ㉢ 신체활동, 재료, 공구, 설비, 작업조건까지를 포함하여 작업 및 공정을 종합적으로 분석하여 경제적인 작업방법을 연구한다.
② 시간연구(Time Study)
  ㉠ 작업측정(Work Measurement)으로 불린다.
  ㉡ 표준화된 작업방법에 의하여 작업을 할 경우에 소요되는 표준시간을 다루는 분야이다.
  ㉢ 표준시간을 포함한 작업시간의 측정 및 응용에 관해 다룬다.

핵심이론 03 생산성과 생산시스템

① 생산성 : 생산시스템의 효율을 평가하는 척도로 산출/투입

② 생산성지수 : 비교시점의 생산성/기준시점의 생산성

③ 수익성 : 회수된 수익/투자된 비용

④ 생산시스템에서 작업연구의 목적은 생산성 향상(생산량, 품질, 원가, 납기, 안전, 종업원의 사기 관리를 통해 달성)

⑤ 생산시스템에서 다루어야 할 문제
  ㉠ 디자인(Design) : 잘못된 디자인은 표준화가 어렵고 품질저하, 자재낭비
  ㉡ 방법(Method) : 도구의 배치, 작업방법
  ㉢ 관리(Management) : 잘못된 계획, 좋지 않은 작업환경은 잘못된 관리에서 나옴
  ㉣ 작업자(Worker) : 훈련, 생산성, 작업자의 특성에 관심

핵심이론 04 작업관리 절차

① 작업관리에 있어서 문제해결 절차
작업관리를 위해서는 먼저 연구대상을 선정하고, 작업을 분석/기록하고, 자료를 검토한 후 개선안의 수립 및 개선안 도입의 순서로 이루어진다.

연구대상 선정	애로공정, 병목공정, 이동거리가 긴 공정, 노동집약적 공정 대상
분석과 기록	공정순서, 시간순서, 흐름순서 등을 나타내는 도표를 이용
자료의 검토	5W1H설문, ECRS
개선안 수립	자료검토를 통해 도출된 내용으로 개선안 수립
개선안 도입	개선된 요소를 측정하여 기록

② 디자인 프로세스
  ㉠ 디자인 프로세스란 디자인 제작의 전 과정을 뜻하는 것(디자인의 출발부터 완성까지의 모든 활동을 지칭)으로 전혀 경험해보지 못한 새로운 상황을 포함하여 해결해야 할 문제를 정의하고 분석하여 최적안을 찾아내는 절차를 말한다.
  ㉡ 디자인 프로세스 5단계(디자인 작업 시 문제해결의 원칙)

문제의 정의 (Define the Problem)	해결하고자 하는 것이 무엇인가?
문제분석 (Analyze)	해결하고자 하는 문제의 본질에 대한 개념이나 원인, 관련요인
대안탐색 (Make Search)	보다 많은 대안을 창출하는 것이 좋은 해답을 얻음
대안평가 (Evaluate Alternative)	평가기준에 따라 도출된 대안의 장단점 파악
선정안 제시 (Specify and Sell Solution)	선정된 대안을 제안서로 표현

ⓒ 대안의 도출 방법들

ECRS	• E(Eliminate) : 이 작업은 꼭 필요한가? 제거할 수 없는가?(불필요한 작업, 작업요소의 제거) • C(Combine) : 이 작업을 다른 작업과 결합시키면 더 나은 결과가 생길 것인가?(다른 작업, 작업요소와의 결합) • R(Rearrange) : 이 작업의 순서를 바꾸면 좀 더 효과적이지 않을까?(작업순서의 변경) • S(Simplify) : 이 작업을 좀 더 단순화할 수 있지 않을까?(작업, 작업요소의 단순화, 간소화)
SEARCH	• S : Simplify Operation(작업의 단순화) • E : Eliminate Unnecessary Work and Material(불필요한 작업이나 자재의 제거) • A : Alter Sequence(순서의 변경) • R : Requirements(요구조건) • C : Combine Operations(작업의 결합) • H : How often(얼마나 자주, 몇 번인가?)
브레인스토밍 (Brainstoming)	• 보다 많은 아이디어를 창출하기 위하여 가능한 한 자유분방하게 모든 의견을 비판 없이 청취하고, 수정 발언을 허용하여 대량 발언을 유도하는 방법 • 자유분방 : 유연한 사고를 유도 • 질보다 양 : 질은 나중에 생각하고 무조건 많이 쏟아냄 • 비판금지 : 기존의 틀로 외부자극에 대한 방어자세를 취하지 말 것 • 결합과 개선 : 양을 질로 변화시켜 지식에 지식을 더함
마인드멜딩 (Mindmelding)	구성원들의 창조적인 생각을 살려서 많은 대안을 도출하기 위한 방법으로 4단계로 이루어짐 • 구성원 각자가 검토할 문제에 대하여 메모지에 서술 • 각자가 작성한 메모지를 우측사람에게 전달 • 메모지를 받은 사람은 해법을 생각하여 서술하고 다시 우측으로 전달 • 가능한 해법이 나열된 종이가 본인에게 올 때까지 3단계를 반복
5W1H	• 작업의 필요성, 목적, 장소, 순서, 작업자, 작업방법 등을 6하 원칙에 의해 설문하는 방식
델파이 (Delphi Method)	• 전문가들에게 개별적으로 설문을 전하고, 의견을 받아서 반복수정하는 절차를 거쳐 의사결정을 내리는 방식

핵심이론 05 문제의 분석도구

파레토 차트 (Pareto Chart)	• 20%의 항목이 전체의 80%를 차지한다는 파레토 법칙에 근거 • 문제의 인자를 파악하고 그것들이 차지하는 비율을 누적분포의 형태로 표현 • 가로축에 항목, 세로축에 항목별 점유비율과 누적비율로 막대-꺾은선 혼합 그래프를 사용(막대선은 점유비율, 꺾은선은 누적비율을 표현함) • 빈도수가 큰 항목부터 차례대로 항목들을 나열한 후에 항목별 점유비율과 누적비율을 구함 • 재고관리에서 ABC곡선으로 부르기도 하며 20% 정도에 해당하는 불량이나 사고원인이 되는 중요한 항목을 찾아내는 것이 목적임
특성 요인도 (Fishbone Diagram)	• 원인 결과도라 불리며 결과를 일으킨 원인을 5~6개의 주요 원인에서 시작하여 세부원인으로 점진적으로 찾아가는 기법 • 바람직하지 못한 사건이나 문제의 결과를 물고기의 머리로 표현하고 그 결과를 초래하는 원인을 인간, 기계, 방법, 자재, 환경 등의 종류로 구분하여 표시 • 어떤 결과에 영향을 미치는 크고 작은 요인들을 계통적으로 파악하기 위한 작업분석 도구로 적합
마인드 맵핑 (Mind Mapping)	• 원과 직선을 이용하여 아이디어, 문제, 개념 등을 개괄적으로 빠르게 설정할 수 있도록 도와주는 연역적 추론기법 • 가운데 원에 중요한 개념이나 문제를 설정한 후에 문제를 발생시키는 중요 원인이나 개념에 관련된 핵심 요인들을 주변에 열거하고 원에서 직선으로 연결한 후에 선 위에 서술

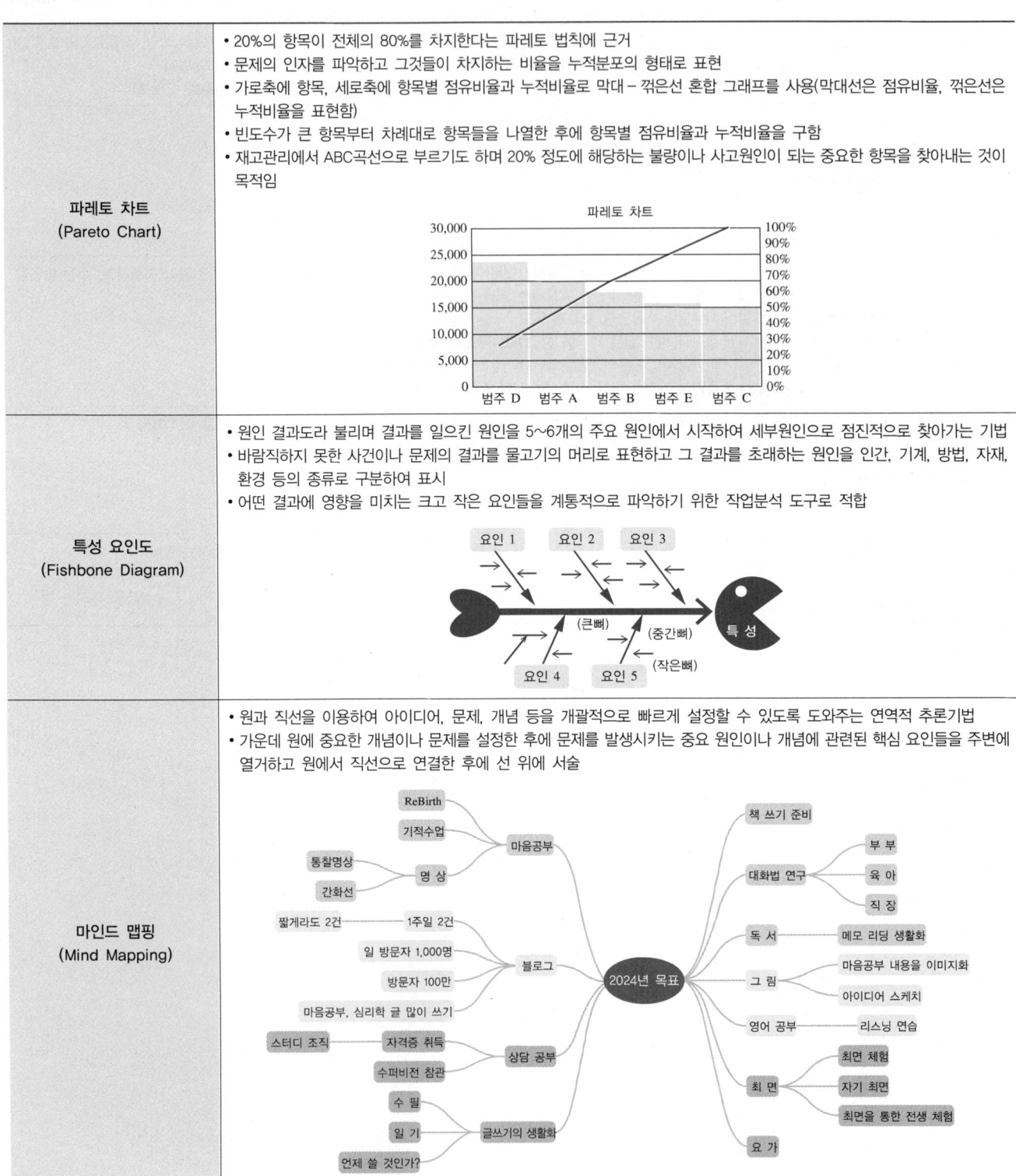

간트 차트 (Gantt Chart)	• 여러 가지 활동 계획의 시작시간과 예측 완료시간을 병행하여 시간 축에 표시 • 전체 공정시간, 각 작업의 완료시간, 다음 작업시간 등을 알 수 있음 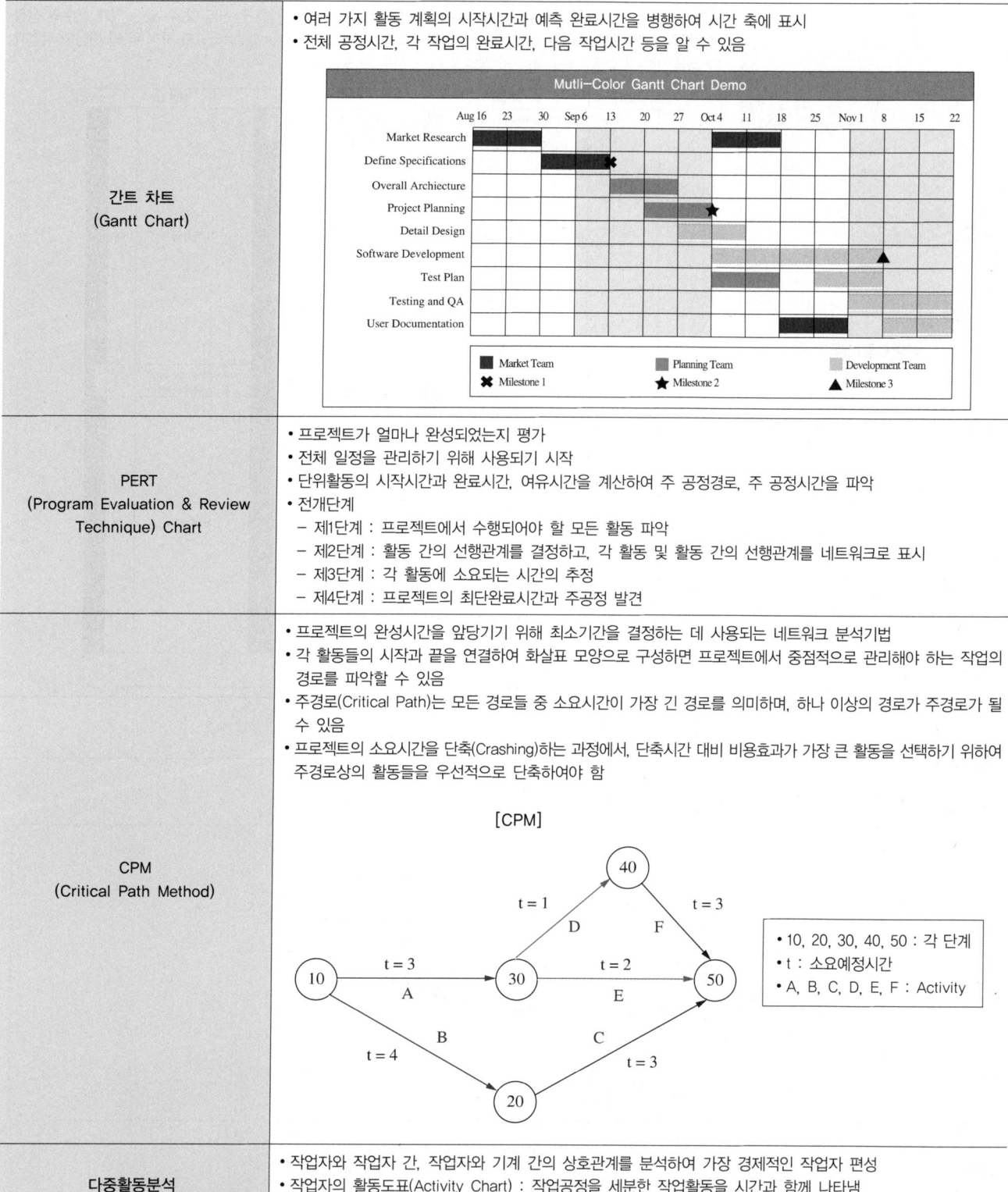

PERT
(Program Evaluation & Review Technique) Chart
	• 프로젝트가 얼마나 완성되었는지 평가
	• 전체 일정을 관리하기 위해 사용되기 시작
	• 단위활동의 시작시간과 완료시간, 여유시간을 계산하여 주 공정경로, 주 공정시간을 파악
	• 전개단계
	  – 제1단계 : 프로젝트에서 수행되어야 할 모든 활동 파악
	  – 제2단계 : 활동 간의 선행관계를 결정하고, 각 활동 및 활동 간의 선행관계를 네트워크로 표시
	  – 제3단계 : 각 활동에 소요되는 시간의 추정
	  – 제4단계 : 프로젝트의 최단완료시간과 주공정 발견

CPM (Critical Path Method)	• 프로젝트의 완성시간을 앞당기기 위해 최소기간을 결정하는 데 사용되는 네트워크 분석기법 • 각 활동들의 시작과 끝을 연결하여 화살표 모양으로 구성하면 프로젝트에서 중점적으로 관리해야 하는 작업의 경로를 파악할 수 있음 • 주경로(Critical Path)는 모든 경로들 중 소요시간이 가장 긴 경로를 의미하며, 하나 이상의 경로가 주경로가 될 수 있음 • 프로젝트의 소요시간을 단축(Crashing)하는 과정에서, 단축시간 대비 비용효과가 가장 큰 활동을 선택하기 위하여 주경로상의 활동들을 우선적으로 단축하여야 함
다중활동분석	• 작업자와 작업자 간, 작업자와 기계 간의 상호관계를 분석하여 가장 경제적인 작업자 편성 • 작업자의 활동도표(Activity Chart) : 작업공정을 세분한 작업활동을 시간과 함께 나타냄 • 작업기계 분석도표(Man – Machine Chart) : 기계 혹은 작업자의 유휴 시간 단축

- 작업자 복수기계분석도표(Man – Multi – Machine Chart) : 한 명의 작업자가 담당할 수 있는 기계 대수의 선정
- 복수작업자 분석표(Multiman Chart) : 조작업분석표 또는 Gang Process Chart라고도 하며 두 명 이상의 작업자가 조를 이루어 협동적으로 하나의 작업을 하는 경우 사용

다중활동분석

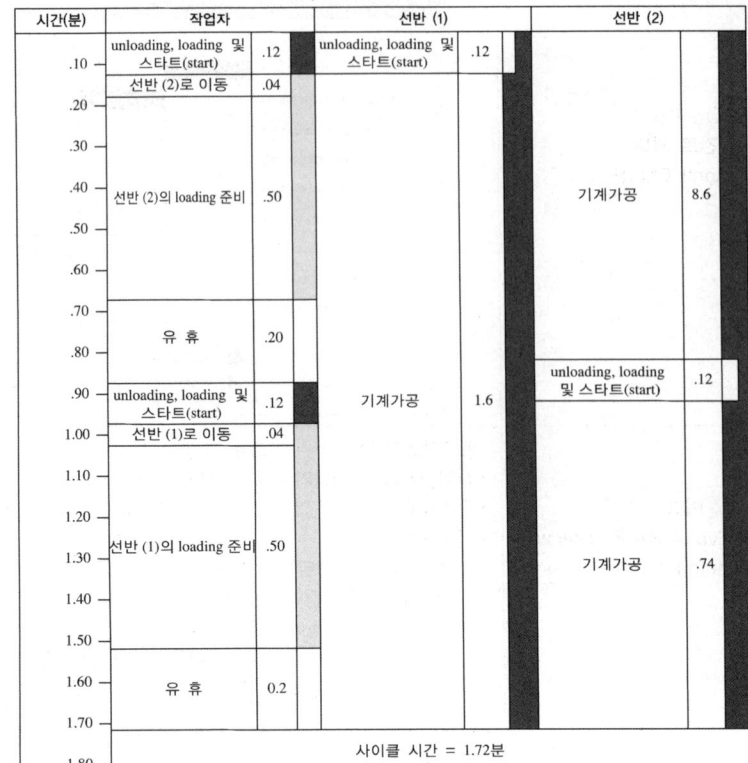

핵심예제

다음 공정도에서 CPM은 어느 구간이며 몇 개월인가?

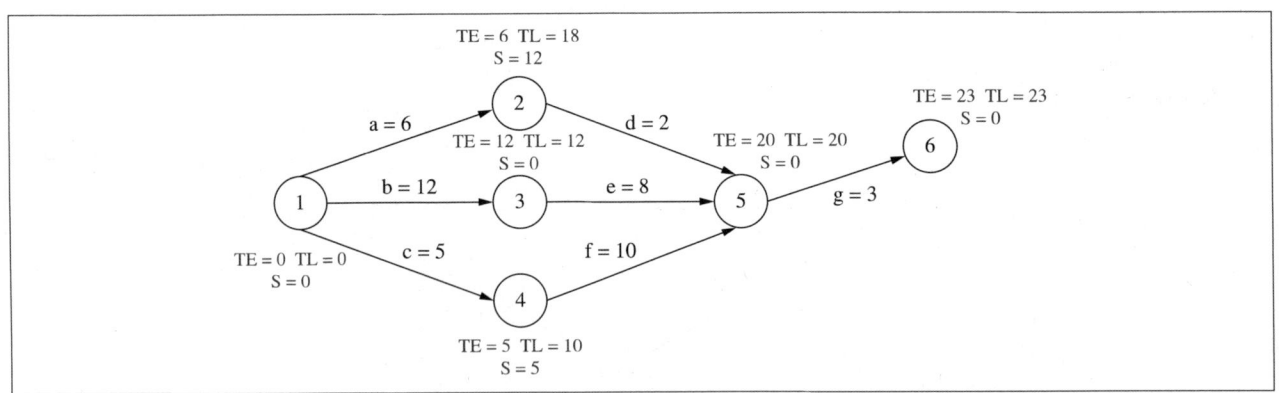

|풀이|

주경로(Critical Path)는 모든 경로들 중 소요시간이 가장 긴 경로로 1 → 3 → 5 → 6이며, CPM은 23개월이다.

제2절 | 공정분석

핵심이론 01 공정분석

작업관리에 있어 방법연구는 공정, 작업, 동작분석으로 나누어질 수 있는데, 공정분석은 작업대상물이 가공되어 제품으로 완성되기까지의 전체작업경로를 처리되는 순서에 따라 각 공정의 조건과 함께 분석하는 기법이다.

① 작업의 분석단위

공정(Process)	단위 Task들이 역할에 따라 새로운 작업단위와 절차를 가지고 모인 단위
작업(Task)	실제작업을 행하는 작업자가 주관적으로 경험하게 되는 업무의 최소단위
동작(Motion)	Task보다 작은 범주로 더 이상 세분화되기 힘들 정도로 분할된 동작요소

② 공정분석의 목적
  ㉠ 공정이나 작업방법의 개선
  ㉡ 공정상호 간의 관계개선 및 설계
  ㉢ 생산관리(생산계획, 시설배치)의 기초 자료제공

③ 시설의 배치

[시설의 배치 종류]

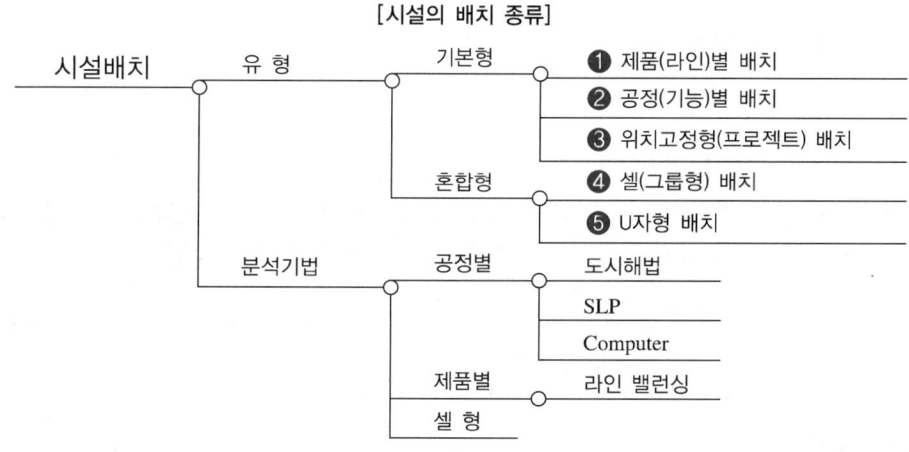

㉠ 제품(라인)별 배치
  • 특정의 제품(서비스)을 생산하는 데 필요한 설비와 작업자를 제품(서비스)의 생산과정순으로 배치하는 방식
  • 적정한 생산량(안정적인 수요), 제품의 표준화, 부분품의 호환성 등이 갖춰질 때 효과는 극대화
    예 전자제품, 자동차 조립라인, 식품가공라인 등
㉡ 공정(기능)별 배치
    제품의 종류는 많고 생산량이 적은 다품종소량생산에 알맞도록 범용설비를 기능별, 기계종류별로 배치하는 방식
㉢ 위치고정형 배치 : 제품이 매우 크고 복잡한 경우 제품을 움직이는 대신 제품생산에 필요한 원자재, 기계설비, 작업자 등을 제품의 생산장소로 이동하여 작업하게 하는 방식
    예 선박, 항공기조립, 토목건축 공사

ⓔ 셀형(그룹형) 배치
- 공정별 배치와 제품별 배치를 혼합한 배치방식
- 작업장과 설비를 유사한 생산 흐름을 갖는 제품들로 그룹화하여 셀단위로 배열
- 셀이라 부르는 작업센터로 그룹화하여 부품부류별로 가공하는 것

ⓜ U자형 배치
- 1인 또는 소수의 인원으로 작업 효율 및 공간 효율을 극대화한 배치 방식
- U자 형태로 작업장이 밀집되어 공간이 적게 소요되고, 작업자의 이동이나 운반거리가 짧으며 모여서 작업하므로 작업자들의 의사소통을 증가시킴

④ 라인 밸런싱
   ㉠ 작업자의 유휴시간을 최소화시키고 각 작업장의 부하가 균등하게 되도록 요소작업들을 작업장에 적절히 분할하는 것이다.
   ㉡ 라인생산방식에서 컨베어 설치 시 목표로 하는 주기시간을 정하고 각 작업을 주기시간에 맞추어 배치한다.
   ㉢ 필요한 작업시간과 목표로 하는 주기시간을 고려하여 어떻게 하면 라인의 공정효율을 높일 수 있는가를 찾는다.

주기시간(Cycle Time)	제품이나 작업대상물이 한 개 생산되는 데 걸리는 시간
균형손실(Balancing Loss)	총유휴시간/(작업수 × 주기시간)
균형효율(공정효율)	총작업시간/(작업수 × 주기시간)
총유휴시간(Idle Time) 또는 균형지연(Balancing Delay)	작업수 × 주기시간 − 각 작업시간의 합
균형손실 + 균형효율 = 1	

핵심예제

A 제품의 조립공정은 다음과 같이 5개의 작업으로 구성되어 있고, 각 작업은 작업자 1명이 담당하고 있는 경우 다음을 구하시오.

1작업	2작업	3작업	4작업	5작업
4분	5분	7분	3분	8분

(1) 주기시간

(2) 시간당 생산량

(3) 2작업의 균형지연(유휴시간)

(4) 전체 라인에 대한 균형손실

(5) 전체 라인의 균형효율

|풀이|

① 주기시간 : 8분
② 시간당 생산량 : 60분/주기시간 = 60/8 = 7.5개
③ 2작업의 유휴시간 : 8 − 5 = 3분
④ 전체 라인에 대한 균형손실 : 총유휴시간/(작업수 × 주기시간) = (4 + 3 + 1 + 5)/(5 × 8) = 0.325
⑤ 전체 라인의 균형효율 : 1 − 균형손실 or 총작업시간/(작업수 × 주기시간) = 27/40 = 0.675

핵심이론 02 공정도

제품 공정분석	작업공정도 (Operation Process Chart)	원재료로부터 완제품이 나올 때까지 공정에서 이루어지는 작업과 검사의 모든 과정을 공정순서에 따라 기호로 표현 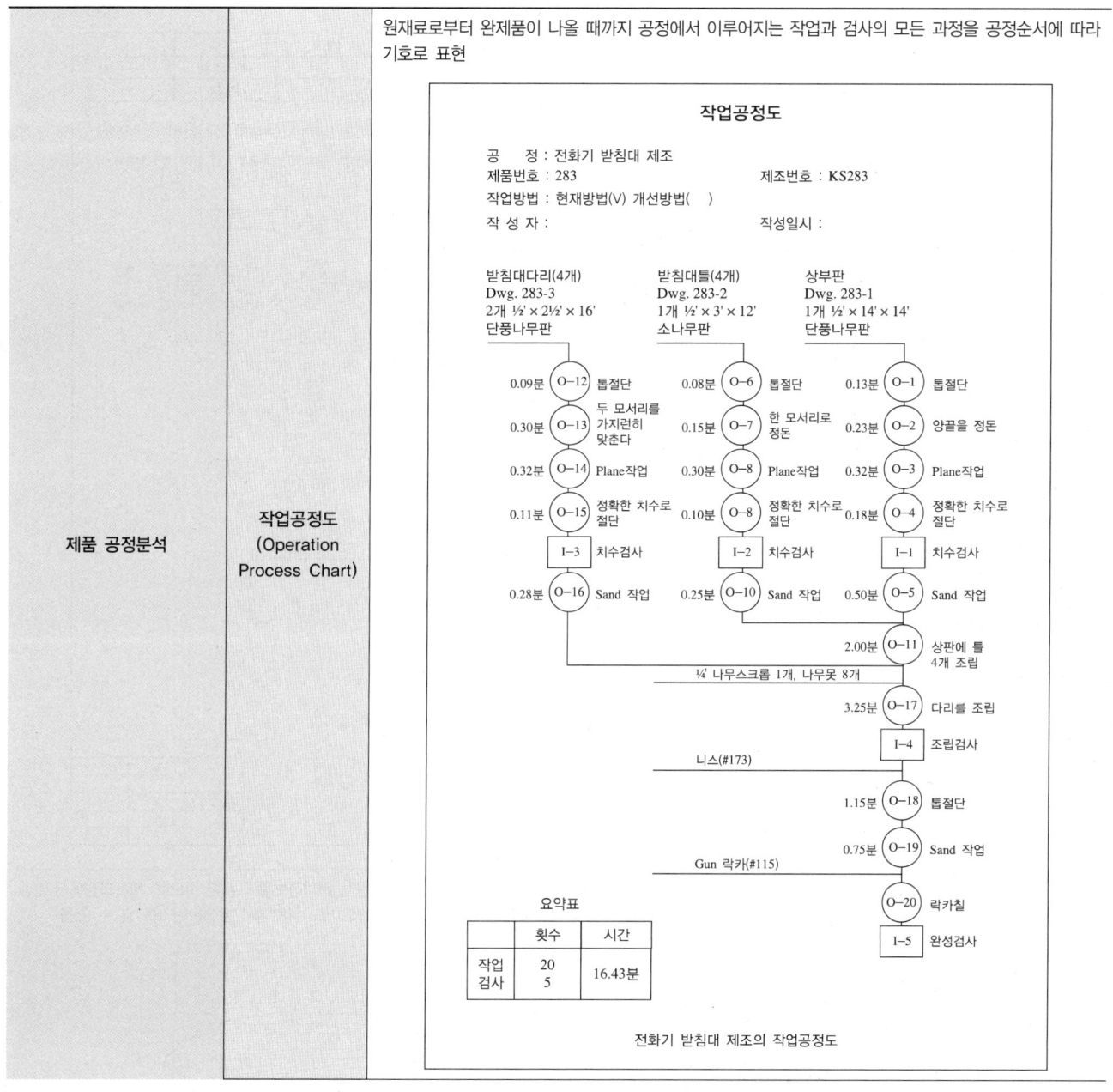

제품 공정분석	조립공정도 (Assembly Process Chart)	많은 수의 부품을 조립하여 생산되는 제품의 공정분석을 위해 작업/검사 등을 표현
	유통선도 (Flow Diagram)	유통공정도에 나타내지 못하는 부품의 이동경로와 공간적 위치정보를 표시한 것으로, 제조과정에서 발생하는 운반·정체·검사·보관 등의 사항이 생산현장의 어느 위치에서 발생하는가를 알 수 있음

제품 공정분석	유통공정도 (Flow Process Chart)	공정 중에 발생하는 가공, 검사, 저장, 정체, 운반, 대기 등 모든 작업을 도식화한 것으로 운반거리, 정체, 저장과 관련된 잠복비용 발견에 효과적
작업자 공정분석 (Operator Process Chart)		작업자가 장소를 이동하는 경로를 분석 사무공정분석표(Form Process Chart) 서류를 중심으로 사무제도나 수속을 분석
사무 공정분석 (Form Process Chart)		사무작업의 공정분석에 가장 적합한 분석으로 시스템차트(System Chart)라고 함
다중활동도표 (Multi-Activity Chart)		작업자와 기계 사이의 상호관계를 중심으로 표현

유통공정도 요약표:

요약	현재 방법 회수	현재 방법 시간	개선안 회수	개선안 시간	차이 회수	차이 시간
○ 작업			2	5		
⇨ 운반			6	20		
□ 검사			1	20		
D 정체			2	10		
▽ 저장			1			
거리(단위 : m)			32.2			

작업 명칭: 자재 보관 작업
( ) 사람   (∨) 자재
작업 부서: 자재부
도표 번호: _____
작성자: _____ 일자: _____

설명 (∨) 현재 방안 ( ) 개선안	기호	거리(M)	시간(분)	양	비고
1. 트럭에서 경사진 운반로에 UNLOADING	○⇨□D▽		1.2		작업자 2명
2. 운반로로 밀어 올린다.	○⇨□D▽	6	5		작업자 2명
3. HAND TRUCK에 싣는다.	○⇨□D▽		1		작업자 2명
4. UNPACKING 장소로 운반	○⇨□D▽	6	5		작업자 1명
5. 상자 뚜껑을 연다.	●⇨□D▽		5		작업자 1명
6. 트럭으로 접수대에 운반	○⇨□D▽	9	5		작업자 1명
7. UNLOADING 장소로 운반	○⇨□D▽		5		
8. 수령 및 품질 검사	○⇨■D▽			20	검사자
9. MARKING한 후 다시 상자에 넣는다.	●⇨□D▽				창고 사무원
10. 운반될 때까지 정체	○⇨□D▽		5		
11. 보관 장소까지 운반	○⇨□D▽	9	5		작업자 1명
12. 저장	○⇨□D▼				

① **다중활동도표(Multi-Activity Chart)**

한 개의 작업부서에서 발생하는 한 사이클 동안의 작업현황을 작업자와 기계 사이의 상호관계를 중심으로 표현한 도표로 작업자와 기계 사이의 상호관계를 대상으로 작성하며 Man-Machine Chart가 대표적이다.

㉠ 작업자-기계작업분석표(Man-Machine Chart)
- 기계와 작업자로 이루어진 작업의 현황을 체계적으로 파악하여 기계와 작업자의 유휴시간을 단축하고 작업효율을 높이는 데 이용한다.

- 작업자가 동종의 기계를 여러 대 담당하는 경우 몇 대를 담당하는 것이 경제적인가 하는 문제의 해답을 구하며 다음과 같은 가정을 배경으로 한다.
  - 기계가 가동 중인 경우에는 작업자가 기계를 돌보지 않아도 된다.
  - 가공이 끝난 부품은 그대로 기계에 방치시켜도 문제가 발생하지 않는다.
  - 각 작업의 작업시간은 상수로 알려져 있다.

ⓒ 기계대수의 결정
- 주기시간 : 제품이나 작업대상물이 한 개 생산되는 데 걸리는 시간으로 작업자시간, 기계시간 중에서 가장 큰 것이 주기시간이 된다.
- 시간당 생산량 = (60분/주기시간) × 기계수
- 단위제품당 비용 = 시간당 비용/시간당 생산량
- 시간당 총비용 = Co + Cm × 기계수

> - Co : 시간당 작업자비용
> - Cm : 시간당 기계비용

- 기계대수의 결정

기계대수의 결정	기계대수 = 기계 1대의 작업시간(Tm)/작업자의 작업시간(To)
이론적 기계대수	• $n' = (a + t)/(a + b)$ • a : 작업자와 기계의 동시작업시간 • b : 작업자만의 작업시간 • t : 기계만의 가공시간
최적 기계대수	n이 정수가 아닐 경우 n과 n + 1을 비교하여 단위제품당 비용이 적은 쪽을 선택

핵심예제

작업자 1명이 자동기계 1대를 담당하여 작업할 때 자재물림 1.5분, 자동가동 2.5분이고, 자동가동 시 작업자에게 유휴시간이 2.5분 발생한다. 시간당 생산량은 얼마인가?

| 풀이 |

주기시간 = 자재물림시간 + 자동가동시간 = 1.5 + 2.5
시간당 생산량 = (60분/주기시간) × 기계수
           = 60/4 × 1 = 15개

	인 간	기 계
1.5	자재물림 L1(1.5분)	자재물림 L1
2.5	유휴(2.5)	자동가동(2.5)

> **핵심예제**

작업자 1명이 동종기계를 2대 담당하는 가공작업공정에서 작업자시간 5분, 기계시간 12분이다. 작업자의 시간당 임금은 15,000원, 기계비용은 10,000원일 때 작업자가 담당할 수 있는 최적의 기계대수는?

|풀이|

기계대수 = 기계 1대의 작업시간/작업자의 작업시간 = (기계시간 12분)/(작업자시간 5분) = 2.4대
최적의 기계대수는 2와 3을 비교하여 단위제품당 비용이 적은 쪽을 선택하므로, 최적기계대수는 2대이다.

기계수	A 작업자시간	B 기계시간	C 주기시간	D 유휴시간	E 시간당 생산량	F 시간당비용	개당비용
n	n × To	Tm	Tm	人 : Tm − n × To	(60/ct) × n	Co + Cm × n	F/E
n + 1	(n + 1) × To	Tm	(n + 1) × To	機 : (n + 1) × To − Tm	(60/ct) × (n + 1)	Co + Cm × (n + 1)	F/E

기계수	작업자시간	기계시간	주기시간	유휴시간	시간당 생산량	시간당비용	개당비용
2대	5 × 2 = 10	12	12	12 − 10 = 2	(60/12) × 2 = 10	1.5 + 2 × 1 = 3.5만	3.5만/10 = 3,500
3대	5 × 3 = 15	12	15	15 − 12 = 3	(60/15) × 3 = 12	1.5 + 3 × 1 = 4.5만	4.5만/12 = 3,750

② 공정도의 5가지 표준기호(ASME기준)

가공(Operation)	작업대상물의 특성이 변화하는 것(사전준비작업, 작업대상물분해, 조립작업)
운반(Transport)	다른 장소로 옮김
검사(Inspection)	품질확인, 수량조사
정체(Delay)	작업을 마친 뒤에 계획된 요소가 즉시 시작되지 않아 발생이 지연
저장(Storage)	허가가 있어야만 반출될 수 있는 상태

공정	기호명칭	기호	의미
가공	가공	●	원료, 재료, 부품 또는 제품의 형상, 품질에 변화를 주는 과정
운반	운반	➡	원료, 재료, 부품 또는 제품의 위치에 변화를 주는 과정
검사	수량검사	■	원료, 재료, 부품 또는 제품의 양 또는 개수를 측정하고 그 결과를 기준과 비교하여 차이를 파악하는 과정
검사	품질검사	◆	원료, 재료, 부품 또는 제품의 품질특성을 시험하고 그 결과를 기준과 비교하여 로트나 제품의 합격, 불합격을 판정하는 과정
정체	저장	▼	원료, 재료, 부품 또는 제품을 계획에 따라 저장하고 있는 과정
정체	지체	D	원료, 재료, 부품 또는 제품이 계획과는 달리 정체되어 있는 상태

[ASME의 각 기호]

공 정	주체(Who)	객체(What)	시간(When)	공간(Where)	방법(How)
●	• 작업자(직함, 기량, 인원수) • 기계설비(명칭, 기계번호, 성능, 대수)	• 작업로트 사이즈 • 재 료	가공시간	가공장소	• 가공장소 지그 • 공구 가공조건 내용
➡	• 운반작업자(직함, 인원수) • 운반설비(명칭, 대수)	1회 운반량	운반시간 타이밍	• 운반장소 • 운반거리	• 운반방법 • 운반공구 • 용 기
■	작업자 (직함, 기량, 인원수)	검사수	검사시간	검사장소	• 검사방법 • 검사용구
▼	보관책임자	정체수량	정체시간	정체장소	• 보관방법 • 용 기

제3절 | 동작분석

동작분석은 작업을 수행하고 있는 신체 각 부위의 동작을 분석하여 위험요소 작업은 제거하고, 비능률적인 동작은 개선하여 최선의 동작을 발견하는 데 목적이 있다.

핵심이론 01 서블릭(Therblig) 분석

① 인간이 행하는 손동작에서 분해가능한 최소한의 기본단위동작으로, 길브레스 부부에 의해 고안되어 길브레스(Gilreth)를 거꾸로 써 서블릭(Therblig)이라 명명했다.

② 손동작의 목적에 따라 기본동작을 18가지로 구분하였는데 현재는 17가지만 이용된다.

③ 작업현장을 직접 관찰하여 작업자 공정도를 작성한 후 동작경제원칙을 적용하여 작업자의 동작을 개선하였다.

④ 서블릭(Therblig) 방법
   ㉠ 작업의 요소동작을 세분화하여 각각의 시간을 서블릭 기호로 분류하고 효율/비효율 동작을 구분하여 비효율동작을 최소화하도록 작업을 개선한다.
   ㉡ 제3류 동작인 정체적 서블릭은 반드시 없애고, 제2류 동작인 정신적 서블릭은 되도록 없애는 것이 좋으며, 미리 놓기도 가능한 한 없앤다.
   ㉢ 제1류 동작이라도 반정신적 서블릭 바로 놓기, 검사는 비효율적이므로 없앤다.

⑤ 효율적 서블릭
   ㉠ 작업의 진행과 직접적인 연관이 있는 동작이다.
   ㉡ 동작분석을 통해 시간의 단축은 가능하나 동작은 완전하게 배제하기는 어렵다.
   ㉢ 기본동작(TGTRP) : 빈손(TE)으로 가서, 물건을 쥐고(G) 가져와서(TL), 내려놓고(RL), 정위치로(PP)
   ㉣ 동작목적을 가진 동작(UAD) : 사용(U)하여 조립(A)하고 분해(D)

기본동작	동작목적
• TE : 빈손이동 • TL : 운반 • G : 쥐기 • RL : 내려 놓기 • PP : 미리 놓기	• U : 사용 • A : 조립 • DA : 분해

⑥ 비효율적 서블릭

㉠ 작업을 진행시키는 데 도움이 되지 못하는 동작들로 동작분석을 통해 제거한다.

㉡ 정신적/반정신적 동작 : SS PIP(찾고, 고르고, 바로 놓아서, 검사하고, 계획)

㉢ 정체적인 동작 : UA RH(잡고 있고 놀고 있으니 지연됨)

정신적/반정신적 동작	정체적 동작
• Sh : 찾기 • St : 고르기 • P : 바로 놓기 • I : 검사 • Pn : 계획	• UD : 피할 수 없는 지연 • AD : 피할 수 있는 지연 • R : 휴식 • H : 잡고있기

핵심예제

책상 위에 있는 펜으로 문서에 서명하는 동작을 서블릭 문자기호로 설명하시오.

|풀이|

- Sh : 펜을 눈으로 찾음
- TE : 펜의 위치로 빈손 이동
- G : 펜을 쥠
- Sh : 문서를 눈으로 찾음
- TL : 펜을 들고 문서 위로 이동
- U : 펜을 사용하여 서명
- TL : 펜을 책상 위 원래 자리로 이동(P : 바로 놓기)
- RL : 펜을 놓기(대충 던져 놓기)

핵심이론 02 Barnes의 동작경제 원칙

길브레스 부부의 동작의 경제성과 능률재고를 위한 20가지 원칙을 수정한 것으로 신체사용에 관한 원칙, 작업장 배치에 관한 원칙, 공구 및 설비 디자인에 관한 원칙이 있다.

① 신체사용에 관한 원칙(Use of Human Body)
   ㉠ 양손이 동시에 동작을 시작하고 또 끝마쳐야 한다.
   ㉡ 휴식시간 이외에 양손이 동시에 노는 시간이 있어서는 안 된다.
   ㉢ 양팔은 각기 반대방향에서 대칭적으로 동시에 움직여야 한다.
   ㉣ 손의 동작은 작업을 수행할 수 있는 최소동작 이상을 해서는 안 된다.
   ㉤ 작업자들을 돕기 위하여 동작의 관성을 이용하여 작업하는 것이 좋다.
   ㉥ 구속되거나 제한된 동작 또는 급격한 방향전환보다는 유연한 동작이 좋다.
   ㉦ 작업동작은 율동이 맞아야 한다.
   ㉧ 직선동작보다는 연속적인 곡선동작을 취하는 것이 좋다.
   ㉨ 탄도동작(Ballistic Movement)은 제한되거나 통제된 동작보다 더 신속, 정확, 용이하다.
   ㉩ 눈을 주시시키는 동작 또는 이동시키는 동작은 되도록 적게 하여야 한다.

② 작업장의 배치에 관한 원칙(Workplace Arrangement)
   ㉠ 모든 공구와 재료는 일정한 위치에 정돈되어야 한다.
   ㉡ 공구와 재료는 작업이 용이하도록 작업자의 주위에 있어야 한다.
   ㉢ 재료를 될 수 있는 대로 사용 위치 가까이에 공급할 수 있도록 중력을 이용한 호퍼 및 용기를 사용하여야 한다.
   ㉣ 가능하면 낙하시키는 방법을 이용하여야 한다.
   ㉤ 공구 및 재료는 동작에 가장 편리한 순서로 배치하여야 한다.
   ㉥ 채광 및 조명장치를 잘 하여야 한다.
   ㉦ 의자와 작업대의 모양과 높이는 각 작업자에게 알맞도록 설계되어야 한다.
   ㉧ 작업자가 좋은 자세를 취할 수 있는 모양, 높이의 의자를 지급해야 한다.

③ 공구 및 설비 디자인에 관한 원칙(Design of Tools and Equipment)
   ㉠ 치구, 고정장치나 발을 사용함으로써 손의 작업을 보존하고 손은 다른 동작을 담당하도록 하면 편리하다.
   ㉡ 공구류는 될 수 있는 대로 두 가지 이상의 기능을 조합한 것을 사용하여야 한다.
   ㉢ 공구류 및 재료는 될 수 있는 대로 다음에 사용하기 쉽도록 놓아두어야 한다.
   ㉣ 각 손가락이 사용되는 작업에서는 각 손가락의 힘이 같지 않음을 고려하여야 할 것이다.
   ㉤ 각종 손잡이는 손에 가장 알맞게 고안함으로써 피로를 감소시킬 수 있다.
   ㉥ 각종 레버나 핸들은 작업자가 최소의 움직임으로 사용할 수 있는 위치에 있어야 한다.

제4절 | 작업측정

특정한 작업을 수행하는 데 소요되는 시간과 관계된 내용을 연구하는 분야로 작업측정의 목적은 표준시간의 설정, 유휴시간의 제거, 작업성과의 측정에 있다.

핵심이론 01 작업측정의 프로세스

작업개선 → 피로감소 → 생산량증가 → 생산비감소 → 경쟁력 향상 → 판매량증가 → 이익증대 → 임금인상

핵심이론 02 표준시간 측정방법의 종류

[표준시간 측정방법의 종류]

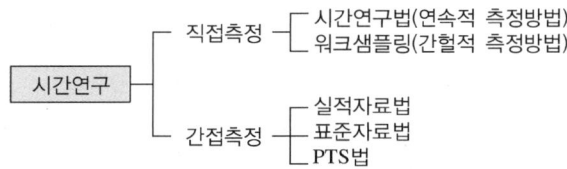

① 직접 측정방법

시간연구법 (연속적인 측정방법, Stop Watch)	측정대상 작업의 시간적 경과를 Stop Watch, VTR분석법, 촬영법 등의 기록 장치를 이용하여 직접 관측하여 표준시간을 산출하는 방법
간헐적 측정방법 (Work Sampling)	작업자나 설비의 순간적인 관측을 통해 표준시간이나 가동률 등을 산출하는 방법으로 연속관측법의 단점을 보완한 기법

② 간접 측정방법

실적자료법	과거의 경험이나 자료를 사용하는 방법으로 작업에 관한 실제 자료를 이용하여 작업 단위당 기준 시간을 산정한 후 이 값을 표준으로 삼는 방법
표준자료법	작업시간을 새로이 측정하기보다는 과거에 측정한 기록들을 기준으로 동작에 영향을 미치는 요인들을 검토하여 만든 함수식, 표, 그래프 등으로 동작시간을 예측하는 방법
PTS법	사람이 행하는 작업을 기본동작으로 분류하고, 각 기본동작들은 동작의 성질과 조건에 따라 이미 정해진 기준 시간치를 적용하여 전체 작업의 정미시간을 구하는 방법

③ 시간자료의 기록

계속법 (Continuous Method)	• 시계를 계속 작동시키면서 요소작업이 끝날 때마다 누적시간을 읽는 방법 • 시계를 원점으로 돌리지 않아도 되어 짧은 요소작업을 측정할 수 있고 작업 중의 모든 상황을 기록하기 편함 • 관측이 끝난 후에는 누적시간들로부터 개별시간을 산출하는 작업이 필요
반복법 (Snapback Method)	• 각 요소의 작업시간을 측정할 때마다 시계를 원점으로 되돌려 놓는 방법 • 관측이 끝난 후에 개별시간을 계산하는 것이 불필요

핵심이론 03 표준시간

① 표준시간의 개요
   ㉠ 제품 1개를 만드는 데 걸리는 시간으로 표준화된 작업조건하에서 일정한 작업방법에 따라 보통 정도의 숙련된 작업자가 정상적인 속도로 작업을 수행하는 데 필요한 시간을 말한다.
   ㉡ 보통속도로 작업할 때 장기적인 관점에서 제품 1개를 만드는 데 얼마나 시간이 걸리느냐를 평균개념으로 환산한 추정치로 계속작업에 의해 발생되는 불가피한 지연까지도 포함한다.
   ㉢ 통계학적 관점에서 표준시간의 산정문제는 관측시간치 평균값의 추정 문제로 볼 수 있다.
   ㉣ 표준시간의 활용은 단위당 생산에 필요한 소요시간을 제공함으로써 생산, 일정계획의 기본 자료로 이용하거나 보통 속도에 대한 기준을 제시함으로써 노동표준으로 이용될 뿐만 아니라 능률급을 결정하는 데에도 이용된다.

② 표준시간의 산정
   ㉠ 실제생산시간 = (작업시간 × 작업일수/생산량) × 가동률
   ㉡ 정미시간 = 실제생산시간 × Rating
   ㉢ 표준시간 = 정미시간 × (1 + 작업여유율) = 정미시간/(1 − 근무여유율)

[표준시간의 산정절차]

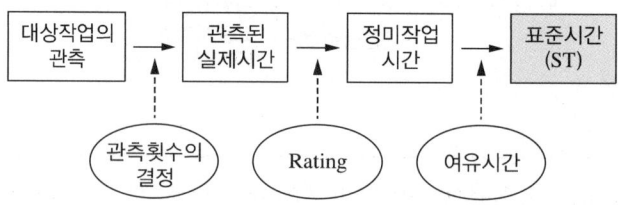

③ 표준시간의 산정절차

측정준비 → 관측치 산출 → 정미시간 산출 → 표준시간 산출

정미시간 (Normal Time)	• 관측 시간치의 평균값을 레이팅 계수로 보정하여 보통 속도로 변환시켜준 개념 • 정미시간 = 관측시간 평균치 × Rating 계수
레이팅 (Rating)	• 실제로 관측된 작업속도를 정상적인 기준의 작업속도와 비교하여 관측시간치를 정상적인 속도로 작업하는 데 소요되는 시간으로 수정하는 과정 • 평준화(Leveling) 정상화작업(Normalizing)이라 부름
레이팅 계수	• 기준속도에 비해 실제작업이 얼마나 빨리 진행되었는가를 평가한 계수 • Rating 계수 = 기준 작업시간/실제 작업시간 • 100%보다 큰 경우 : 표준보다 빠름 • 100%보다 작은 경우 : 표준보다 느림 • 12초만에 끝낼 일을 10초만에 끝내는 사람의 경우 : Rating 계수 = 12/10 = 1.2 • Rating 계수를 이용하여 실제속도보정 : 10초 × 1.2 = 12초가 됨

핵심이론 04 Rating의 방법(수행도 평가방법)

속도평가법 (Speed Rating)	• 작업성취도를 평가하는 방법 • 기본 표준작업으로 표준속도를 설정하고 촬영한 필름을 통해 숙지한 후에 작업속도를 평가하는 방법 • 속도만을 고려하므로 적용하기가 쉬워 보편적으로 사용됨 • 정미시간 = 관측시간치의 평균 × 레이팅계수 • 레이팅 계수 = 기준작업시간/실제작업시간
객관적평가법 (Objective Rating)	• 속도평가법의 단점(작업의 난이도와 특성이 고려되지 않음) 보완 • 정미시간 = 관측시간치의 평균 × 속도평가계수 × (1 + 2차 조정계수) • 1차 조정계수 : 실제동작속도와 표준속도를 비교 • 2차 조정계수 : 작업의 난이도와 특성을 고려
합성평가법	• PTS에 의한 시간치와 실제관측치를 비교해서 평정계수를 산출 • 레이팅 계수 = PTS를 적용하여 산정한 시간치/실제관측평균치
평준화법 (Levelling)	시스템평가계수 4가지로 속도를 평가 • 숙련도(Skill) : 경험, 적성 등의 숙련된 정도 • 노력도(Effort) : 마음가짐 • 작업환경(Conditions) : 작업장의 환경 • 일관성(Consistency) : 작업시간의 일관성 정도
Westinghouse 시스템 방법	• 평준화법을 보완한 방법으로 작업의 수행도를 숙련도, 노력도, 작업환경, 일관성의 4가지 측면에서 각각 평가한 뒤 각 평가에 해당하는 평가 계수(Leveling 계수)를 합산하여 레이팅 계수를 구하는 방법 • 정미시간 = 관측시간치의 평균 × (1 + 평가 계수의 합) • 평가계수 : 보통을 0, 보통보다 좋음 +, 나쁜 경우 −

여유시간은 불규칙적으로 발생하는 여러 가지 요소에 의한 지연시간을 말하며 일반여유, 피로여유, 특수여유 등이 있다.

① 일반여유

인적여유 (Personal Allowance)	물마시기, 화장실가기 등 생리적·심리적 요구에 의해 발생
피로여유 (Fatigue)	정신적·육체적 피로를 회복하기 위한 것으로 순수하게 인력으로 하는 작업과 관련
불가피한 지연여유 (Unvoidable Delay)	설비의 보수유지, 기계의 정지, 조장의 작업지시 등 작업자와 관계없이 발생

② 특수여유

기계간섭여유	기계유휴에 의한 생산량 감소를 보상하기 위한 것
보조여유	작업자 상호간의 보조를 맞추기 위한 지연을 보상하는 것
소로트여유	작업능률이 100%에 도달하기 위해 필요한 물량에 미달이 되어 물량을 생산하는 경우에 부여

③ ILO 여유율

㉠ 인적여유율 = 생리여유 + 고정피로여유 + 변동피로여유

생리여유	• 용변, 물마시기, 땀닦기 등
고정피로여유	• 인적여유 • 기본피로여유
변동피로여유	• 작업자세 • 중량물 취급 • 조 명 • 공기조건 • 시각 긴장도 • 청각 긴장도 • 정신적 긴장도 • 정신적 단조감 • 신체적 단조감

㉡ 산정 방법 : 운반물취급, 짧은 주기작업, 작업자세, 보호복 착용방법, 정신피로, 온도/습도/환기, 분진작업장, 소음 및 진동, 눈의 긴장도에 따른 여유율 점수를 부여하고 총 점수에 따라 여유율 부과

④ 여유율의 계산

외경법 (정미시간 기준으로 산정)	• 작업여유율 = 여유시간/정미시간 = 여유시간/(근무시간 − 여유시간) • 표준시간 = 정미시간/(1 + 작업여유율)
내경법 (근무시간 기준으로 산정)	• 근무여유율 = 여유시간/근무시간 = 여유시간/(정미시간 + 여유시간) • 표준시간 = 정미시간/(1 − 근무여유율)

핵심예제

50분 동안 일을 하고 평균 10분간 여유시간을 갖는 작업의 외경법에 의한 작업여유율과 내경법에 의한 근무여유율은?

|풀이|

- 외경법 여유율 = 여유시간/정미시간(근무시간 − 여유시간) = 10/50 = 0.2
- 내경법 여유율 = 여유시간/근무시간 = 10/60 = 0.167

핵심이론 05 워크샘플링(Work Sampling)

① 워크샘플링의 특징

㉠ 연속관측법의 단점을 보완한 간헐적 측정방법으로, 표본의 크기가 충분히 크다면 모집단의 분포와 일치한다는 통계적 이론에 근거한다.

㉡ 관측대상을 무작위로 선정하고, 연구대상을 순간적으로 관측하여 상태를 기록·집계한다.

㉢ 집계한 데이터를 기초로 작업자나 기계의 가동상태 등을 통계적으로 분석한다.

㉣ 샘플수를 증가시키면 비용이 증가하므로 경제성과 신뢰도를 고려해서 샘플수를 정해야 한다.

㉤ 샘플은 편기성이 없이 모집단을 구성하고 있는 각 요소에 대하여 추출기회가 균등해야 한다.

장 점	• 순간적 관측으로 작업에 방해가 적음 • 평상시의 작업상황이 그대로 반영 • 1人이 여러 명의 작업자나 기계를 동시에 관측가능 • 자료수집 및 분석시간이 적음 • 특별한 측정장치가 필요 없음 • 관측결과의 오차한계를 검증할 수 있음 • 관측결과에 대한 신뢰도가 높음
단 점	• 연속관찰법인 시간관측법보다 덜 자세함 • 짧은 주기나 반복작업인 경우 부적합 • 작업방법이 변화되는 경우에는 전체적인 연구를 새로 해야 함 • 개개의 작업(개인의 작업)에 대한 깊은 연구는 곤란 • 작업자가 작업장을 떠났을 때의 행동을 알 수 없음 • 연속관찰이 아니므로 장기간에 걸친 연속관측의 어렵고, 작업동작의 발생 순서를 관측결과만으로는 알 수 없음 • 연구대상이 다수인 경우 고비용 발생 • 연구결과가 평상시의 상황을 반영하지 못함 • 연구대상에 대한 인위적인 영향을 끼침

② 이산적 샘플링(Discrete Sampling)
  ㉠ 랜덤한 시점에서 연구대상을 순간적으로 관측하여 대상이 처한 상황을 파악한다.
  ㉡ 이를 토대로 관측기간 동안에 나타난 항목별로, 차지하는 비율을 추정한다.
  ㉢ 연속적으로 관찰하기보다는 순간적으로 관측하고 관측횟수를 늘린다.
  ㉣ 긴 작업의 표준시간을 구할 때 사용한다.

③ 워크샘플링의 용도
  ㉠ 작업자의 근무상황파악
    • 여력을 파악한다.
    • 작업분담을 개선해서 가동을 향상시킨다.
    • 작업자나 사무원의 작업사의 언밸런스를 시정한다.
    • 설비증설, 증원의 가부를 검토한다.
    • 흐름작업의 밸런스를 파악한다.
  ㉡ 표준시간의 설정 : 개별적으로 불규칙성이 큰 작업에 특히 유효하다.
  ㉢ 여유율 산정 : 발생이 불규칙해서 종류도 많고 내용도 다양한 지연요소에 대한 지연 여유율의 기초자료로 사용한다.
  ㉣ 중요설비의 가동률 분석
  ㉤ 업무개선과 정원설정

④ 워크샘플링의 종류
  ㉠ 퍼포먼스 워크샘플링
    • 워크샘플링에 의해 관측과 동시에 레이팅을 한다.
    • 사이클이 매우 긴 작업그룹으로 수행되는 표준시간 설정이 힘든 경우에 적용한다.
  ㉡ 체계적 워크샘플링
    • 작업에 주기성이 없는 경우 사용한다.
    • 작업에 주기성이 있어도 관측간격이 작업요소 주기보다 짧은 경우 사용한다.
    • 작업시간의 산포가 클 경우에 작용한다.
    • 관측시간을 균등한 시간간격으로 만들어 시행한다.

ⓒ 층별 워크샘플링
- 각 작업활동이 현저히 다른 경우 사용한다.
- 층별로 연구를 실시한 후 가중 평균치를 구한다.

⑤ 워크샘플링의 절차

문제를 정의	• 조사의 목적을 확실히 하여 측정할 내용을 명확하게 함
직장책임자의 승인을 받음	• 작업자에게 연구의 취지를 설명하고 협력을 얻도록 함
결과에 기대하는 정도를 정함	• 바람직한 정도 또는 절대오차를 정하는 신뢰도 생각
예비분석을 하고 관측계획을 세움	• 작업내용을 이해하고 분석단위로 작업을 분해 • 구하는 정도로부터 총관측수를 구함 • 관측일수, 관측시간, 순회경로를 정함
계획에 의해 관측	• 계획에 의해 관측, 관측위치를 준수
결과를 분석하고 정도를 체크	• 관측결과 정리, 이상치 삭제, 정도확인
결과 정리 및 보고	-

⑥ 워크샘플링의 관측횟수

㉠ 모델링오차 : 현상을 수학적 표현식으로 모델링하는 과정에서 수반되는 오차

㉡ 수치해석오차 : 수학적 표현식을 컴퓨터를 이용하여 푸는 과정에 수반되는 수치해석 오차

㉢ 상대오차(상대적인 개념으로 계산된 오차)

㉣ 허용오차(e) : 상대오차 × 관측비율
- 허용오차(e) = $z \times \sqrt{p(1-p)/N}$
- 모수가 클 때 필요한 관측수(N) = $(z/e)^2 \times p(1-p)$

> - z : 표준편차수
> - p : 관측비율 = 발생횟수/관측횟수
> - N : 필요한 관측횟수

- 모수가 작을 때 필요한 관측수(N) = $(\dfrac{t \times s}{e \times \bar{x}})^2$

> - t : 신뢰도계수
> - s : 표준편차
> - e : 허용오차
> - $\bar{x}$: 관측평균시간

㉤ 관리한계선
- 상한선(UCL ; Upper Control Limit)
- 하한선(LCL ; Lower Control Limit)
- 상한선과 하한선을 벗어나는 점은 이산치가 되므로 제거

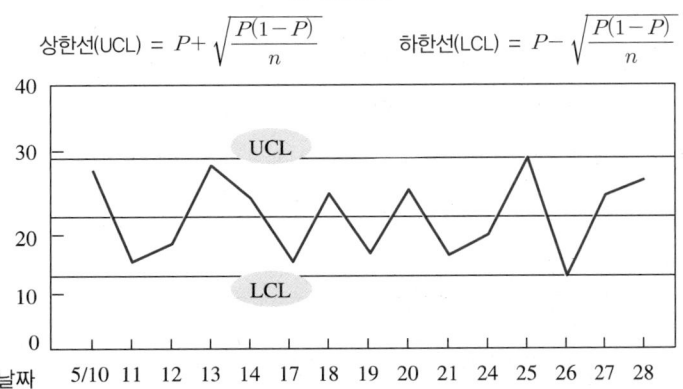

ⓑ 이항분포(Biniminal Disribution)
- 정규분포와 마찬가지로 모집단이 가지는 이상적인 분포형이다.
- 정규분포가 연속변량인 데 대하여 이항분포는 이산변량이다.

ⓢ 이론적 배경
- 모집단으로부터 무작위로 추출한 표본자료는 거의 동일한 분포를 이루는 경향(선거후 출구조사와 같음)으로 그 크기만 충분하다면 표본의 분포특징은 모집단의 분포와 거의 일치한다는 통계적 이론에 근거를 둔다.
- 표준편차수(Z) : 신뢰도(Confidence Level) 95%와 5%, 상대오차(Decimal) 5% 시, Z = 1.96

핵심이론 06 PTS(Predetermined Time Standards)법

① PTS법의 개요
  ㉠ 직무를 기본 동작으로 분해한 다음 각 기본 동작에 소요되는 시간을 사전에 스톱워치나 모션픽처에 의해 결정되어 있는 표에서 찾아 이들을 합산하여 정상시간을 구하고 여유율을 적용하여 표준시간을 구한다.
  ㉡ 표준자료법에서 요소동작이 Therblig의 기본 동작에 해당하는 경우에 해당한다.
  ㉢ NT(기본동작) = f(동작성질, 동작조건)로 표시할 수 있다.
  ㉣ PTS에는 여러 가지 방법이 있으나 Work Factor와 MTM 방법이 가장 많이 알려져 있다.
  ㉤ PTS의 장단점

장 점	• 작업방법만 알면 시간 산출이 가능하며 표준자료를 쉽게 작성할 수 있음 • 평정이 요구되지 않고, 스톱워치의 사용이 불필요 • 작업방법에 대한 상세 기록이 남음 • 작업자에게 최적의 작업방법을 훈련할 수 있음
단 점	• 분석자에 따라 기본 동작의 구성과 각 기본 동작에 부여되는 난이도의 정도가 달라지기 때문에 상세한 분석방법을 마스터하지 않으면 안 됨 • 대단히 세밀하게 분할해야 하므로 분석에 긴 시간을 필요로 함 • 전문가의 자문이 필요하고 교육 및 훈련비용이 큼

  ㉥ PTS의 종류
  - WF(Work Factor)
  - MTM(Methods – Time Measurement)
  - BMT(Basic Motion Time Study)
  - DMT(Dimensional Motion Times)
  - MODAPTS(Modular Arrangement of Predetermined Time Standards)

핵심이론 07 Work Factor 개요

① 신체 부위에 따른 동작시간을 움직인 거리와 작업요소인 중량, 동작의 난이도에 따라 기준 시간치를 결정한다.

② 주어진 신체부위로 주어진 거리를 가장 빠르고 편하게 행할 수 있는 기초 동작과 동작의 난이도를 고려한다.

③ 작업자가 수행하는 작업을 작업 조절의 정도와 중량에 따라 특정 신체부위가 얼마나 움직이는지 기록하여 작업시간을 결정한다.

④ 동작 신체부위와 동작거리를 기본동작(Basic Motion)이라고 하며, 중량 또는 저항과 인위적 조절을 Work Factor라고 한다.

⑤ 동작의 난이도를 나타내는 인위적 조절정도

S(Steering)	좁은 간격통과, 동작의 유도 조절 동작
P(Precaution)	파손이나 상해를 막기 위한 조절 동작
U(Change of Direction)	장애물을 피하기 위한 방향변경
D(Definite stop)	의식적으로 일정한 정지를 요하는 동작

⑥ 적용범위

　㉠ DWF(Detailed Work Factor) : 0.15분 이하의 주기가 짧은 반복작업을 대상으로 상세하게 분석하고, 사용시간 단위는 1WFU(Work Factor Unit) = 1/10,000분이다.

　㉡ RWF(Ready Work Factor) : 0.1분 이상의 동작을 대상으로 대략적으로 분석하며 사용시간 단위는 1RU(Ready WF Unit) = 1/1,000분이다.

⑦ WF(Work Factor)법의 표준요소

　㉠ 모든 작업을 8개의 표준요소 중 하나로 구분한 후 표준요소별로 작업시간에 영향을 주는 4개 변동요인으로 시간을 결정한다.

　㉡ 8개의 표준요소

1	동작(Transport, T)	5	사용(Use, U)
2	쥐기(Grasp, Gr)	6	분해(Disassemble, Dsy)
3	미리 놓기(Preposion, PP)	7	내려 놓기(Release, Rl)
4	조립(Assemble, Asy)	8	정신과정(Mental Process, MP)

　㉢ 4개의 변동요인

1	사용하는 신체부위	• 손가락과 손, 팔, 앞 팔회전, 몸통, 발, 다리, 머리 회전
2	이동거리	-
3	중량 또는 저항	-
4	동작의 인위적 조절	• 방향조절(Streering) : 좁은 간격통과, 동작의 유도 조절 동작 • 주의(Precaution) : 파손이나 상해를 막기 위한 조절 동작 • 방향의 변경(U, Change of Direction) : 장애물을 피하기 위한 방향변경 • 일정한 정지(D, Definite Stop) : 의식적으로 일정한 정지를 요하는 동작

핵심이론 08 MTM(Method Time Measurement)

① Westinghouse의 Maynard가 드릴, 프레스의 기계공작 작업을 대상으로 한 시간자료를 분석하여 개발하였다.

② MTM 중에서 가장 정확하고 세밀한 작업분석이 가능하며 작업수행방법을 파악한 후 시간치를 결정하기 때문에 Methods Time이라는 이름이 붙는다.

③ 작업동작은 손, 눈, 팔, 다리, 몸통 동작 등 14개의 기본동작으로 분류한다.

④ 사람이 행하는 동작을 기본동작으로 분석하고 각 기본동작의 성질과 조건에 따라 미리 정해진 시간치를 적용하여 정미시간을 구한다.

⑤ TMU(Time Measurement Unit) = 0.00001시간 = 0.0006분 = 0.036초

⑥ MTM 표기법 : 기본동작 + 이동거리 + 목표물의 조건(Case A, B, C, D, E) + 중량(저항)
　예 5파운드의 물건을 대략적인 위치로 10인치 운반 = M10B5

⑦ MTM 용도
　㉠ 현행 작업방법의 개선을 위해 사용한다.
　㉡ 표준시간 산정으로 표준시간에 대한 불만 처리를 위해 사용한다.
　㉢ 작업착수 전에 능률적인 설비와 기계류의 선택 및 작업방법을 결정할 때 사용한다.

⑧ MTM 기본동작

- 손을 뻗음(R ; Reach)
- 운반(M ; Move)
- 회전(T ; Turn)
- 누름(AP ; Apply Pressure)
- 잡음(G ; Grasp)
- 정치(P ; Position)
- 방치, 놓음(RI ; Release)
- 떼어놓음(D ; Disengage)
- 크랭크(K ; Crank)
- 눈의 이동(ET ; Eye Travel)
- 눈의 초점 맞추기(EF ; Eye Focus)
- 신체의 동작(BM ; Body Motion)

CHAPTER 06 유해요인조사

핵심이론 01 유해요인조사

사업주는 유해요인조사에 근로자 대표 또는 해당 작업근로자를 참여시켜야 한다.

① 유해요인조사 시기
  ㉠ 신설사업장은 신설일로부터 1년 이내 실시
  ㉡ 모든 사업장은 3년마다 실시

② 수시 유해요인조사를 실시해야 하는 경우
  ㉠ 임시건강진단에서 근골격계 환자 발생 시
  ㉡ 근로자가 근골격계 질환으로 업무상 질병을 인정받은 경우
  ㉢ 근골격계 부담작업에 해당하는 새로운 작업, 설비를 도입한 경우
  ㉣ 근골격계 부담작업에 해당하는 업무의 양과 작업공정 등 작업환경을 변경한 경우

③ 유해요인조사 내용
  ㉠ 작업설비·작업공정·작업량·작업속도·최근업무의 변화 등 작업장 상황
  ㉡ 작업시간·작업자세·작업방법 등 작업조건
  ㉢ 작업과 관련된 근골격계 질환 징후와 증상 유무 등

④ 유해요인조사 방법
  ㉠ 유해요인기본조사 → 근골격계 질환 증상조사 → 유해도 평가 순으로 이루어진다.
  ㉡ 유해요인조사결과에 따라 개선우선순위결정, 개선대책 수립, 유해요인관리, 개선효과 평가가 이루어진다.
  ㉢ 개선우선순위결정은 유해도가 높은 작업 또는 특정 근로자중에서도 다음의 사항에 따라 이루어진다.
    • 다수의 근로자가 유해요인에 노출되고 있거나 증상 및 불편을 호소하는 작업이다.
    • 비용편익효과가 큰 작업
  ㉣ 전수조사를 원칙으로 하나, 동일한 작업형태와 동일한 작업조건의 근골격계 부담작업이 존재하는 경우에는 일부 작업에 대해서만 단계적 유해요인조사를 수행할 수 있다.

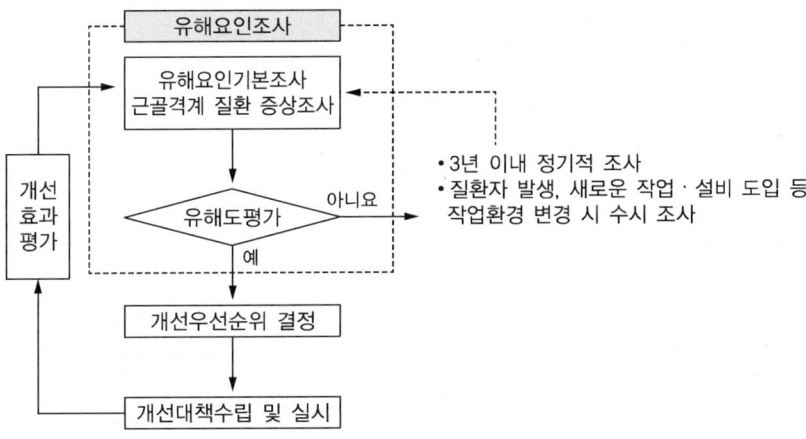

[유해요인조사 흐름도]

⑤ 유해요인조사 항목

유해요인조사 시에는 작업장 상황, 작업조건, 근골격계 질환 증상 등을 조사한다.

작업장 상황	• 작업공정 • 작업설비 • 작업속도 • 작업량 • 최근업무의 변화
작업조건	• 진 동 • 접촉스트레스 • 반복성 • 과도한 힘 • 부자연스런 또는 취하기 어려운 자세 • 기타(온도, 조명, 직무스트레스)
근골격계 질환증상	• 증상과 징후 • 직업력(근무력) • 근무형태(교대제 여부 등) • 취미생활 • 과거질병력 등

⑥ 근골격계 부담작업을 하는 경우 사업주가 근로자에게 알려야 하는 사항
 ㉠ 근골격계 부담작업의 유해요인
 ㉡ 근골격계 질환의 징후 및 증상
 ㉢ 근골격계 질환 발생 시 대처요령
 ㉣ 올바른 작업자세 및 작업도구, 작업시설의 올바른 사용방법
 ㉤ 그밖에 근골격계 질환 예방에 필요한 사항

핵심이론 02 유해요인평가

① OWAS(Ovako Working posture Analysis System)
  ㉠ 핀란드의 제철회사(Ovako)를 대상으로 핀란드 노동위생연구소가 개발한 평가기법으로 허리(등), 팔, 다리, 하중에 대한 작업자들의 부적절한 작업자세를 평가한다.
  ㉡ 작업자세는 허리, 팔, 다리, 하중으로 구분하여 각 부위의 자세를 코드로 표현한다.
  ㉢ 신체부위의 자세뿐만 아니라 중량물의 사용도 고려하여 평가하며, OWAS 활동점수표는 4단계의 조치단계로 분류한다.

수준 1	근골격계에 특별한 해를 끼치지 않음(작업자세에 아무런 조치도 필요치 않음)
수준 2	근골격계에 약간의 해를 끼침(가까운 시일 내에 작업자세의 교정이 필요함)
수준 3	근골격계에 직접적인 해를 끼침(가능한 한 빨리 작업자세를 교정해야 함)
수준 4	근골격계에 매우 심각한 해를 끼침(즉각적인 작업자세의 교정이 필요함)

  ㉣ OWAS의 장단점

장점	• 특별한 기구 없이도 관찰에 의해서만 작업자세를 평가 • 현장성이 강하여 현장에서 기록, 해석이 용이 • 평가기준을 완비하여 분명하고 간편하게 평가 • 상지와 하지의 작업분석이 가능 • 작업대상물의 무게를 분석요인에 포함
단점	• 몸통과 팔의 자세분류가 상세하지 못함 • 자세의 지속시간, 팔목과 팔꿈치에 관한 정보가 반영되지 못함 • 상지, 하지의 움직임이 적으면서 반복하여 사용하는 작업에서는 차이를 파악하기 어려움 • 지속시간을 검토할 수 없으므로 보관 유지자세의 평가는 어려움 • 분석결과가 구체적이지 못함 • 세밀한 분석이 어려움

[OWAS 평가표]

OWAS Checklist				
등	똑바로 선 자세			1점 □
	구부린 자세			2점 □
	비틀어진 자세			3점 □
	구부리고 비틀어진 자세			4점 □
팔	양팔이 어깨 아래			1점 □
	한쪽이 어깨 위			2점 □
	양팔이 어깨 위			3점 □
다리	앉은 자세			1점 □
	양다리로 선 자세			2점 □
	한쪽 다리로 선 자세			3점 □
	양쪽 무릎을 굽히고 서있는 자세			4점 □
	한쪽 무릎을 굽히고 서있는 자세			5점 □
	무릎을 바닥에 대고 있는 자세			6점 □
	걷고 있는 자세			7점 □
하중	10kg 이하				1점 □
	10~20kg				2점 □
	20kg 이상				3점 □
자세코드	허리		팔	다리	하중	

② RULA(Rapid Upper Limb Assessment)
  ㉠ 상지(Upper Limb)에 초점을 맞춘 것으로 1993년에 영국의 노팅햄 대학의 Lynn Mcatamney와 Nigel Corlett가 개발하였다.
  ㉡ 장 점
    • 분석자가 관찰을 통해 작업자세를 분석하며 OWAS보다 접근방식이 합리적이다.
    • 작업으로 인한 근육 부하를 평가하는 데 이용하며 나쁜 작업자세 비율이 어느 정도인지를 쉽고 빠르게 파악 가능하다.
  ㉢ 단 점
    • 세밀한 분석결과를 제시하지 못한다.
    • 상지 분석에만 초점을 맞춘다.
    • 전신 작업자세 분석에는 한계가 있다.
  ㉣ 평가방법
    • A그룹(상완, 전완, 손목)과 B그룹(목, 몸통, 다리)으로 나누어 미리 주어진 코드 체계를 이용하여 자세 점수를 부여한다.
    • 그룹별 자세 점수는 근육과 힘을 고려하여 그룹별 점수가 되고 이들을 종합하여 총점을 구한다.
  ㉤ 총점에 따라 4개의 조치단계(Action Level)로 평가한다.

조치수준 1 (점수 1~2)	작업이 오랫동안 지속적이고 반복적으로만 행해지지 않는다면 작업자세에 별 문제가 없음
조치수준 2 (점수 3~4)	작업자세에 대한 추적관찰이 필요하고, 작업자세를 변경할 필요가 있음
조치수준 3 (점수 5~6)	작업자세를 되도록 빨리 변경해야 함
조치수준 4 (점수 7)	작업자세를 즉각 바꾸어야 함

[RULA 평가절차]

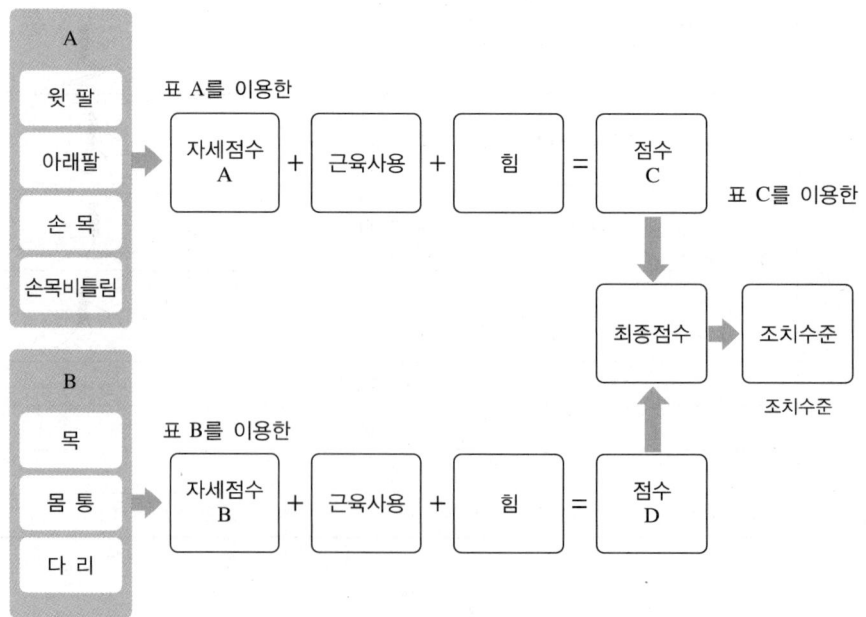

[RULA 평가표]

RULA Checklist				
상완 ( )	1	2	3	4
	어깨 상승 +1 외전 +1 팔지지대 -1			
전완 ( )	1	2		+1
손목 ( )	1	2	3	+1
손목 비틀림 ( )	1		2	
근육 사용	□ 1분 이상 유지하는 정적인 자세 □ 분량 4회 이상 반복되는 작업			+1
힘/ 부하량	□ 부하량이 없거나 2kg 이하의 간헐적인 부하량 힘			+0
	□ 2~10kg의 간헐적인 부하량			+1
	□ 2~10kg의 정적 부하량 □ 2~10kg의 반복적인 부하량, 힘			+2
	□ 10kg 이상의 정적인 부하량 □ 10kg 이상의 반복적인 부하, 힘 □ 충격적이거나 갑작스런 힘의 사용			+3

③ REBA(Rapid Entire Body Assessment)

㉠ Sue Hignett & Lynn Mcatamney이 1998년에 개발한 것으로 RULA의 단점을 보완하여 개발된 평가기법이다.

㉡ RULA가 상지작업을 중심으로 하는 것이라면, REBA는 하지 분석을 자세히 할 수 있다.

㉢ 병원의 간호사 또는 간호조무사, 수의사 등의 근골격계 부담작업의 유해요인조사 시 작업분석, 평가도구로 가장 적절하다.

㉣ 평가 대상이 되는 주요 작업요소 : 반복성, 정적작업, 힘, 작업자세, 연속작업시간

㉤ 신체 부위별로 A, B 그룹으로 나누면 A, B 각각의 그룹별로 작업자세, 근육과 힘을 평가한다.

[REBA 평가절차]

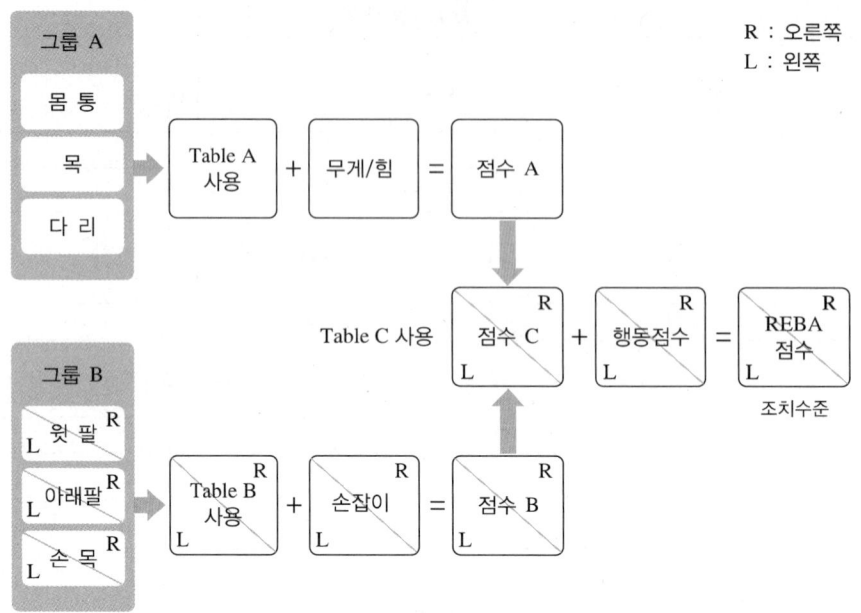

[REBA 평가표]

A군			
작업자세		점 수	추가점수
허 리	곧바로 선 자세	1	허리가 옆으로 틀어진 경우나, 옆으로 굽힌 경우 : +1점
	0~20° 굽힘, 0~20° 뒤로 젖힘	2	
	20~60° 굽힘, 20° 이상 뒤로 젖힘	3	
	60° 이상 굽힘	4	
목	0~20° 굽힘	1	비틀거나 옆으로 숙임 : +1점
	20° 이상 굽힘/뒤로 젖힘	2	
다 리	양쪽에 잘 지지됨/걷거나 앉은 경우	1	• 무릎이 30°와 60° 사이로 굽혀진 경우 : +1점 • 무릎이 60° 이상 굽혀진 경우 : +2점(앉은 자세 제외)
	한 발로 서 있는 경우/불안정한 자세	2	

[REBA의 사후조치수준에 따른 관리지침]

조치단계	REBA 점수	위험 단계	조치(추가정보조사 포함)
0	1	무시해도 좋음	필요 없음
1	2~3	낮 음	필요할지도 모름
2	4~7	보 통	필요함
3	8~10	높 음	곧 필요함
4	11~15	매우 높음	지금 즉시 필요함

④ JSI(Job Strain Index)
  ㉠ 상지의 말단(손, 손목, 팔꿈치)의 작업 관련성 근골격계 질환 위험도를 평가하기 위해 Moore & Garg(1995)가 개발한 평가 기법으로, 상지질환의 원인이 되는 위험요인들이 작업자에게 노출되어 있는지 검사한다.
  ㉡ JSI 설정 기준
    • 생리학적(Physiological)
    • 인체역학적(Biomechanical)
    • 역학적(Epidemiological)

ⓒ 상지의 MSDs에 영향을 주는 요인
- 힘(Force)
- 반복성(Repetition)
- 작업자세(Posture)
- 회복 시간(Recovery Time)
- 잡기 형태(Type of Grasp)
- Duration/Static Muscular Work/Use of Hand as a Tool
- 기타 : 낮은 기온, 장갑의 사용, 진동공구 사용 등

ⓔ JSI 평가에서 사용되는 6항목
- 힘을 발휘하는 강도(Intensity of Exertion)
- 힘을 발휘하는 지속시간(Duration of Exertion)
- 분당 힘의 발휘(Efforts per minute)
- 손/손목의 자세(Hand/Wrist posture)
- 작업 속도(Speed of work)
- 1일 작업의 지속시간(Duration of task per day)

[JSI 평가절차]

6개 항목 평가(Rating) → {힘을 발휘하는 강도, 힘을 발휘하는 지속시간, 분당 힘의 발휘, 손/손목의 자세, 작업 속도, 1일 작업의 지속시간}
↓
6개 항목 승수 결정
↓
JSI 점수 계산   6개 승수의 곱
↓
결과 해석

⑤ VDT(Video Display Terminal) 증후군
　㉠ VDT 증후군은 장시간 동안 모니터를 보며 키보드를 두드리는 작업을 할 때 생기는 각종 신체적·정신적 장해이다.
　㉡ VDT(Video Display Terminal) 증후군의 발생요인은 다음과 같다.
- 컴퓨터, 책상, 의자
- 작업장의 조명, 소음, 온도
- 작업시간, 작업강도, 휴식시간
- 작업자의 나이, 시력, 경력, 작업자세

ⓒ VDT 작업 설계 지침
- 창과 벽면은 반사되지 않는 재질을 사용한다.
- 실내의 온도는 18~24℃, 습도는 40~70%를 유지한다.
- 화면상의 문자와 배경과의 휘도비(Contrast)를 낮춘다.
- VDT 작업화면과 인접주변 간에는 1 : 3, 화면과 화면에서 먼 주위 간에는 1 : 10을 유지한다.
- 화면의 바탕 색상이 흰색 계통일 때 500~700lux를 유지한다.
- 화면의 바탕 색상이 검정색 계통일 때 300~500lux를 유지한다.
- 단색화면일 경우 색상은 일반적으로 어두운 배경에 밝은 황·녹색 또는 백색문자를 사용한다.
- 적색 또는 청색의 문자는 가급적 사용하지 않는다.
- 창문에 차광망, 커튼 등을 설치하여 밝기 조절이 가능하도록 한다.
- 화면, 키보드, 서류 등의 주요 표면 밝기를 가능한 한 같도록 유지한다.
- 좌판의 높이는 대퇴부를 압박하지 않도록 의자 앞부분은 오금보다 높지 않도록 한다.

ⓓ VDT 작업자세
- 작업자의 시선은 화면상단과 눈높이가 일치하도록 한다.
- 화면상의 시야범위는 수평선상에서 10~15° 밑에 오도록 한다.
- 화면과의 최소거리는 40cm 이상 확보한다.
- 높이 조정이 가능한 작업대를 사용하는 경우에는 바닥면에서 작업대 표면까지의 높이(65cm 전후)를 작업자의 체형에 맞도록 조정하여 고정한다.
- 윗팔은 자연스럽게 늘어뜨리고, 팔꿈치의 내각은 90° 이상이 되도록 한다.
- 무릎의 내각은 90° 전후가 되도록 한다.

ⓔ VDT 작업관리지침 중 눈부심방지 예방방법
- 화면의 경사를 조정할 것
- 저휘도형 조명기구를 사용할 것
- 화면상의 문자와 배경과의 휘도비(Contrast)를 낮출 것
- 화면에 후드를 설치하거나 조명기구에 간이 차양막 등을 설치할 것
- 그 밖의 눈부심을 방지하기 위한 조치를 강구할 것 : 빛이 작업화면에 도달하는 각도는 화면으로부터 45° 이내일 것

ⓕ VDT의 취급
- 키보드와 키 윗부분의 표면은 무광택으로 할 것
- 빛이 작업 화면에 도달하는 각도는 화면으로부터 45° 이내일 것
- 화면을 바라보는 시간이 많은 작업일수록 밝기와 작업대 주변 밝기의 차를 줄이도록 할 것
- 작업자의 손목을 지지해 줄 수 있도록 작업대 끝면과 키보드의 사이는 15cm 이상을 확보할 것

ⓖ 키보드 & 마우스
- 키보드의 경사는 5~15°, 두께는 3cm 이하
- 작업대 끝면과 키보드 사이의 간격은 15cm 이상
- 키보드와 키 윗부분의 표면은 눈이 부시지 않는 무광택으로 할 것

◎ VDT 증후군 예방 5대 수칙
- 허리는 의자 등받이에 지지되도록 하며 곧게 펴고 바르게 앉는다.
- 모니터는 화면상단과 눈높이가 일치하도록 맞춘다.
- 키보드와 작업대 높이는 팔꿈치 높이 정도로 조절한다.
- 키보드와 마우스는 손목이 꺾이지 않고 곧은 자세를 유지할 수 있도록 위치시킨다.
- 1시간 이상 일한 경우 10분씩 휴식을 꼭 취한다.

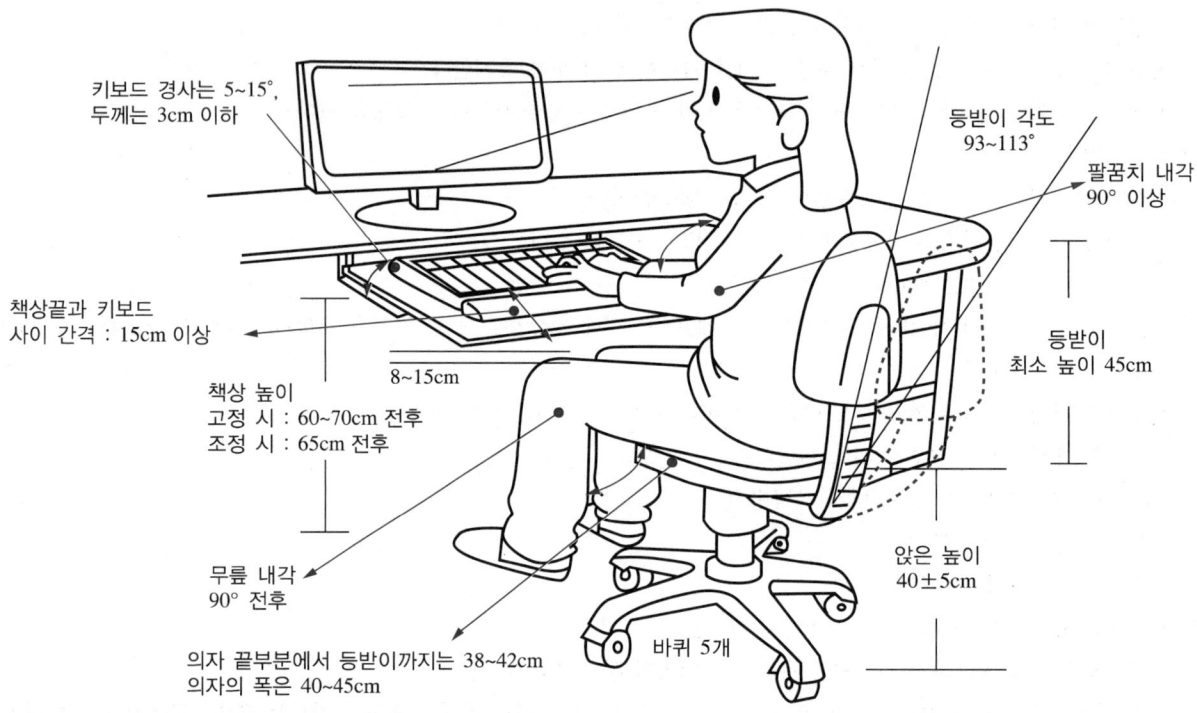

CHAPTER 07 근골격계 질환 예방관리

PART 01 핵심이론 + 핵심예제

제1절 | 근골격계 질환

핵심이론 01 근골격계 질환의 정의

① 반복적이고 누적되는 특정한 일 또는 동작과 연관되어 신체의 일부를 무리하게 사용하면서 나타나는 질환으로 신경, 근육, 인대, 관절 등에 문제가 생겨, 통증과 이상감각, 마비 등의 증상이 나타나는 질환들을 총칭하는 말이다.

② 외부의 스트레스에 의하여 오랜 시간을 두고 반복적인 작업이 누적되어 질병이 발생되기 때문에 누적외상병, 누적손상장애(CTD ; Cumulative Trauma Disorders)라 불리기도 한다.

③ 반복성 작업에 기인하여 발생하므로 RTS(Repetitive Trauma Syndrome)로도 알려져 있다.

④ 반복성의 기준

어 깨	150회/h 이상
팔꿈치	600회/h 이상
손/손목	600회/h 이상
손가락	12,000회/h 이상

⑤ 근골격계 질환 용어 정의

관리감독자	사업장 내 단위 부서의 책임자를 말함
보건담당자	보건관리자가 선임되어 있지 않은 사업장에서 대내외적으로 산업 보건 관계 업무를 맡고 있는 자
보건 의료전문가	산업 보건 분야의 학식과 경험이 있는 의사, 간호사
동일작업	동일한 작업설비를 사용하거나 작업을 수행하는 동작이나 자세 등 작업방법이 같다고 객관적으로 인정되는 작업
비정형 작업	정형 작업이 아닌, 작업의 내용이나 방법이 작업여건 등에 따라 수시로 변하는 형태의 작업
단위작업장소	건물이나 작업장으로 구분이 가능한 경우로 동일 또는 특정 작업이나 공정이 모여 있는 작업장소
정기 유해요인조사	최초 유해요인조사를 완료한 날부터 매 3년마다 정기적으로 실시하여야 하는 유해요인조사
수시 유해요인조사	최초 또는 정기 유해요인조사 실시 여부와는 관계 없이 실시사유가 발생했을 때 지체 없이 실시하여야 하는 유해요인조사
근골격계 질환 예방관리프로그램	유해요인조사, 작업환경개선, 의학적 관리, 교육·훈련 평가에 관한 사항 등이 포함된 근골격계 질환을 예방관리하기 위한 종합적인 계획

핵심이론 02 근골격계 질환의 단계

1단계	작업시간 동안에 통증이나 피로감을 호소, 하룻밤 지나거나 휴식을 취하면 증상이 없어짐
2단계	작업초기부터 통증이 발생되어 하룻밤이 지나도 통증이 지속됨. 통증 때문에 잠을 설치게 되며 작업수행능력도 감소
3단계	작업을 수행할 수 없을 정도로 작업시간이나 휴식시간에도 계속하여 통증을 느끼며, 통증으로 잠을 잘 수 없을 정도로 고통이 계속됨

핵심이론 03 근골격계 질환의 원인

① 진 동

② 접촉스트레스 : 작업공구의 국소적인 신체압박

③ 반복동작 : 상지의 작업주기가 30초 미만이고 하나의 단위에 대해 50% 이상을 차지하는 작업, 관절의 움직임이 분당 20회 초과

④ 과도한 힘 : 근육의 힘을 많이 사용하는 작업

⑤ 부적절한 작업자세

⑥ 부족한 휴식시간 : 근육의 피로를 회복시킬 수 없는 휴식시간

⑦ 신체적 압박

⑧ 기타 : 한랭, 조명, 직무스트레스

핵심이론 04 근골격계 질환의 유형

허 리	요부염좌 (Strain, Sprain)	• 인대나 근육이 늘어나거나 부분적으로 찢어지는 경우 • 무거운 물건을 갑자기 들어 올리거나 허리를 비틀었을 때 요부 염좌가 발생 • 염증반응과 부종이 동반되기도 함 • 염좌가 일어난 주위의 근육은 딱딱하게 굳어져 있는 경우가 많음 • 근막통 증후군, 디스크를 유발
	근막통 증후군 (MPS ; Myofascial Pain Syndrome)	• 근육의 무리한 사용 • 반복되는 근섬유의 누적손상으로 근육을 싸고 있는 근막에 통증을 유발하는 유발통점(Trigger Point)이 생기는 질환 • 목, 어깨, 허리 근육에 주로 발생
	추간판 탈출증	• 허리를 갑자기 비틀거나 압력이 지나치게 높을 경우 압력을 이기지 못하고 디스크가 바깥쪽으로 튀어나옴 • 인대를 밀고 부풀어 나오든지, 인대를 뚫고 삐져 나오든지 완전히 밖으로 이탈하게 됨 • 신경조직을 압박, 근육을 저하시키는 질환
	척추분리증 (전방 전위증)	• 척추후방관절의 일부분에 금이 가거나 뼈가 분리됨 • 선천적 또는 척추외상을 당하거나 과도한 하중을 받아서 생김

부위	질환명	설명
어깨	근막통 증후군 (MPS ; Myofascial Pain Syndrome)	• 근육의 무리한 사용 • 반복되는 근섬유의 누적손상으로 근육을 싸고 있는 근막에 통증을 유발하는 유발통점(Trigger Point)이 생기는 질환 • 목, 어깨, 허리 근육에 주로 발생
	견봉하 점액낭염	• 점액낭의 만성적인 염증으로 통증을 일으키는 질환
	상완이두 건막염	• 염증성 질환
	극상근 건염	• 건염(Tendinitis) : 근육과 뼈를 연결하는 조직인 건이 염증으로 아프고 쑤시는 질환으로 손목, 팔, 팔꿈치, 어깨 부위에서 발생 • 손목을 부적절한 각도로 꺾은 상태로 작업하면 심하게 잡아당기는 자세가 되어 건에 마찰과 마모가 증가하고 시간이 경과되면 마모가 누적되어 염증이 진행되고 부어올라 심한 고통을 주게 됨
팔꿈치	외상과염 (Lateral Epicondylitis)	• 테니스 엘보우라고도 하며 팔꿈치의 바깥쪽 돌출된 부위에 통증과 함께 발생된 염증 • 윗팔뼈(상완골) 주관절의 외측에 발생하는 통증으로 주먹을 쥐든지 손목 관절을 능동적으로 후방 굴곡시키면 통증이 심해짐
	내상과염 (Medial Epicondylitis)	• 골프 엘보우 • 주관절의 내측에 발생하는 통증질환
	팔굽 터널 증후군, 척골관 증후군 (Cubital Tunnel Syndrome)	• 팔꿈치에 과도한 동작으로 새끼 손가락의 저림 증상이 나타나는 질환
	지연성 척골 신경마비 (Tardy Ulnar Nerve Palsy)	• 상지에서 흔히 발생하는 신경 포착 증후군
	회내근 증후군 (Pronator Syndrome)	• 과도한 망치질, 노젓기 동작 등으로 손가락이 저리고, 손가락 굴곡이 악화되는 증상
손과 손목 부위	수근관 증후근 (Carpal Tunnel Syndrome)	• 반복동작으로 지나친 손목의 굴곡과 신전, 손목의 인대들이 손목신경(정중신경) 압박
	데퀘벵 건초염	• 수부나 수근관절의 과도한 사용으로 섬유막이 비후되어 발생
	방아쇠 손가락	• 장시간 손에 쥐는 작업에서 손바닥의 반복적인 마찰로 발생
	결절종 (Ganglion)	• 관절액 또는 건막의 활액이 새어 나와 고임
	척골관 증후군, 가이언 증후군	• 망치질 같은 반복적인 둔탁한 외상, 척골신경의 압박, 손목을 바깥쪽으로 많이 굽히는 동작 및 손목 바깥쪽의 압박
	수완 진동 증후군	• 진동공구 사용으로 신경과 혈관에 영향을 끼쳐 발생
목	근막통 증후군 (MPS ; Myofascial Pain Syndrome)	• 근육의 무리한 사용 • 반복되는 근섬유의 누적손상으로 근육을 싸고 있는 근막에 통증을 유발하는 유발통점(Trigger Point)이 생기는 질환 • 목, 어깨, 허리 근육에 주로 발생
	경추자세 증후군	• 거북목, 목디스크

더 알아보기

유발통점(Trigger Point)
지속적이고 무리한 근수축에 의하여 근육조직이 국소적으로 파괴된 것으로 근육 속에 생긴 딱딱하게 굳은 작은 덩어리

핵심이론 05 근골격계 질환 대책

① 단기적 대책
  ㉠ 안전한 작업방법의 교육, 작업일정, 속도 조절
  ㉡ 작업자에 대한 휴식시간의 배려
  ㉢ 회복시간 제공, 휴게실, 운동시설 등 기타 관리시설의 확충
  ㉣ 작업장구조, 공구, 작업방법 개선

② 장기적 대책
  ㉠ 근골격계 질환 예방관리프로그램의 도입
  ㉡ 작업방법과 작업공간을 재설계
  ㉢ 작업 순환(Job Rotation)을 실시
  ㉣ 작업적 유해요인의 발견 및 조정을 통한 노동강도의 조절

제2절 | 근골격계 질환 예방관리프로그램

핵심이론 01 예방관리프로그램

① 정의 : 모든 직원들이 참여하여 근골격계 질환의 유해요인을 제거하고 감소하는 체계적·경제적·지속적인 근골격계 질환의 종합적인 예방활동으로 유해요인조사, 유해요인관리, 작업환경개선, 의학적 조치, 교육 및 훈련 등으로 구성한다.
② 예방관리 추진팀의 구성 : 근로자 대표가 위임하는 자, 관리자, 정비보수담당자, 보건안전담당자, 구매담당자 등으로 구성한다.
  ㉠ 사업주는 효율적이고 성공적인 근골격계 질환의 예방관리를 추진하기 위하여 사업장 특성에 맞게 근골격계 질환 예방관리 추진팀을 구성하되 예산 등에 대한 결정권한이 있는 자가 반드시 참여하도록 한다.
  ㉡ 예방관리 추진팀은 사업장의 업종, 규모 등 사업장의 특성에 따라 적정 인력이 참여하도록 구성한다.

중소규모 사업장	• 근로자 대표 또는 명예 산업 안전 감독관을 포함하여 그가 위임하는 자 : 관리자, 정비보수담당자, 보건안전담당자, 구매담당자
대규모 사업장	• 중소규모 사업장 추진팀원 이외에 기술자, 노무 담당자 등의 인력을 추가함 • 대규모 사업장은 부서별로 예방, 관리 추진팀을 구성할 수 있으며, 이 경우 관리자는 해당 부서의 예산 결정권자 또는 부서장으로 할 수 있음 • 산업안전보건위원회가 구성된 사업장은 예방관리 추진팀의 업무를 산업안전보건위원회에 위임할 수 있음

  ㉢ 예방관리 추진팀의 역할
    • 예방관리프로그램의 수립 및 수정에 관한 사항 결정
    • 예방관리프로그램의 실행 및 운영에 관한 사항 결정
    • 교육 및 훈련에 관한 사항을 결정하고 실행
    • 유해요인 평가, 개선계획의 수립 및 시행에 관한 사항을 결정하고 실행
    • 근골격계 질환자에 대한 사후조치 및 근로자 건강보호에 관한 사항 등을 결정하고 실행

② 예방관리프로그램 실행을 위한 노사의 역할

사업주의 역할	• 기본 정책을 수립하여 근로자에게 알려야 함 • 근골격계 질환의 증상, 유해요인 보고 및 대응 체계를 구축 • 예방관리프로그램의 관리운영을 지속적으로 지원 • 예방관리 추진팀에게 예방관리프로그램의 운영 의무를 명시 • 예방관리 추진팀에게 예방관리프로그램을 운영할 수 있도록 사내 자원을 제공 • 근로자에게 예방관리프로그램의 개발·수행·평가에 참여 기회를 부여함
근로자의 역할	• 작업과 관련된 근골격계 질환의 증상 및 질병 발생, 유해요인을 관리감독자에게 보고 • 예방, 관리프로그램의 개발 평가에 적극적으로 참여 • 근로자는 예방관리프로그램의 시행에 적극적으로 참여
보건관리자의 역할	• 주기적으로 작업장을 순회하여 근골격계 질환을 유발하는 작업공정 및 작업유해요인을 파악 • 주기적인 근로자 면담을 통해 근골격계 질환 증상 호소자를 조기에 발견 • 7일 이상 지속되는 증상을 가진 근로자가 있을 경우 지속적인 관찰, 전문의 진단 의뢰 등의 조치 필요 • 근골격계 질환자를 주기적으로 면담하여 가능한 조기에 작업장에 복귀할 수 있도록 도움 • 예방관리프로그램의 운영을 위한 정책 결정에 참여

③ 시행시기

정기조사	3년마다 실시(최초교육은 6개월 이내 실시, 근골격계 질환의 증상과 징후 식별방법 및 보고방법에 대한 교육은 매년 1회 이상 실시)
수시조사	• 임시건강진단에서 근골격계 환자가 발생한 경우 • 산업재해보상보험법에 의한 근골격계 질환의 요양승인자가 발생한 경우 • 근골격계 부담작업에 해당하는 새로운 작업, 설비를 도입한 경우 • 근골격계 부담작업에 해당하는 업무의 양과 작업공정 등 작업환경이 변경된 경우

④ 시행대상
 ㉠ 근골격계 질환으로 요양결정을 받은 근로자가 연간 10명 이상 발생한 사업장
 ㉡ 근골격계 질환이 5명 이상 발생한 사업장으로서 발생비율이 그 사업장 근로자수의 10% 이상인 사업장
 ㉢ 근골격계 질환 예방과 관련하여 노사 간 이견이 지속되는 사업장으로서 고용노동부장관이 필요하다고 인정하여 수립·시행을 명령한 사업장

⑤ 주요내용
 ㉠ 유해요인조사
 ㉡ 작업환경 개선
 ㉢ 의학적 관리
 ㉣ 교육 및 훈련
 ㉤ 평 가

⑥ 근골격계 질환 예방을 위한 작업환경 개선방안
　㉠ 공학적 개선 : 현장에서 직접적인 설비나 작업방법, 작업도구 등을 작업자가 편하고, 쉽고, 안전하게 사용할 수 있도록 유해·위험요인의 원인을 제거하거나 개선하기 위하여 다음의 각 항목에 대한 재설계, 재배열, 수정, 교체(Substitution) 등의 개선을 한다.
　　• 공구·장비
　　• 작업장
　　• 포 장
　　• 부 품
　　• 제 품
　㉡ 관리적 개선 : 작업절차 또는 작업노출을 수정·관리하는 아래와 같은 방법을 통한 개선을 한다.
　　• 작업의 다양성 제공
　　• 작업일정 및 작업 속도 조절
　　• 회복시간 제공
　　• 작업 습관 변화
　　• 작업공간, 공구 및 장비의 주기적인 청소 및 유지보수
　　• 작업자 적정배치
　　• 직장체조 강화 등

⑦ 근골격계 질환 예방관리 교육
　㉠ 기본교육 실시 : 근로자가 근골격계 부담작업을 하는 경우 사업주는 근로자, 관리감독자에게 다음의 5가지 사항을 주지시켜야 한다.
　　• 근골격계 부담작업에서의 유해요인
　　• 작업도구와 장비 등 작업 시설의 올바른 사용방법
　　• 근골격계 질환의 증상과 징후 식별방법 및 보고방법
　　• 근골격계 질환 발생 시 대처 요령
　　• 기타 근골격계 질환 예방에 필요한 사항
　㉡ 교육방법 및 시기
　　• 최초교육은 예방관리프로그램이 도입된 후 6개월 이내에 실시
　　• 매 3년마다 주기적으로 실시
　　• 근로자를 채용한 때와 이 프로그램의 적용대상 작업장에 처음으로 배치된 자 중 교육을 받지 아니한 자에 대하여는 작업 배치 전에 교육을 실시
　　• 교육시간은 2시간 이상 실시하되, 새로운 설비의 도입 및 작업방법에 변화가 있을 때에는 유해요인의 특성 및 건강 장해를 중심으로 1시간 이상의 추가교육을 실시
　　• 교육은 근골격계 질환 전문 교육을 이수한 예방관리추진팀의 팀원이 실시하며, 필요 시 관계 전문가에게 의뢰

⑧ OSHA의 근골격계 질환에 대한 접근방법

사전적 접근 (Proactive Approach)	근골격계 질환 문제를 평가하고 관리하기 위한 목적으로 계획된 일련의 내용들을 실천해 나가는 방법
사후적 접근 (Reactive Approach)	작업장 내에 문제가 표면화되기 시작하면 이에 대한 정확한 실태를 파악하는 것을 목적으로 근골격계 질환의 발생률과 강도율을 파악하는 방법

⑨ NIOSH의 인간공학 프로그램 구성요소(Element of Ergonomics Program)의 실천방법
  ㉠ 1단계 : 문제의 초기접근 – 근골격계 질환 문제에 대한 징조 찾기
  ㉡ 2단계 : 조직구성 등 각 단계별 활동전략 수립
  ㉢ 3단계 : 교육, 훈련(작업자, 관리자, 노조 및 경영진)
  ㉣ 4단계 : 건강장해 및 위험요인 평가와 기타 자료 수집
  ㉤ 5단계 : 작업 개선의 우선 순위 수립 및 시행
  ㉥ 6단계 : 질환자에 대한 의학적 관리
  ㉦ 7단계 : 예방적 관리 프로그램 완성

핵심이론 02 예방관리프로그램의 기본원칙

인식의 원칙	• 근골격계 질환자가 존재할 수밖에 없다는 현실을 노사 모두가 인정 • 가장 중요한 것은 최고 경영자의 의지임
노사공동참여의 원칙	• 노사의 신뢰성 확보가 필요하므로 반드시 공동참여와 공동운영이 중요 • 직무순환, 휴식시간 등과 같이 관리대책의 상당부분이 노사 협의를 통해 결정되어야 함
전사지원의 원칙	• 설비, 인사, 총무 등 다양한 조직의 참여가 필요 • 사업장에서는 전사적 품질 관리의 차원에서 예방활동 필요
사업장 내 자율적 해결 원칙	• 질환의 조기 발견 및 조기 치료를 위하여 사업장 내에 일상적 자율 예방관리 시스템이 있어야 함 • 자율적 해결을 위해서는 사업장 내 인적 조직이 필요하고 인적 조직에 전문가가 필요
시스템 접근의 원칙	• 중독성 질환처럼 작업설비, 특정 물질 등을 관리 대상으로 할 수 없음 • 발생 원인이 작업의 고유 특성 뿐 아니라 개인적 특성, 기타 사회·심리적인 요인 등 복합적인 특성을 가짐에 따라 시스템적 접근 필요
지속성 및 사후 평가의 원칙	• 질환의 특성상 예방 사업의 효과가 단시간에 나타나지 않으므로 지속적 관리 및 평가에 따른 보완 과정이 반드시 필요
문서화의 원칙	• 일상적 예방관리를 위한 실행 결과의 기록 보존 및 이에 대한 환류 시스템이 있어야만 정확한 평가와 수정 보완이 가능함 • 문서화를 통해서만이 일상적 관리가 제대로 수행되고 있는지에 대한 평가가 가능함

핵심이론 03 의학적 관리

① 증상호소자 관리
  ㉠ 근골격계 질환 증상과 징후호소자의 조기발견체계 구축
  ㉡ 증상과 징후보고에 따른 후속조치
  ㉢ 증상호소자 관리의 위임
  ㉣ 업무제한과 보호조치

② 질환자 관리
  ㉠ 질환자의 조치 : 소견서에 따른 의학적 조치 실시
  ㉡ 질환자의 업무복귀
  ㉢ 건강증진활동프로그램 : 근로자의 적응능력 강화

핵심이론 04 예방관리프로그램의 평가

① 예방관리프로그램 평가는 매년 해당 부서 또는 사업장 전체를 대상으로 한다.
  ㉠ 특정 기간 동안에 보고된 사례수를 기준으로 한 근골격계 질환 증상자의 발생빈도
  ㉡ 새로운 발생 사례수를 기준으로 한 발생률의 비교
  ㉢ 근로자가 근골격계 질환으로 일하지 못한 날을 기준으로 한 근로손실일수의 비교
  ㉣ 작업개선 전후의 유해요인 노출 특성의 변화
  ㉤ 근로자의 만족도 변화
  ㉥ 제품 불량률 변화 등
② 예방관리프로그램 평가결과 문제점이 발견된 경우 이를 보완하여 개선한다.

핵심이론 05 문서의 기록과 보존

① 유해요인조사표 : 5년간 보존
② 근골격계 질환 증상조사표 : 5년간 보존
③ 개선계획 및 결과보고서 : 해당 시설·설비가 작업장 내에 존재하는 동안 보존

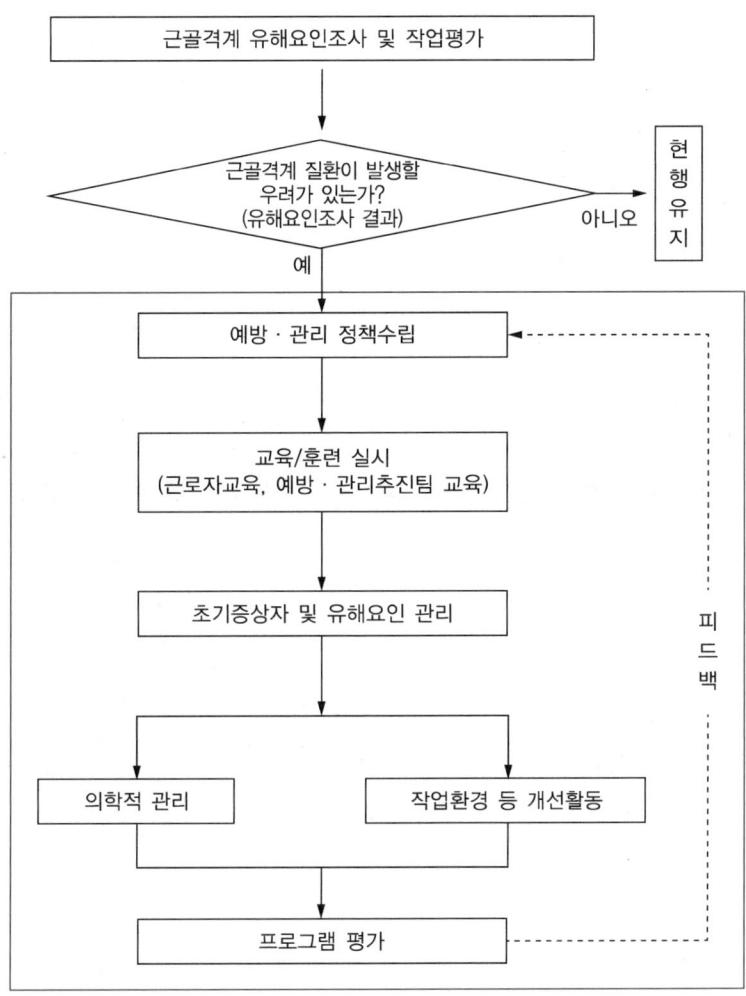

많이 보고 많이 겪고 많이 공부하는 것은 배움의 세 기둥이다.

- 벤자민 디즈라엘리 -

2014~2024년 제3회 기출복원문제

PART 2

11개년 기출복원문제

작은 기회로부터 종종 위대한 업적이 시작된다.

– 데모스테네스 –

 끝까지 책임진다! 시대에듀!
QR코드를 통해 도서 출간 이후 발견된 오류나 개정법령, 변경된 시험 정보, 최신기출문제, 도서 업데이트 자료 등이 있는지 확인해 보세요! **시대에듀 합격 스마트 앱**을 통해서도 알려 드리고 있으니 구글 플레이나 앱 스토어에서 다운받아 사용하세요. 또한, 파본 도서인 경우에는 구입하신 곳에서 교환해 드립니다.

2024년 제3회 기출복원문제

01 Swain과 Guttman의 휴먼에러 중 다음과 같은 행위와 관련된 에러를 예시에 맞게 쓰시오.

> (1) 주차를 한 후 깜빡하고 전조등을 끄지 않아 방전이 된 경우
> (2) 장애인 주차 구역에 주차를 하여 벌금 딱지를 받은 경우
> (3) 사이드 브레이크를 해제하지 않고 엑셀을 밟아 자동차가 움직이지 않은 경우

풀이
① 생략 에러(Omission Error)
② 실행 에러(Commission Error)
③ 순서 에러(Sequential Error)

02 문제를 보고 괄호 안에 알맞은 단어를 ○표 하시오.

> 정신적 부하가 증가하면 부정맥 지수가 (증가/감소) 하며, 정신적 부하가 감소하면 점멸융합주파수가 (증가/감소)한다.

풀이
① 부정맥 지수는 심장 활동의 불규칙성의 척도로 정신부하가 증가하면 부정맥 지수가 감소한다.
② 점멸융합주파수는 정신적 부하가 감소하면 올라간다.

03 안전관리의 재해예방의 기본원칙 5가지를 쓰시오.

풀이

재해예방의 기본원칙 5단계
① 제1단계(조직) : 경영자는 안전 목표를 설정하여 안전관리를 함에 있어 맨 먼저 안전관리 조직을 구성하여 안전활동 방침 및 계획을 수립하고 전문적 기술을 가진 조직을 통한 안전활동을 전개함으로써 근로자의 참여하에 집단의 목표를 달성하도록 하여야 한다.
② 제2단계(사실의 발견) : 조직편성을 완료하면 각종 안전사고 및 안전활동에 대한 기록을 검토하고 작업을 분석하여 불안전요소를 발견한다. 불안전요소를 발견하는 방법은 안전점검, 사고기록, 환경조건의 분석 및 작업공장의 분석, 교육과 훈련의 분석 등을 통해야 한다.
③ 제3단계(평가분석) : 발견된 사실, 즉 안전사고의 원인분석은 불안전요소를 토대로 사고를 발생시킨 직접적 및 간접적 원인을 찾아내는 것이다. 분석은 현장 조사 결과의 분석, 사고보고, 사고기록, 환경조건의 분석 및 작업공장의 분석, 교육과 훈련의 분석 등을 통해야 한다.
④ 제4단계(시정책의 선정) : 분석을 통하여 색출된 원인을 토대로 효과적인 개선방법을 선정해야 한다. 개선방안에는 기술적 개선, 인사조정, 교육 및 훈련의 개선, 안전행정의 개선, 규정 및 수칙의 개선과 이행 독려의 체제강화 등이 있다.
⑤ 제5단계(시정책의 적용) : 시정방법이 선정된 것만으로 문제가 해결되는 것이 아니고 반드시 적용되어야 하며 목표를 설정하여 실시하고 실시결과를 재평가하여 불합리한 점은 재조정되어 실시되어야 한다. 시정책은 교육, 기술, 규제의 3E 대책을 실시함으로써 이루어진다.

04 다음은 인간공학 법칙 및 방법에 대해서 열거되어 있다. 다음 물음에 답하시오.

(1) 형용사를 이용하여 인간의 심상을 측정하는 방법은 무엇인지 쓰시오.
(2) 어떤 자료를 나타내는 특성치가 몇 개의 변수에 영향을 받을 때 이들 변수의 특성치에 대한 영향의 정도를 명확히 하는 자료해석법은 무엇인지 쓰시오.
(3) 2차원, 3차원 좌표에 도형으로 표시를 하여 데이터의 상관관계 등을 파악하기 위해 점을 찍어 측정하는 통계기법이 무엇인지 쓰시오.

풀이
(1) 의미미분법(SD ; Semantic Differential) : 형용사를 이용하여 인간의 심상을 측정하는 방법
(2) 다변량분석법(Multivariate Analysis) : 여러 현상이나 사건에 대한 측정치를 개별적으로 분석하지 않고 동시에 한 번에 분석하는 통계적 기법
(3) 산점도(Scatter Diagram) : 서로 대응하는 두 (x, y)짝의 자료를 X, Y 좌표 위에 점으로 표시한 그림

05 양립성의 종류 3가지를 쓰시오.

풀이

① 공간적 양립성(Spatial)
- 물리적 형태나 공간적 배치가 사용자의 기대와 일치
- 조정장치가 왼쪽에 있으면 왼쪽에 장치를 배치

② 개념적 양립성(Conceptual)
- 인간이 가지고 있는 개념적 연상에 관한 기대와 일치
- 빨간색 – 온수, 파랑색 – 냉수

③ 운동적 양립성(Movement)
- 조작장치의 방향과 표시장치의 움직이는 방향이 일치
- 조정장치를 시계방향으로 돌리면 표시장치도 우측으로 이동

④ 양식적 양립성(Modality)
- 과업에 따라 맞는 자극-응답양식이 존재
- 음성과업에서 청각제시와 음성응답이 좋음
- 공간과업에서 시각제시와 수동응답이 좋음

06 권장무게한계(RWL)가 7.8kg, 포장박스의 무게가 10.3kg일 때 LI지수를 구하고 작업조건 평가를 하시오.

풀이

① 들기 지수(LI ; Lifting Index) = 작업물 무게/RWL = 10.3kg / 7.8kg = 1.32
② 평가 : LI가 1보다 크므로 이 작업은 요통 발생위험이 높다. 따라서 LI가 1이하가 되도록 작업을 설계/재설계할 필요가 있다.

07 근육이 수축할 때 미오신 필라멘트 속으로 액틴 필라멘트가 미끄러져 들어간 결과로 근육이 짧아지는 이론을 무엇이라 하는가?

풀이
근수축이론 : 근육은 자극을 받으면 수축하는데 이러한 수축은 근육의 유일한 활동으로 근육의 길이는 단축된다. 근육이 수축할 때 짧아지는 것은 미오신 필라멘트 속으로 액틴 필라멘트가 미끄러져 들어간 결과이다.

08 어느 조립작업의 부품 1개 조립당 평균관측 시간이 1.5분, rating 계수가 110% 외경법에 의한 일반 여유율이 20%라고 할 때, 외경법에 의한 개당 표준시간과 8시간 작업에 따른 총 일반 여유시간은 얼마인가?

풀이
정미시간 = 관측시간의 평균치 × 레이팅계수 = 1.5분 × 1.1 = 1.65분
외경법에 의한 표준시간 = 정미시간 × (1 + 작업여유율) = 1.65 × (1 + 0.2) = 1.98분
표준시간 = 정미시간 + 여유시간 = 1.65 + 0.33 = 1.98분
∴ 여유시간 = 0.33분, 총 일반여유시간 = 8시간 × 1시간 × 0.33/1.98 = 1.33시간 = 80분
① 외경법에 의한 개당 표준시간 : 1.98분
② 총 일반 여유시간 : 80분

09 인체측정자료를 제공할 때 인구통계학적 기준 3가지를 쓰시오.

풀이
연령, 인종과 민족, 직업

10 근골격계 질환 예방을 위한 관리적 개선방안 6가지를 쓰시오.

> 풀이
① 다양성 제공(작업의 다양성, 업무교대, 업무확대)
② 작업일정, 작업속도 조절
③ 작업자에 대한 휴식시간, 회복시간 제공
④ 습관의 변화(작업습관의 변화)
⑤ 배치(작업자의 적정배치)
⑥ 근골격계 질환 예방체조 도입
⑦ 근골격계 질환 관련교육 실시
⑧ 작업공간, 공구, 장비의 주기적인 청소, 유지 보수

11 산업안전보건법령상 다음 안전표지가 의미하는 것을 쓰시오.

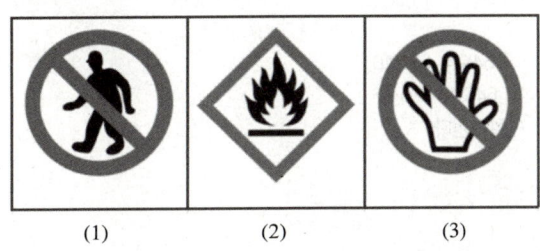

(1)　　　　(2)　　　　(3)

※ 출처 : 법제처

> 풀이
① 보행금지
② 인화성물질경고
③ 사용금지

12 남성의 90%tile로 설계 시 민원이 발생하여 여성 5%tile에서 남성 95%tile로 재설계 하고자 한다. 인체치수는 다음의 표와 같다. 남성과 여성의 평균치 및 조절범위를 구하시오(단, $Z_{0.90} = 1.282$ $Z_{0.95} = 1.645$).

구분	남성	여성
90%tile	420mm	390mm
표준편차	19mm	20mm

풀이

평균과 표준편차를 알면 퍼센타일(Percentile) 값을 구할 수 있다.
- %tile 인체치수 = 평균치수 ± (표준편차 × %tile계수)
- 5%tile = 평균 − 표준편차 × 1.645
- 95%tile = 평균 + 표준편차 × 1.645

① 남성의 평균치
  90%tile 인체치수 = 평균치수 + (표준편차 × 90%tile계수)
  420 = 평균치수 + (19 × 1.282)
  평균치수 = 420 − 24.358 = 395.6
② 여성의 평균치
  90%tile 인체치수 = 평균치수 + (표준편차 × 90%tile계수)
  390 = 평균치수 + (20 × 1.282)
  평균치수 = 390 − 25.64 = 364.36
③ 조절범위
  여성 5%tile = 364.36 − 20 × 1.645 = 331.46
  남성 95%tile = 395.6 + 19 × 1.645 = 426.86
  따라서 331.46~426.85mm로 재설계한다.

13 100개의 제품을 검사하는 과정에서 불량제품을 불량판정 내리는 것을 Hit라고 할 때, 각각의 확률을 구하시오 (소수점 넷째 자릿수에서 반올림)

구분	불량제품	정상제품
불량판정	2	5
정상판정	3	90

(1) P(S/S)

(2) P(N/S)

(3) P(S/N)

(4) P(N/N)

풀이

① P(S/S) = 2/5 = 0.4 (Hit : 불량제품 5개 중 2개를 불량으로 판정)
② P(N/S) = 3/5 = 0.6 (Miss : 불량제품 5개 중 3개를 정상으로 판정)
③ P(S/N) = 5/90 = 0.053 (False Alarm : 정상제품 95개 중 5개를 불량으로 판정)
④ P(N/N) = 90/95 = 0.947 (Correct Rejection : 불량제품 95개 중 90개를 불량으로 판정)

14 남성 근로자의 8시간 조립작업에서 대사량을 측정한 결과 산소소비량이 1.1L/min로 측정되었다. (남성 권장 에너지소비량 : 5Kcal/min) 남성 근로자의 휴식시간을 계산하시오.

풀이

휴식시간(R) = T × (E − S)/(E − 1.5)
T : 총 작업시간(분)
E : 작업 중 에너지 소비량 = 5 × 1.1 = 5.5
S : 권장 에너지 소비량(남성 권장 에너지소비량 : 5Kcal/min)
  = 총 작업시간 × (작업 중 E 소비량 − 표준 E 소비량)/(작업 중 E 소비량 − 휴식 중 E 소비량)
  = (8h × 60분) × (5 × 1.1 − 5)/(5 × 1.1 − 1.5) = 480 × 0.5/4 = 60분

15 VDT 작업의 설계와 관련하여 다음 빈칸을 채우시오.

> (1) 키보드의 경사는 5~15°, 두께는 (　)cm 이하로 해야 한다.
> (2) 눈과 모니터와의 거리는 최소 (　)cm 이상이 확보되도록 한다.
> (3) 높이 조정이 가능한 작업대를 사용하는 경우에는 바닥에서 작업대 표면까지의 높이가 (　)cm 전후에서 작업자의 체형에 알맞도록 조정하여 고정해야 한다.
> (4) 바닥 면에서 앉는 면까지의 높이는 눈과 손가락의 위치를 적절하게 조절할 수 있도록 적어도 (　)cm 이상 (　)cm 이하의 범위에서 조정이 가능하도록 한다.
> (5) 팔꿈치의 내각은 (　)°이상 되어야 한다.
> (6) 무릎의 내각은 (　)°전후가 되도록 한다.

풀이
① 키보드의 경사는 5~15°, 두께는 (3)cm 이하로 해야 한다.
② 눈과 모니터와의 거리는 최소 (40)cm 이상이 확보되도록 한다.
③ 높이 조정이 가능한 작업대를 사용하는 경우에는 바닥에서 작업대 표면까지의 높이가 (68)cm 전후에서 작업자의 체형에 알맞도록 조정하여 고정해야 한다.
④ 바닥 면에서 앉는 면까지의 높이는 눈과 손가락의 위치를 적절하게 조절할 수 있도록 적어도 (35)cm 이상 (52)cm 이하의 범위에서 조정이 가능하도록 한다
⑤ 팔꿈치의 내각은 (90)° 이상 되어야 한다.
⑥ 무릎의 내각은 (90)° 전후가 되도록 한다.

16 ILO피로 여유율에서 변동 여유율 9가지 중 5가지를 쓰시오.

풀이
① 작업자세
② 중량물 취급
③ 조명
④ 공기조건
⑤ 눈의 긴장도
⑥ 청각 긴장도
⑦ 정신적 긴장도
⑧ 정신적 단조감
⑨ 신체적 단조감

17 5kg 이상의 중량물을 들어 올리는 작업을 하는 때에는 근골격계 질환 예방을 위해 사업주가 해야할 일 2가지를 쓰시오.

풀이
① 주로 취급하는 물품에 대하여 근로자가 쉽게 알 수 있도록 물품의 중량과 무게중심에 대하여 작업장 주변에 안내표시를 한다.
② 취급하기 곤란한 물품에 대하여는 손잡이를 붙이거나 갈고리, 진공빨판 등 적절한 보조도구를 활용한다.

18 조종장치와 표시장치를 양립하여 설계하였을 때 장점 5가지를 쓰시오.

풀이
표시장치와 조종장치를 양립하여 설계했을 때는 다음과 같은 장점이 있다.
① 조작오류가 적다.
② 만족도가 높다.
③ 학습이 빠르다.
④ 위급 시 빠른 대처가 가능하다.
⑤ 작업 실행속도가 빠르다.

2023년 제3회 기출복원문제

01 휘어진 동전을 던졌을 때 앞면이 나올 확률은 0.9이고, 뒷면이 나올 확률은 0.1이다. 이때의 정보량을 구하시오.

풀이
실현확률이 다른 일련의 사건이 가지는 평균정보량(H_a)은 각 대안의 정보량에 실현확률(p_i)을 곱하여 구한다.
$H_a = \sum p_i \times \log_2(1/p_i) = -\sum p_i \times \log_2 p_i = 0.9 \times \log_2(1/0.9) + 0.1 \times \log_2(1/0.1) = 0.47$ bit

02 조종장치의 손잡이 길이가 12cm이고, 45°를 움직였을 때 표시장치에서 6cm가 이동하였다. C/R비를 구하시오.

풀이
C/R비 = (a/360 × 2πL) / 표시장치의 이동거리 = (45/360 × 2π12) / 6 = 1.57

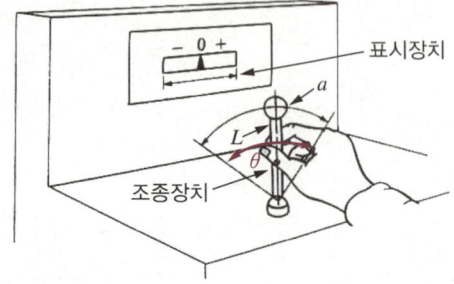

03 안전설계의 원리 중 Tamper Proof에 대해 설명하시오.

풀이

Tamper Proof란 사용자가 임의로 안전장치를 제거할 경우 작동하지 않도록 하는 안전설계 원리를 말한다.

04 집단의 평균신장이 173.8cm, 표준편차 5.83일 때 신장의 95%tile, 50%tile, 5%tile 값을 구하시오(단, 정규분포를 따르며, $Z_{0.95}$ = 1.645이다).

풀이

95% tile값 = 평균 + (표준편차 × %tile 계수) = 173.8 + (5.83 × 1.645) = 183.39cm
50% tile값 = 평균 + (표준편차 × %tile 계수) = 173.8 + (5.83 × 0) = 173.8cm
5% tile값 = 평균 − (표준편차 × %tile 계수) = 173.8 − (5.83 × 1.645) = 164.21cm

05 상완을 자연스럽게 수직으로 늘어뜨린 채, 전완만으로 편하게 뻗어 파악할 수 있는 작업영역에 대한 명칭을 적으시오.

> **풀이**
> 정상작업영역 : 상완을 자연스럽게 수직으로 늘어뜨린 채 전완만으로 편하게 뻗어 파악할 수 있는 구역(34~45cm)이다.

06 다음은 THERP에 대한 문제이다. A(밸브를 연다)와 B(밸브를 천천히 잠근다)를 동시에 실시할 때 성공할 확률을 계산하시오.

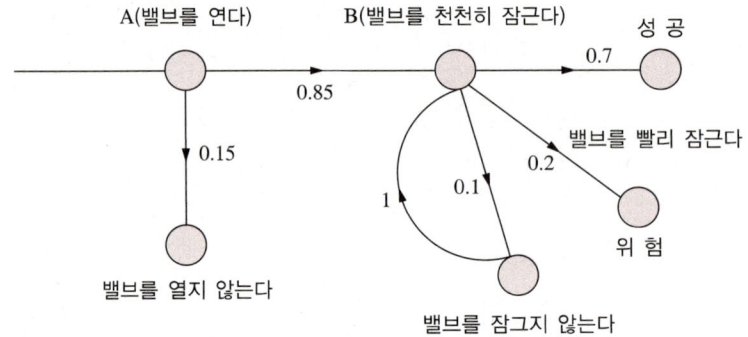

> **풀이**
> P(작업 성공확률) = P(밸브 개방시도 확률) × P(밸브 잠금시도 확률)
> ① P(밸브 개방시도 확률) = 0.85
> ② P(밸브 잠금시도 확률) : 밸브를 잠그는 확률은 0.7, 잠그지 않는 확률은 0.1인데, 1을 타고 다시 원래 위치로 돌아와서 두 번째에는 밸브를 여는 확률은 0.7×0.1이 되고, 세 번째는 0.7×0.17^2 무한 반복된다. $a, ar, ar^2, ar^3, ar^4 \cdots$ 이와 같은 형태를 '등비수열'이라 하며, 이들의 합은 쉽게 $a/(1-r)$로 계산된다. 따라서 P(밸브 잠금시도 확률)는 무한등비수열의 합이 된다.
> $$\sum_{k=1}^{\infty} ar^{k-1} = a + ar + ar^2 + \cdots ar^{n-1} + \cdots = \frac{a}{1-r} \ (|r|<1일\ 때)$$
> P(밸브 잠금시도 확률) $= a + ar + ar^2 + ar^3 \cdots + ar^4 = a/(1-r) = 0.7/(1-0.1) = 0.778$
> 따라서, P(작업 성공확률) = P(밸브 개방시도 확률) × P(밸브 잠금시도 확률) = $0.85 \times 0.778 = 0.661$

07 인체 긴장도를 전기적 신호로 측정하는 방법 3가지를 쓰시오.

풀이
인체 긴장도는 다음과 같은 생체신호를 전기적 신호로 측정한다.
- 뇌전도(EEG)
- 심전도(ECG)
- 근전도(EMG)
- 안전도(EOG)
- 전기피부반응(GSR)

08 근골격계 질환 예방·관리교육에 대하여 사업주가 근로자에게 알려야 하는 사항 3가지를 쓰시오(기타, 근골격계 질환 예방에 관련된 사항을 제외한다).

풀이
① 근골격계 부담작업에서의 유해요인
② 작업도구와 장비 등 작업시설의 올바른 사용방법
③ 근골격계 질환의 증상과 징후 식별방법 및 보고방법
④ 근골격계 질환 발생 시 대처요령

09 효율적으로 부품을 배치하기 위한 원칙 4가지를 쓰시오.

> **풀이**
> ① 중요성의 원칙
> ② 사용빈도의 원칙
> ③ 사용순서의 원칙
> ④ 일관성의 원칙
> ⑤ 양립성의 원칙
> ⑥ 기능성의 원칙
> ⑦ 혼잡성의 회피원칙

10 테니스엘보라고도 하며, 팔꿈치의 바깥쪽 돌출된 부위에 통증과 함께 발생한 염증을 말한다. 손목을 뒤로 젖힐 때 팔꿈치의 바깥쪽에 통증이 발생하며, 손목이나 팔을 반복적으로 사용하거나 팔꿈치에 직접적인 손상을 입었던 환자에게서 주로 발생하는 것은 무엇인가?

> **풀이**
> 외상과염(Lateral Epicondylitis)

11 신호검출이론에서 신호의 유무를 판정하는 반응대안을 다음 예시를 제외한 3가지를 쓰시오.

> 신호의 정확한 판정(hit) : 신호가 나타났을 때 신호라고 판정, P(S/S)

풀이
- 허위경보(False Alarm) : 잡음을 신호로 판정 P(S/N)
- 신호검출 실패(Miss) : 신호를 잡음으로 판정 P(N/S)
- 잡음을 제대로 판정(Correct Noise) : 잡음을 잡음으로 판정 P(N/N)

12 Swain의 인간오류 4가지를 쓰시오.

풀이
① 실행 에러(Commission Error) : 작업 내지 단계는 수행하였으나 잘못한 에러
② 생략 에러(Omission Error) : 필요한 작업 내지 단계를 수행하지 않은 에러
③ 순서 에러(Sequential Error) : 작업수행의 순서를 잘못한 에러
④ 시간 에러(Timing Error) : 주어진 시간 내에 동작을 수행하지 못하거나 너무 빠르게 또는 너무 느리게 수행하였을 때 생긴 에러
⑤ 불필요한 행동에러(Extraneous Act Error) : 해서는 안 될 불필요한 작업의 행동을 수행한 에러

13 구조적 인체치수와 기능적 인체치수의 차이점을 설명하시오.

> **풀이**

① 구조적 인체치수
- 고정자세에서 측정하는 형태학적 측정으로 표준자세에서 정적측정
- 피측정자를 인체측정기로 인체를 측정하여 설계의 기초자료로 사용

② 기능적 인체치수
- 활동자세에서 측정하며, 상지나 하지의 운동이나 체위의 움직임에 따른 동적상태에서 측정
- 실제의 작업, 실제의 조건에 밀접한 관계를 갖는 현실성 있는 인체치수를 구할 수 있음

14 안전보건관리 책임자의 직무에 대해 쓰시오.

> **풀이**

① 산업재해 예방계획의 수립에 관한 사항
② 안전보건관리규정의 작성 및 변경에 관한 사항
③ 근로자의 안전·보건교육에 관한 사항
④ 작업환경측정 등 작업환경의 점검 및 개선에 관한 사항
⑤ 근로자의 건강진단 등 건강관리에 관한 사항
⑥ 산업재해의 원인 조사 및 재발 방지대책 수립에 관한 사항
⑦ 산업재해에 관한 통계의 기록 및 유지에 관한 사항
⑧ 안전·보건과 관련된 안전장치 및 보호구 구입 시의 적격품 여부 확인에 관한 사항
⑨ 그 밖에 근로자의 유해·위험 예방조치에 관한 사항으로서 고용노동부령으로 정하는 사항

15 작업과 관련하여 특정 신체 부위 및 근육의 과도한 사용으로 인해 근육, 연골, 건 인대, 관절, 혈관, 신경 등에 미세한 손상이 발생하여 목, 허리, 무릎, 어깨, 팔, 손목 및 손가락 등에 나타나는 만성적인 건강장해를 무엇이라 하는가?

풀이
작업관련성 근골격계 질환
근골격계 질환이란 특정한 신체 부위의 반복 작업과 불편하고 부자연스런 작업자세, 강한 노동강도, 불충분한 휴식 등이 원인이 되어 목, 어깨, 팔꿈치, 손목, 손가락, 허리, 다리 등 주로 관절 부위를 중심으로 근육과 혈관, 신경 등에 미세한 손상이 생겨 결국 통증과 감각 이상을 호소하는 근골격계의 만성적인 건강장해를 말한다. 근골격계 질환의 증상으로는 감각의 마비, 따끔거림, 통증, 화끈거림, 뻣뻣함, 경련 등이 있다.

16 근골격계 부담작업에 대하여 다음 빈칸을 채우시오.

(1) 하루에 10회 이상 (   )kg 이상의 물체를 드는 작업
(2) 하루 (   )회 이상 10kg 이상의 물체를 무릎 아래에서 들거나, 위에서 들거나 팔을 뻗은 상태에서 드는 작업
(3) 하루에 총 (   )시간 이상, 분당 2회 이상 4.5kg 이상의 물체를 드는 작업
(4) 하루에 총 (   )시간 이상 머리 위에 손이 있거나, 팔꿈치가 어깨 위에 있거나, 팔꿈치를 몸통으로부터 들거나, 팔꿈치를 몸통 뒤쪽에 위치하도록 하는 상태에서 이루어지는 작업
(5) 하루에 (   )시간 이상 집중적으로 자료입력 등을 위해 키보드 또는 마우스를 조작하는 작업
(6) 하루에 총 2시간 이상 시간당 (   )회 이상 손 또는 무릎을 사용하여 반복적으로 충격을 가하는 작업

풀이
(1) 하루에 10회 이상 (25)kg 이상의 물체를 드는 작업
(2) 하루 (25)회 이상 10kg 이상의 물체를 무릎 아래에서 들거나, 위에서 들거나 팔을 뻗은 상태에서 드는 작업
(3) 하루에 총 (2)시간 이상, 분당 2회 이상 4.5kg 이상의 물체를 드는 작업
(4) 하루에 총 (2)시간 이상 머리 위에 손이 있거나, 팔꿈치가 어깨 위에 있거나, 팔꿈치를 몸통으로부터 들거나, 팔꿈치를 몸통 뒤쪽에 위치하도록 하는 상태에서 이루어지는 작업
(5) 하루에 (4)시간 이상 집중적으로 자료입력 등을 위해 키보드 또는 마우스를 조작하는 작업
(6) 하루에 총 2시간 이상 시간당 (10)회 이상 손 또는 무릎을 사용하여 반복적으로 충격을 가하는 작업

17 다음은 양립성에 대한 예이다. 각각 어떠한 양립성에 해당하는지 빈칸을 채우시오.

> 자동차 핸들을 오른쪽으로 돌리면 오른쪽으로 움직이고, 왼쪽으로 돌리면 왼쪽으로 움직이는 것을 (   ) 양립성, 오른쪽 스위치를 켜면 오른쪽 전등이 켜지고, 왼쪽 스위치를 켜면 왼쪽 전등이 켜지는 것을 (   ) 양립성, 간장통은 검은색, 식초통은 흰색이라고 인지하는 것을 (   ) 양립성이라 한다.

풀이
자동차 핸들을 오른쪽으로 돌리면 오른쪽으로 움직이고, 왼쪽으로 돌리면 왼쪽으로 움직이는 것을 (운동) 양립성, 오른쪽 스위치를 켜면 오른쪽 전등이 켜지고, 왼쪽 스위치를 켜면 왼쪽 전등이 켜지는 것을 (공간) 양립성, 간장통은 검은색, 식초통은 흰색이라고 인지하는 것을 (개념) 양립성이라 한다.
① 운동적 양립성(Movement) : 조종장치의 방향과 표시장치의 움직이는 방향이 일치
② 공간적 양립성(Spatial) : 물리적 형태나 공간적 배치가 사용자의 기대와 일치
③ 개념적 양립성(Conceptual) : 인간이 가지고 있는 개념적 연상(의미)에 관한 기대와 일치

18 다음 그림과 같이 케이블 브릿지의 높이가 낮아 작업자 이동시 머리 부딪힘 위험이 있다. 이때 케이블 브릿지를 재설계할 때의 인체측정변수, 설계원칙, 여유공간요소를 작성하시오.

풀이
① 인체측정변수 : 작업자의 신장
② 설계원칙 : 키가 큰 사람도 모두 이용할 수 있도록 극단치 설계 중 최대치 적용
③ 여유공간요소 : 작업자가 착용하는 안전보호구(안전모, 안전화, 보안경) 등의 여유공간을 고려하여 설계

2022년 제1회 기출복원문제

PART 02 | 11개년 기출복원문제

01 근골격계 질환 예방을 위한 관리적 개선방안 6가지를 쓰시오.

> **풀이**
> ① 다양성 제공(작업의 다양성, 업무교대, 업무확대)
> ② 일정조절(작업일정, 작업속도 조절)
> ③ 회복시간 제공
> ④ 습관의 변화(작업습관의 변화)
> ⑤ 배치(작업자의 적정배치)
> ⑥ 직장체조 강화
> ⑦ 청소, 유지보수(작업공간, 공구, 장비의 주기적인 청소, 보수)

02 정상작업영역, 최대작업영역, 파악한계를 설명하시오.

> **풀이**
> ① 정상작업영역 : 윗팔을 몸통에 붙인 자세에서 손의 회전반경 내의 영역(40 ± 5cm)이다.
> ② 최대작업영역 : 어깨를 고정시킨 자세에서 팔을 뻗어 움직일 때 만들어지는 영역(60 ± 5cm)이다.
> ③ 파악한계 : 앉은 작업자가 특정한 수작업 기능을 편히 할 수 있는 공간의 외곽한계이다.

03 근골격계 부담작업에 대하여 다음 빈칸을 채우시오.

(1) 하루에 10회 이상 (　)kg 이상의 물체를 드는 작업
(2) 하루 (　)회 이상 10kg 이상의 물체를 무릎 아래에서 들거나, 위에서 들거나 팔을 뻗은 상태에서 드는 작업
(3) 하루에 총 (　)시간 이상, 분당 2회 이상 4.5kg 이상의 물체를 드는 작업
(4) 하루에 총 (　)시간 이상 머리 위에 손이 있거나, 팔꿈치가 어깨 위에 있거나, 팔꿈치를 몸통으로부터 들거나, 팔꿈치를 몸통 뒤쪽에 위치하도록 하는 상태에서 이루어지는 작업
(5) 하루에 (　)시간 이상 집중적으로 자료입력 등을 위해 키보드 또는 마우스를 조작하는 작업
(6) 하루에 총 2시간 이상 시간당 (　)회 이상 손 또는 무릎을 사용하여 반복적으로 충격을 가하는 작업

풀이

(1) 25, (2) 25, (3) 2, (4) 2, (5) 4, (6) 10

근골격계 부담작업 11종

① 하루에 4시간 이상 집중적으로 자료입력 등을 위해 키보드 또는 마우스를 조작하는 작업
② 하루에 총 2시간 이상 목, 어깨, 팔꿈치, 손목 또는 손을 사용하여 같은 동작을 반복하는 작업
③ 하루에 총 2시간 이상 머리 위에 손이 있거나, 팔꿈치가 어깨 위에 있거나, 팔꿈치를 몸통으로부터 들거나, 팔꿈치를 몸통 뒤쪽에 위치하도록 하는 상태에서 이루어지는 작업
④ 지지되지 않은 상태이거나 임의로 자세를 바꿀 수 없는 조건에서, 하루에 총 2시간 이상 목이나 허리를 구부리거나 트는 상태에서 이루어지는 작업
⑤ 하루에 총 2시간 이상 쪼그리고 앉거나 무릎을 굽힌 자세에서 이루어지는 작업
⑥ 하루에 총 2시간 이상 지지되지 않은 상태에서 1kg 이상의 물건을 한 손의 손가락으로 집어 옮기거나, 2kg 이상에 상응하는 힘을 가하여 한 손의 손가락으로 물건을 쥐는 작업
⑦ 하루에 총 2시간 이상 지지되지 않은 상태에서 4.5kg 이상의 물건을 한 손으로 들거나 동일한 힘으로 쥐는 작업
⑧ 하루에 10회 이상 25kg 이상의 물체를 드는 작업
⑨ 하루에 25회 이상 10kg 이상의 물체를 무릎 아래에서 들거나, 어깨 위에서 들거나, 팔을 뻗은 상태에서 드는 작업
⑩ 하루에 총 2시간 이상, 분당 2회 이상 4.5kg 이상의 물체를 드는 작업
⑪ 하루에 총 2시간 이상 시간당 10회 이상 손 또는 무릎을 사용하여 반복적으로 충격을 가하는 작업

04 근골격계 질환의 원인 5가지를 쓰시오.

> **풀이**
> ① 진동, 한랭 : 간접요인
> ② 접촉스트레스 : 작업공구의 국소적인 신체압박
> ③ 반복동작 : 상지의 작업주기가 30초 미만이고, 하나의 단위에 대해 50% 이상을 차지하는 작업, 관절의 움직임이 분당 20회 초과
> ④ 과도한 힘 : 근육의 힘을 많이 사용하는 작업
> ⑤ 부족한 휴식시간 : 근육의 피로를 회복시킬 수 없는 휴식시간
> ⑥ 신체적 압박
> ⑦ 부적절한 작업자세

05 9kg의 중량물을 선반 1에서 선반 2로 하루 총 작업시간 3시간 동안 30분당 60번씩 들기작업을 하는 작업자에 대하여 NIOSH 들기지침에 의하여 분석한 결과는 다음과 같다. 빈도계수 0.65이고 비틀림은 없으며, 박스의 손잡이의 커플링계수는 1이다. RWL과 LI지수를 구하시오.

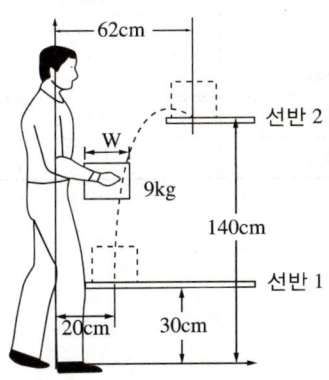

> **풀이**
① RWL = LC × HM × VM × DM × AM × FM × CM
       = 23 × 1 × 0.865 × 0.861 × 1 × 0.65 × 1 = 11.13
- LC : 23kg 안전하중
- HM : 하완의 길이 25cm 이하이므로, 1
- VM = 1 − 0.003[V−75] = 1 − 0.003[30 − 75] = 0.865
- DM = 0.82 + 4.5/D = 0.82 + 4.5/110 = 0.861
- AM = 1 − 0.0032A = 1 − 0.0032 × 0 = 1
- FM : 0.65
- CM : 1

② LI = 물건의 중량(L) / RWL = 9/11.13 = 0.81

06 조절식 의자 설계에 필요한 인체측정치수들이 다음과 같다. 좌판높이와 좌판깊이의 기준치수를 구하시오(단, 정규분포를 따르며 $Z_{0.95}$ = 1.645, $Z_{0.99}$ = 2.326).

성 별	구 분	오금높이	무릎뒤 길이	지면 팔꿈치 높이
남 자	평 균	41.3cm	45.9	67.3
	표준편차	1.9	2.4	2.3
여 자	평 균	38	44.4	63.2
	표준편차	1.7	2.1	2.1

> **풀이**
① 의자의 좌판높이는 모든 사람이 앉도록 조절식 설계(여 5%tile~남 95%tile) : 35.2~44.4cm
- 여 5%tile : 38 − 1.7 × 1.645 = 35.2
- 남 95%tile : 41.3 + 1.9 × 1.645 = 44.4

② 의자의 좌판깊이는 작은 사람도 등받이에 기대고 앉을 수 있도록 최소치 설계(여 5%tile) : 44.4 − 2.1 × 1.645 = 40.95cm

07 전문가가 체크리스트나 평가기준을 가지고 평가대상을 보면서 사용성에 관한 문제점을 찾아나가는 사용성 평가방법이 무엇인지 쓰시오.

풀이
휴리스틱 평가법(Heuristic Evaluation)
전문가가 체크리스트나 평가기준을 가지고 평가대상을 보면서 사용성에 관한 문제점을 찾아나가는 사용성 평가방법으로 알고리즘(Algorithm)의 반대개념이다.

08 단순반응시간 0.2초, 1bit 증가당 0.5초의 기울기, 자극수가 8개일 때 반응시간을 구하시오.

풀이
힉스의 법칙에 의하면, 선택반응시간은 다음과 같이 표현된다.
(Response Time) = $a + b\log_2 N = 0.2 + 0.5\log_2 8 = 1.7$초

09 인간-기계시스템 설계원칙에서 3가지 양립성의 종류를 쓰고 각각을 설명하시오.

풀이
① 공간적(Spatial) 양립성 : 물리적 형태나 공간적 배치가 사용자의 기대와 일치한다.
② 개념적(Conceptual) 양립성 : 인간이 가지고 있는 개념적 연상(의미)에 관한 기대와 일치한다.
③ 운동적(Movement) 양립성 : 조종장치의 방향과 표시장치의 움직이는 방향이 일치한다.
④ 양식적(Modality) 양립성
 • 과업에 따라 맞는 자극-응답양식이 존재한다.
 • 음성과업에서 청각제시와 음성응답이 좋다.
 • 공간과업에서 시각제시와 수동응답이 좋다.

10 여유시간은 일반(PDF)여유와 특수여유로 분류할 수 있다. 이때 일반여유의 종류 3가지를 쓰시오.

> 풀이
> **일반여유의 종류**
> ① 인적(개인)여유(Personal Allowance) : 물 마시기, 화장실 가기 등 생리적·심리적 요구에 의해 발생한다.
> ② 피로여유(Fatigue) : 정신적·육체적 피로를 회복하기 위한 것으로, 순수하게 인력으로 하는 작업과 관련한다.
> ③ 불가피한 지연여유(Unvoidable Delay) : 설비의 보수유지, 기계의 정지, 조장의 작업지시 등 작업자와 관계없이 발생한다.

11 생체신호를 이용한 스트레인의 주요척도 4가지를 쓰시오.

> 풀이
> **스트레인(긴장)의 주요척도**
> ① 근전도(EMG) : 근육의 운동을 평가
> ② 심전도(ECG) : 교감신경과 부교감신경의 활성도를 평가
> ③ 뇌전도(EEG) : 뇌에서 발생하는 뇌파를 평가
> ④ 안전도(EOG) : 안구의 움직임을 평가
> ⑤ 전기피부반응(GSR) : 신체의 각성상태를 평가
> ⑥ 점멸융합주파수(FFF) : 중추신경계의 피로를 평가

12 작업관리 문제해결 방식에서 개선을 위한 원칙 SEARCH에서 SEARCH가 의미하는 것을 각각 쓰고 설명하시오.

> **풀이**
> 개선의 SEARCH 원칙
> - S = Simplify Operation(작업의 단순화)
> - E = Eliminate Unnecessary Work and Material(불필요한 작업이나 자재의 제거)
> - A = Alter Sequence(순서의 변경)
> - R = Requirements(요구조건)
> - C = Combine Operations(작업의 결합)
> - H = How often(얼마나 자주, 몇 번인가?)

13 작업자가 한 손을 사용하여 무게가 100N인 작업물을 들고 있다. 물체의 쥔 손에서 팔꿈치까지의 거리는 30cm이고, 손과 아래팔의 무게는 10N이며, 손과 아래팔 무게중심은 팔꿈치로부터 15cm에 위치해 있다. 팔꿈치에 작용하는 모멘트는 얼마인가?

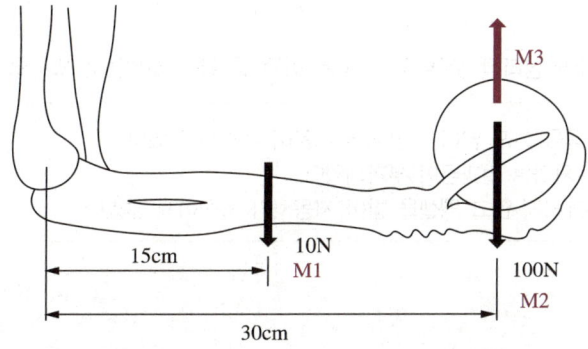

> **풀이**
> 모멘트 평형 : M3 = M1 + M2 = 31.5Nm
> M1 = 0.15m × 10N = 1.5Nm
> M2 = 0.3m × 100N = 30Nm

14 시각적, 청각적 표시장치를 사용해야 하는 경우를 각각 3가지씩 쓰시오.

> **풀이**

시각적 표시장치	청각적 표시장치
① 메세지가 길고 복잡할 때	① 메세지가 짧고 단순할 때
② 메세지가 공간적 위치를 다룰 때	② 메세지가 시간상의 사건을 다룰 때(무선거리신호, 항로정보 등과 같이 연속적으로 변하는 정보를 제시할 때)
③ 메세지를 나중에 참고할 필요가 있음	③ 메세지가 일시적으로 나중에 참고할 필요가 없을 때
④ 소음이 과도할 때	④ 수신장소가 너무 밝거나 암조응유지가 필요할 때
⑤ 작업자의 이동이 적을 때	⑤ 수신자가 자주 움직일 때
⑥ 즉각적인 행동 불필요할 때	⑥ 즉각적인 행동이 필요할 때
⑦ 수신장소가 너무 시끄러울 때	⑦ 수신자의 시각계통이 과부하 상태일 때
⑧ 수신자의 청각계통이 과부하 상태일 때	

15 스웨인(Swain)의 휴먼에러의 심리적 분류 중 다음은 어떤 종류의 에러인지 쓰시오.

(1) 자동차 하차 시 실내등을 끄지 않아 방전되어 시동이 걸리지 않았다.
(2) 장애인 주차구역에 주차하여 벌과금이 부과되었다.
(3) 사이드브레이크를 해제하지 않고 엑셀을 밟아 자동차가 움직이지 않았다.

> **풀이**

(1) 자동차 하차 시 실내등을 끄지 않아 방전되어 시동이 걸리지 않았다.
 - 생략 에러(Omission Error) : 필요한 작업 내지 단계를 수행하지 않은 에러
(2) 장애인 주차구역에 주차하여 벌과금이 부과되었다.
 - 실행 에러(Commission Error) : 작업 내지 단계는 수행하였으나 잘못한 에러
(3) 사이드브레이크를 해제하지 않고 엑셀을 밟아 자동차가 움직이지 않았다.
 - 순서 에러(Sequential Error) : 작업수행의 순서를 잘못한 에러

16 아래의 빈칸에 들어갈 알맞은 인체치수의 설계원칙을 쓰시오.

> 의자 좌판을 설계할 경우 좌판의 앞뒤 거리는 (　　)를 이용한다.

풀이
최소치 설계
좌판의 앞뒤 거리는 큰 사람에게 맞추면 작은 사람은 등받이에 닿지 않기 때문에 작은 사람에게 맞추는 (최소치 설계)를 한다.

17 다음에 해당하는 알맞은 서블릭 영문기호를 쓰시오.

• 조 립	• 분 해
• 바로 놓기	• 고르기
• 잡 기	• 찾 기

풀이
- 조립 : A(assemble)
- 분해 : DA(disassemble)
- 바로 놓기 : P(position)
- 고르기 : St(select)
- 잡기 : G(grasp)
- 찾기 : Sh(search)

18 작업자세 수준별 근골격계 위험평가를 하기 위한 도구인 RULA에서 평가에 사용하는 인자(부위)를 4가지를 쓰시오.

풀이
RULA의 평가부위는 상완, 전완, 손목의 A그룹과 목, 몸통, 다리의 B그룹이 있다.
① A그룹 : 상완, 전완, 손목
② B그룹 : 목, 몸통, 다리

2022년 제3회 기출복원문제

01 작업자가 무릎을 지면에 대고 쪼그리고 앉아 용접하는 작업의 유해요소와 개선할 수 있는 적합한 예방대책을 쓰시오.

※ 출처 : 한국산업안전공단, 업무특성에 적합한 근골격계 질환 예방관리 모델 개발

풀이

유해요소	예방대책
부자연스러운 자세	높낮이 조절이 가능한 작업대 설치
접촉스트레스	무릎보호대 착용
반복스트레스	자동화설비 도입
장시간 유해물질 노출	환기, 휴식, 작업확대, 작업교대

02 Barnes의 동작경제원칙 3가지와 각각 예시 1가지를 쓰시오.

> **풀이**

Barnes의 동작경제원칙은 길브레스 부부의 동작의 경제성과 능률 제고를 위한 20가지 원칙을 수정한 것으로, 다음과 같이 3가지로 정리된다.

① 신체사용에 관한 원칙(Use of Human Body)
- 양손이 동시에 동작을 시작하고 또 끝마쳐야 한다.
- 휴식시간 이외에 양손이 동시에 노는 시간이 있어서는 안 된다.
- 양팔은 각기 반대방향에서 대칭적으로 동시에 움직여야 한다.
- 손의 동작은 작업을 수행할 수 있는 최소동작 이상을 해서는 안 된다.
- 작업자들을 돕기 위하여 동작의 관성을 이용하여 작업하는 것이 좋다.
- 구속되거나 제한된 동작 또는 급격한 방향전환보다는 유연한 동작이 좋다.
- 작업동작은 율동이 맞아야 한다.
- 직선동작보다는 연속적인 곡선동작을 취하는 것이 좋다.
- 탄도동작(Ballistic Movement)은 제한되거나 통제된 동작보다 더 신속·정확·용이하다.
- 눈을 주시시키는 동작 또는 이동시키는 동작은 되도록 적게 하여야 한다.

② 작업장의 배치에 관한 원칙(Workplace Arrangement)
- 모든 공구와 재료는 일정한 위치에 정돈되어야 한다.
- 공구와 재료는 작업이 용이하도록 작업자의 주위에 있어야 한다.
- 재료를 될 수 있는 대로 사용 위치 가까이에 공급할 수 있도록 중력을 이용한 호퍼 및 용기를 사용하여야 한다.
- 가능하면 낙하시키는 방법을 이용하여야 한다.
- 공구 및 재료는 동작에 가장 편리한 순서로 배치하여야 한다.
- 채광 및 조명장치를 잘 하여야 한다.
- 의자와 작업대의 모양과 높이는 각 작업자에게 알맞도록 설계되어야 한다.
- 작업자가 좋은 자세를 취할 수 있는 모양, 높이의 의자를 지급해야 한다.

③ 공구 및 설비 디자인에 관한 원칙(Design of Tools and Equipment)
- 치구, 고정장치나 발을 사용함으로써 손의 작업을 보존하고 손은 다른 동작을 담당하도록 하면 편리하다.
- 공구류는 될 수 있는 대로 두 가지 이상의 기능을 조합한 것을 사용하여야 한다.
- 공구류 및 재료는 될 수 있는 대로 다음에 사용하기 쉽도록 놓아두어야 한다.
- 각 손가락이 사용되는 작업에서는 각 손가락의 힘이 같지 않음을 고려하여야 할 것이다.
- 각종 손잡이는 손에 가장 알맞게 고안함으로써 피로를 감소시킬 수 있다.
- 각종 레버나 핸들은 작업자가 최소의 움직임으로 사용할 수 있는 위치에 있어야 한다.

03 표준시간을 산출하는 방법 5가지를 쓰시오.

풀이
표준시간을 산출하는 방법에는 직접 측정법과 간접 측정법이 있고, 직접 측정법에는 시간연구법과 워크샘플링이 있다. 간접 측정법에는 실적자료법, 표준자료법, PTS법이 있다.
① 직접 측정방법

시간연구법 (연속적인 측정방법)	전자식 타이머, 스톱워치(Stop Watch), VTR(Video Tape Recoder) Camera 등의 기록장치를 이용하여 측정대상 작업의 시간적 경과를 직접 관측하여 표준시간을 산출하는 방법으로, 긴 작업의 경우 관측이 어렵다.
간헐적 측정방법 (Work Sampling)	연속적인 측정이 아니라 간헐적으로 랜덤한 시점에서 작업자나 설비를 순간적으로 관측하여 상황을 파악하고, 이를 토대로 관측기간 동안에 나타난 데이터로 긴 작업의 표준시간을 추정할 수 있다.

② 간접 측정방법

실적자료법	과거의 경험이나 자료를 사용하는 방법으로 작업에 관한 실제 자료를 이용하여 작업 단위당 기준 시간을 산정한 후, 이 값을 표준으로 삼는 방법으로 주로 단기적 소량 생산작업에 적용한다.
표준자료법	과거의 시간연구로부터 얻어진 여러 가지 요소작업에 소요되는 시간을 이용하여 표준시간을 설정하는 방법이다. 과거에 측정한 기록들을 기준으로 동작에 영향을 미치는 요인들을 검토하여 만든 함수식, 표, 그래프 등으로 동작시간을 예측한다.
PTS(Predetermined Time Standards)법	PTS는 표준자료법에서 요소동작이 Therbig의 기본 동작에 해당하는 경우에 속하는 것으로, 사람이 행하는 작업을 기본동작으로 분류하고, 각 기본동작들은 동작의 성질과 조건에 따라 이미 정해진 기준 시간차를 적용하여 전체 작업의 정미시간을 구하는 방법이다. PTS에는 여러가지 방법이 있으나, Work Factor와 MTM 방법이 가장 많이 알려져 있다.

04 시각적 표시장치를 사용해야 하는 경우 5가지를 쓰시오.

풀이
① 메세지가 길고 복잡할 때
② 메세지가 공간적 위치를 다룰 때
③ 메세지를 나중에 참고할 필요가 있을 때
④ 소음이 과도할 때
⑤ 작업자의 이동이 적을 때
⑥ 즉각적인 행동이 불필요할 때
⑦ 수신장소가 너무 시끄러울 때
⑧ 수신자의 청각계통이 과부하 상태일 때

05 유해요인 평가 중 RULA에서 평가에 사용하는 인자(부위)를 쓰시오.(단, A그룹을 제외한다.)

풀이
RULA 1993년에 영국의 노팅햄 대학이 상지작업의 위험인자에 대한 개인 작업자의 노출정도를 평가하기 위한 목적으로 개발한 것이다. 개발과정에서 의류산업체의 재단, 재봉, 검사, 포장 작업 등 다양한 제조업의 작업을 그 분석연구의 대상으로 하였다. RULA는 어깨, 팔목, 손목, 목 등에 초점을 맞추어서 작업자세로 인한 작업부하를 쉽고 빠르게 평가할 수 있다.
주로 어깨, 팔목, 손목, 목등의 상지(Upper Limb)에 초점을 맞춘 반복작업을 평가하며 신체를 A그룹[상완(윗팔), 전완(아랫팔), 손목]과 B그룹(목, 몸통, 다리)으로 나누고 이를 종합하여 총 점수를 평가한다. 정답은 목, 몸통, 다리(B그룹)이다.

06 어느 요소작업을 25번 측정한 결과 관측평균시간 0.24분, 표준편차는 0.07분이었다. 신뢰도 95%, 허용오차 ±5%를 만족시키는 관측횟수는 얼마인가?(단, 신뢰도계수는 다음과 같다)

| t(24, 0.025) = 2.064 | t(25, 0.025) = 2.060 |
| t(24, 0.05) = 1.711 | t(25, 0.05) = 1.708 |

풀이
필요한 관측수(N) = $[(t \times S)/(e \times \bar{x})]^2$
- t = 신뢰도계수
- S = 표준편차
- e = 허용오차
- $\bar{x}$ = 관측평균시간

25번 측정했으므로 자유도는 n − 1 = 24, t분포표에서 자유도 24, 허용오차 5%를 찾으면
t(24, 0.025) = 2.064이므로, 신뢰도계수 2.064이다.
따라서 필요한 관측수(N) = $[(t \times S)/(e \times \bar{x})]^2$ = $[(2.064 \times 0.07)/(0.05 \times 0.24)]^2$ = 144.96
따라서 필요한 관측수는 145이다.

07 서블릭(Therblig) 기호 중 효율적 기호와 비효율적 기호를 각각 3개 이상 기술하시오.

풀이

① 효율적 서블릭

기본동작 5개	동작목적 3개
• TE : 빈손이동 • TL : 운반 • G : 쥐기 • RL : 내려 놓기 • PP : 미리 놓기	• U : 사용 • A : 조립 • DA : 분해

② 비효율적 서블릭

정신적/반정신적 동작 5개	정체적 동작 4개
• Sh : 찾기 • St : 고르기 • P : 바로 놓기 • I : 검사 • Pn : 계획	• UD : 피할 수 없는 지연 • AD : 피할 수 있는 지연 • R : 휴식 • H : 잡고있기

08 다음 문제를 보고 알맞은 내용을 쓰시오.

(1) 색을 구별하며, 황반에 집중되어 있는 세포
(2) 주로 망막 주변에 있으며 밤처럼 조조수준이 낮을 때 기능을 하고, 흑백의 음영만을 구분하는 세포

풀이
① 색을 구별하며, 황반에 집중되어 있는 세포 : 원추세포
② 주로 망막 주변에 있으며 밤처럼 조조수준이 낮을 때 기능을 하고, 흑백의 음영만을 구분하는 세포 : 간상세포

09 평균 눈높이가 160cm이고 표준편차 5일 때, 눈높이 5%tile 값을 구하시오(단, 정규분포를 따르며 $Z_{0.90} = 1.28$, $Z_{0.95} = 1.65$, $Z_{0.99} = 2.32$).

풀이
5%tile 값 = 평균 − (표준편차 × %tile 계수) = 160 − (5 × 1.65) = 151.75cm

10 근골격계 부담작업에 대하여 다음 빈칸을 채우시오.

(1) 하루에 (　　)시간 이상 집중적으로 자료입력 등을 위해 키보드 또는 마우스를 조작하는 작업이다.
(2) 하루에 총 (　　)시간 이상 목, 어깨, 팔꿈치, 손목 또는 손을 사용하여 같은 동작을 반복하는 작업이다.
(3) 하루 (　　)회 이상 25kg 이상의 물체를 드는 작업이다.

풀이
(1) 4, (2) 2, (3) 10

근골격계 부담작업 11종
① 하루에 4시간 이상 집중적으로 자료입력 등을 위해 키보드 또는 마우스를 조작하는 작업
② 하루에 총 2시간 이상 목, 어깨, 팔꿈치, 손목 또는 손을 사용하여 같은 동작을 반복하는 작업
③ 하루에 총 2시간 이상 머리 위에 손이 있거나, 팔꿈치가 어깨 위에 있거나, 팔꿈치를 몸통으로부터 들거나, 팔꿈치를 몸통 뒤쪽에 위치하도록 하는 상태에서 이루어지는 작업
④ 지지되지 않은 상태이거나 임의로 자세를 바꿀 수 없는 조건에서, 하루에 총 2시간 이상 목이나 허리를 구부리거나 트는 상태에서 이루어지는 작업
⑤ 하루에 총 2시간 이상 쪼그리고 앉거나 무릎을 굽힌 자세에서 이루어지는 작업
⑥ 하루에 총 2시간 이상 지지되지 않은 상태에서 1kg 이상의 물건을 한 손의 손가락으로 집어 옮기거나, 2kg 이상에 상응하는 힘을 가하여 한 손의 손가락으로 물건을 쥐는 작업
⑦ 하루에 총 2시간 이상 지지되지 않은 상태에서 4.5kg 이상의 물건을 한 손으로 들거나 동일한 힘으로 쥐는 작업
⑧ 하루에 10회 이상 25kg 이상의 물체를 드는 작업
⑨ 하루에 25회 이상 10kg 이상의 물체를 무릎 아래에서 들거나, 어깨 위에서 들거나, 팔을 뻗은 상태에서 드는 작업
⑩ 하루에 총 2시간 이상, 분당 2회 이상 4.5kg 이상의 물체를 드는 작업
⑪ 하루에 총 2시간 이상 시간당 10회 이상 손 또는 무릎을 사용하여 반복적으로 충격을 가하는 작업

11 NIOSH Lifting Equation의 들기계수 6가지를 쓰시오.

풀이

① HM(수평계수, Horizontal Multiplier)
② VM(수직계수, Vertical Multiplier)
③ DM(거리계수, Distance Multiplier)
④ AM(비대칭계수, Asymmtric Multiplier)
⑤ FM(빈도계수, Frequency Multiplier)
⑥ CM(결합계수, Coupling Multiplier)

12 손-팔 진동을 줄이는 방법 4가지를 쓰시오.

풀이

① 공학적 대책
  - 진동댐핑 : 탄성을 가진 진동흡수재(고무)를 부착하여 진동을 최소화한다.
  - 진동격리 : 진동발생원과 작업자 사이의 진동 경로를 차단한다.
② 조직적 대책
  - 전동 수공구는 적절하게 유지보수하고, 진동이 많이 발생되는 기구는 교체한다.
  - 작업시간은 매 1시간 연속 진동노출에 대하여 10분 휴식한다.
  - 지지대를 설치하는 등의 방법으로 작업자가 작업공구를 가능한 한 적게 접촉한다.
  - 작업자가 적정한 체온을 유지할 수 있게 관리한다.
  - 손은 따뜻하고 건조한 상태를 유지한다.
  - 공구는 가능한 한 낮은 속력에서 작동될 수 있는 것을 선택한다.
  - 방진장갑 등 진동보호구를 착용하여 작업한다.
  - 니코틴은 혈관을 수축시키기 때문에 진동공구를 조작하는 동안 금연한다.
  - 관리자와 작업자는 국소진동에 대하여 건강상 위험성을 충분히 알고 있어야 한다.
  - 손가락의 진통, 무감각, 창백화 현상이 발생되면 즉각 전문의료인에게 상담한다.

13 조종장치와 표시장치를 양립하여 설계하였을 때의 장점 5가지를 쓰시오.

풀이
① 조작오류가 적다.
② 만족도가 높다.
③ 학습이 빠르다.
④ 위급 시 빠른 대처가 가능하다.
⑤ 작업 실행속도가 빠르다.

14 웨버(weber)의 비가 1/60이면, 총 길이가 20m인 경우, 직선상에 어느 정도의 길이에서 감지할 수 있는가?

풀이
Weber비 = JND/기준자극크기, 1/60 = X/20, X = 0.33m

15 유독가스 작업장에서 작업자 1명의 신뢰도가 0.9일 경우, 작업자 2명이 동시에 작업을 했을 때 신뢰도는 얼마인가?

풀이
병렬시스템의 신뢰도 (R) = 1 − (1 − a)(1 − b) = 1 − (1 − 0.9)(1 − 0.9) = 0.99

16 조종장치의 손잡이 길이가 5cm이고, 60°를 움직였을 때 표시장치에서 3cm가 이동하였다. C/R비를 구하시오.

풀이
C/R비 = 2π5 × 60/360/3 = 1.744

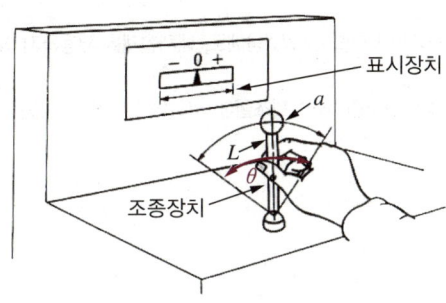

17 정신적 피로도를 측정하는 NASA-TLX(Task Load Index)의 6가지 척도를 쓰시오.

풀이
① 정신적 부하
② 신체적 부하
③ 시간적 욕구
④ 수행도
⑤ 노력
⑥ 좌절수준

18 제조물책임법상 3가지 결함의 유형을 쓰시오.

> **풀이**
> ① 제조상의 결함 : 제조업자가 제조물에 대하여 제조상·가공상의 주의의무를 이행하였는지에 관계없이, 제조물이 원래 의도한 설계와 다르게 제조·가공됨으로써 안전하지 못하게 된 경우를 말한다.
> ② 설계상의 결함 : 제조업자가 합리적인 대체설계를 채용하였더라면 피해나 위험을 줄이거나 피할 수 있었음에도, 대체설계를 채용하지 아니하여 해당 제조물이 안전하지 못하게 된 경우를 말한다.
> ③ 표시상의 결함 : 제조업자가 합리적인 설명·지시·경고 또는 그 밖의 표시를 하였더라면 해당 제조물에 의하여 발생할 수 있는 피해나 위험을 줄이거나 피할 수 있었음에도 이를 하지 아니한 경우를 말한다.

2021년 제1회 기출복원문제

01 작업개선 ECRS 원칙에서 ECRS가 의미하는 바는 무엇인가?

풀이
① E(Eliminate, 제거) : 불필요한 작업·작업요소 제거
② C(Combine, 결합) : 다른 작업·작업요소와의 결합
③ R(Rearrange, 재배열) : 작업순서의 변경
④ S(Simplify, 단순화) : 작업·작업요소의 단순화, 간소화

02 작업장에 설치되어 있는 A, B, C 3대의 기계에서 각각 85dB, 90dB, 60dB의 소음을 발생시키는데, 이 3대의 기계를 동시에 가동할 경우 소음합산레벨(dB)을 구하시오.

풀이
$$\text{소음합산레벨} = 10\log(10^{\frac{L_{P_1}}{10}} + 10^{\frac{L_{P_2}}{10}} + \cdots + 10^{\frac{L_{P_N}}{10}})$$
$$= 10\log(10^{\frac{85}{10}} + 10^{\frac{90}{10}} + 10^{\frac{60}{10}}) = 91.2\text{dB}$$

03
다음은 산업안전보건법상 근골격계 부담작업에 의한 건강장해 예방과 관련된 내용이다. 빈칸에 들어갈 알맞은 용어를 순서대로 쓰시오.

> - ( )(이)란 단순반복 작업 또는 인체에 과도한 부담을 주는 작업으로서 작업량·작업속도·작업강도 및 작업장 구조 등에 따라 고용노동부장관이 정하여 고시하는 작업을 말한다.
> - ( )(이)란 반복적인 동작, 부적절한 작업자세, 무리한 힘의 사용, 날카로운 면과의 신체접촉, 진동 및 온도 등의 요인에 의하여 발생하는 건강장해로서 목, 어깨, 허리, 팔, 다리의 신경·근육 및 그 주변 신체조직 등에 나타나는 질환을 말한다.
> - ( )(이)란 유해요인조사, 작업환경 개선, 의학적 관리, 교육·훈련, 평가에 관한 사항 등이 포함된 근골격계 질환을 예방·관리하기 위한 종합적인 계획을 말한다.

풀이
① 근골격계 부담작업
② 근골격계 질환
③ 근골격계 질환 예방관리프로그램

04
작업기억에 속하는 하위 요소들 중에서 음운루프와 시공간 스케치 패드에 대해 설명하시오.

풀이
① 음운루프(Phonological Loop) : 입력된 말소리 정보를 습득하기 위해 새로운 청각적 신호를 음운적 표상으로 부호화하는 것으로 1.5초 내지 2초의 짧은 시간 동안 음운저장고에 파지 및 저장된다.
② 시공간 스케치 패드(Visuo-spatial Sketch Pad) : 시각정보와 공간정보를 저장하며, 언어자극으로부터 부호화된 시각정보를 저장하는 역할을 담당한다.

05 산업안전보건법령상 근로자가 근골격계 부담작업을 하는 경우 사업주가 근로자에게 유해성 등 주지시켜야 하는 사항 5가지를 쓰시오.

> 풀이

① 근골격계 부담작업에서의 유해요인
② 올바른 작업자세와 작업도구, 작업시설의 올바른 사용방법
③ 근골격계 질환의 증상과 징후
④ 근골격계 질환 발생 시의 대처요령
⑤ 그 밖에 근골격계 질환 예방에 필요한 사항

06 근육에 존재하는 통증유발점(Trigger Point)에 의해 발생하며, 근섬유의 누적 손상으로 근육 또는 근육을 싸고 있는 근막에 통증을 유발하는 질환을 무엇이라 하는가?

> 풀이

근막통 증후군(MPS ; Myofascial Pain Syndrome)

07 작업공간 설계 시 공간의 배치원리 7가지를 쓰시오.

> **풀이**
> ① 중요도의 원리
>   시스템 목적을 달성하는 데 상대적으로 더 중요한 요소들은 사용하기 편리한 지점에 위치
> ② 사용빈도의 원리
>   빈번하게 사용되는 요소들은 가장 사용하기 편리한 곳에 배치
> ③ 사용순서의 원리
>   연속해서 사용하여야 하는 구성요소들은 서로 옆에 놓아야 하고, 조작순서를 반영하여 배열
> ④ 일관성의 원리
>   동일한 구성요소들은 기억이나 찾는 것을 줄이기 위하여 같은 지점에 위치
> ⑤ 양립성의 원리
>   서로 근접하여 위치, 조종장치와 표시장들의 관계를 쉽게 알아볼 수 있도록 배열 형태를 반영
> ⑥ 기능성의 원리
>   비슷한 기능을 갖는 구성요소들끼리 한데 모아서 서로 가까운 곳에 위치시킴, 색상으로 구분
> ⑦ 혼잡성의 회피원칙
>   여러 개의 버튼과 조작장치가 나열되어 있는 경우 서로 정반대의 기능을 담당하는 버튼은 서로 멀리 이격

08 1개의 제품을 만드는 데 기계 장착하는 시간이 2분이고, 기계 자동 가공시간이 3분일 때, 2대의 기계로 작업하는 경우 작업주기시간과 시간당 생산량을 구하시오.

> **풀이**
> 이론적 기계대수 = (a + t)/(a + b) = (2 + 3)/(2) = 2.5
>
> - a : 작업자와 기계의 동시작업시간 = 2분
> - b : 작업자만의 작업시간 = 0분
> - t : 기계만의 가공시간 = 3분
>
> ① 작업주기시간 = a + t = 5분
> ② 시간당 생산량 = (60분/주기시간) × 기계수 = (60/5) × 2대 = 24개

09 가스레인지와 버튼을 설계할 때의 인간공학적 설계 원칙을 적고, 아래의 3가지의 가스레인지 그림 중에서 휴먼에러 발생률이 가장 적은 것을 골라 그 이유를 설명하시오.

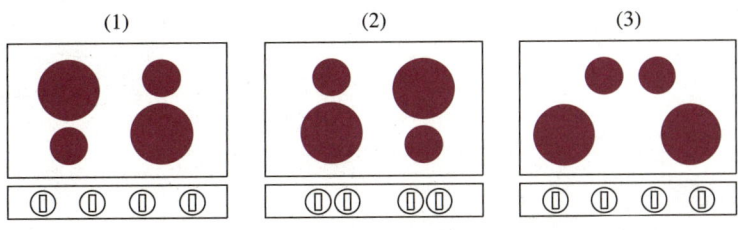

풀이
인간공학적 설계원칙 중 공간적 양립성의 원칙이 적용되며 휴먼에러 발생률이 가장 적은 것은 3번이다. 그 이유는 조종장치와 대응하는 화구의 공간적 배치가 인간의 기대와 일치하기 때문이다.

10 정상작업영역과 최대작업영역에 대하여 설명하시오.

풀이
① 정상작업영역 : 상완을 자연스럽게 수직으로 늘어뜨린 채 전완만으로 편하게 뻗어 파악할 수 있는 구역(35~45cm)이다.
② 최대작업영역 : 전완과 상완을 곧게 펴서 파악할 수 있는 구역(55~65cm)이다.

11 제조물책임법상 결함의 유형 3가지를 쓰시오.

> **풀이**
> ① 제조상의 결함 : 제조업자가 제조물에 대하여 제조상·가공상의 주의의무를 이행하였는지에 관계없이, 제조물이 원래 의도한 설계와 다르게 제조·가공됨으로써 안전하지 못하게 된 경우를 말한다.
> ② 설계상의 결함 : 제조업자가 합리적인 대체설계를 채용하였더라면 피해나 위험을 줄이거나 피할 수 있었음에도, 대체설계를 채용하지 아니하여 해당 제조물이 안전하지 못하게 된 경우를 말한다.
> ③ 표시상의 결함 : 제조업자가 합리적인 설명·지시·경고 또는 그 밖의 표시를 하였더라면 해당 제조물에 의하여 발생할 수 있는 피해나 위험을 줄이거나 피할 수 있었음에도 이를 하지 아니한 경우를 말한다.

12 산업안전보건법령상 다음 안전표지가 의미하는 것을 순서대로 쓰시오.

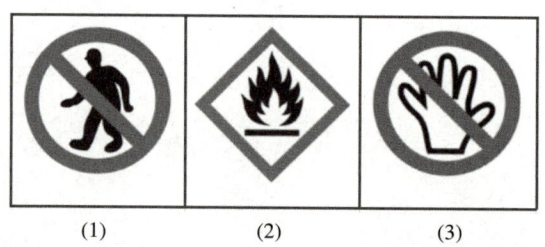

※ 출처 : 법제처

> **풀이**
> ① 보행금지
> ② 인화성물질 경고
> ③ 사용금지

13 인체측정지수 설계 종류 3가지에 대해 설명하시오.

> **풀이**
>
> ① 조절식 설계
>   • 가장 먼저 고려해야 할 개념으로 체격이 각기 다른 여러 사람들에게 모두 맞도록 설계한다.
>   • 통상 5~95% 값까지 범위의 값을 수용대상으로 설계한다.
> ② 극단치 설계
>   • 극단에 속하는 사람을 대상으로 하면 모든 사람을 수용할 수 있는 경우에 사용한다.
>   • 최대치 적용의 예 : 그네의 하중, 열차 좌석 간 거리, 출입문의 크기 등
>   • 최소치 적용의 예 : 선반의 높이, 조종장치의 거리 등
> ③ 평균치 설계
>   • 조절식으로도 불가능하고 최대치나 최소치를 기준으로 설계하기도 부적절한 경우 마지막으로 적용한다.
>   • 평균치 적용의 예 : 은행의 계산대

14 근골격계 유해요인 중 작업조건과 관련된 요인 5가지를 쓰시오.

> **풀이**
>
> ① 진 동
> ② 접촉스트레스
> ③ 반복성
> ④ 과도한 힘
> ⑤ 부자연스런 또는 취하기 어려운 자세
> ⑥ 기타(온도, 조명, 직무스트레스)

15 Swain과 Guttman의 휴먼에러의 심리적 분류 중 다음 예시에 적합한 에러를 기술하시오.

(1) 장애인 주차 구역에 주차를 해 벌금 딱지를 받은 경우

(2) 주차를 한 후 깜빡하고 전조등을 끄지 않아 방전이 된 경우

> **풀이**
> ① 실행 에러 : 작업 내지 단계는 수행하였으나 잘못한 에러
> ② 생략 에러 : 필요한 작업 내지 단계를 수행하지 않은 에러

16 양립성의 유형 중 다음에 해당하는 양립성을 기술하시오.

(1) 레버를 올리면 압력이 올라가고, 아래로 내리면 압력이 내려감

(2) 오른쪽 스위치를 켜면 오른쪽 전등이 켜지고, 왼쪽 스위치를 켜면 왼쪽 전등이 켜짐

> **풀이**
> ① 운동양립성 : 조종장치의 방향과 표시장치의 움직이는 방향이 일치
> ② 공간양립성 : 물리적 형태나 공간적 배치가 사용자의 기대와 일치

17 다음 그림을 보고 질문에 답하시오(단, 소수점 넷째 자릿수에서 반올림하시오).

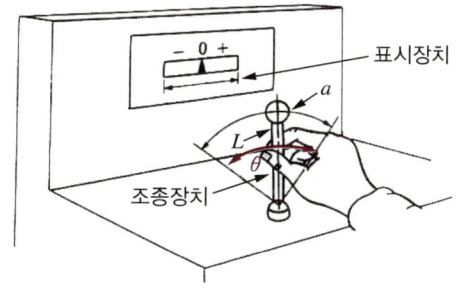

- A : 반지름 15cm, 움직인 각도 30도, 표시장치 움직인 거리 2cm
- B : 반지름 20cm, 움직인 각도 20도, 표시장치 움직인 거리 2cm

(1) A와 B의 C/R비를 구하시오.

(2) A와 B 중 어느 것이 더 민감한가?

풀이

① A의 C/R비 = Control/Response = $2\pi L \times \theta/360$/표시장치 움직인 거리 = $(2\pi 15 \times 30/360)/2$ = 3.927
   B의 C/R비 = Control/Response = $2\pi L \times \theta/360$/표시장치 움직인 거리 = $(2\pi 20 \times 20/360)/2$ = 3.491

② C/R비가 낮은 B가 더 민감하다.

18 청각적 표시장치가 시각적 표시장치보다 유리한 경우를 3가지 이상 서술하시오.

풀이

① 메시지가 짧고 단순할 때
② 메시지가 시간상의 사건을 다룰 때
③ 메시지를 나중에 참고할 필요가 없을 때
④ 수신장소가 너무 밝거나 암조응유지가 필요할 때
⑤ 수신자가 자주 움직일 때
⑥ 즉각적인 행동이 필요할 때
⑦ 수신자의 시각계통이 과부하 상태일 때

2021년 제3회 기출복원문제

01 다음 그림을 보고 물음에 답하시오.

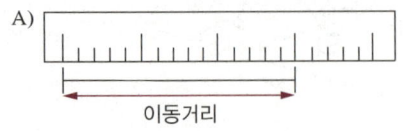 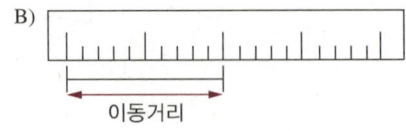

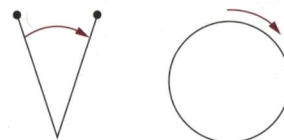 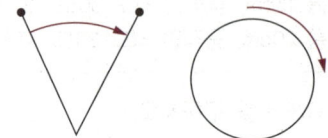

(1) A와 B 중에서 C/R비는 어느 것이 더 작은가?

(2) A와 B 중에서 민감도는 어느 것이 더 큰가?

(3) A와 B 중에서 조종시간은 어느 것이 더 오래 걸리는가?

풀이

① C/R이란 반응에 대한 조종의 비를 나타내는 것으로 (Control/Response)로 표시하며 A는 조금만 조종해도 이동거리가 많으므로 C/R비가 B보다 더 작다.
② C/R의 역수를 취한 값을 CD Gain이라 하는데 이 값이 클수록 매우 민감한 조종장치라 할 수 있다. 따라서 A가 더 민감도가 크다.
③ A는 민감도가 높아 조금만 움직여도 이동거리가 크므로 조종시간이 더 길다.

02 생체신호를 이용한 스트레스 측정법 6가지를 쓰시오.

> 풀이
① 근전도(EMG) : 근육의 운동을 평가
② 심전도(ECG) : 교감신경과 부교감신경의 활성도를 평가
③ 뇌전도(EEG) : 뇌에서 발생하는 뇌파를 평가
④ 안전도(EOG) : 안구의 움직임을 평가
⑤ 전기피부반응(GSR) : 신체의 각성상태를 평가
⑥ 점멸융합주파수(FFF) : 중추신경계의 피로를 평가

03 GOMS 모델이란 무엇이고 4가지 구성요소는 무엇인가?

> 풀이
사용자가 시스템을 사용하면서 어떻게 이해하고 배우며 사용하는지에 대해 예측하여 이를 수행하기 위해 소요되는 시간이나 학습시간 등을 평가하기 위한 방법으로, 4가지 구성요소는 Goal(목표), Operation(행위), Method(방법), Selection Rules(선택규칙)이다.

04 OWAS 평가항목은 무엇인가?

> 풀이
핀란드의 제철회사(Ovako)를 대상으로 핀란드 노동위생연구소가 개발한 평가기법으로 허리, 팔, 다리, 하중에 대한 작업자들의 부적절한 작업자세를 평가한다.

05 Barnes의 동작경제원칙 3가지를 쓰시오.

풀이
Barnes의 동작경제원칙은 길브레스 부부의 동작의 경제성과 능률제고를 위한 20가지 원칙을 수정한 것으로 ① 신체사용에 관한 원칙, ② 작업장 배치에 관한 원칙, ③ 공구 및 설비 디자인에 관한 원칙으로 구성된다.

06 다음 그림에서 ①~④에 해당하는 반응대안과 ⑤ d값이 의미하는 바를 쓰시오.

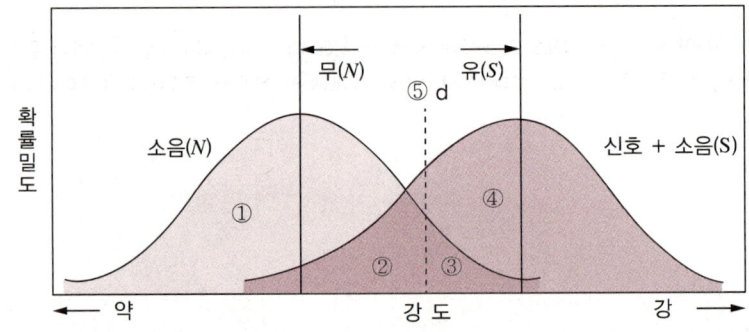

풀이
① 소음을 소음으로 판정, P(N/N), Correct Rejection
② 신호를 소음으로 판정, P(N/S), Miss
③ 소음을 신호로 판정, P(S/N), False Alarm
④ 신호를 신호로 판정, P(S/S), Hit
⑤ d : 신호와 소음 간의 평균거리(민감도)

07 시거리가 71cm일 때 단위 눈금이 1.3cm라면, 시거리가 100cm가 되면 단위눈금은 얼마가 되어야 하는가?

풀이
정상 시거리 71cm를 기준으로 정상조명에서는 1.3mm이고, 낮은 조명에서는 1.8mm가 권장된다. 따라서 71 : 1.3 = 100 : X, X = 130/71 = 1.83cm

08 다음의 그림에서 A와 B의 고장률이 다음과 같을 때 T의 신뢰도는 얼마인가?

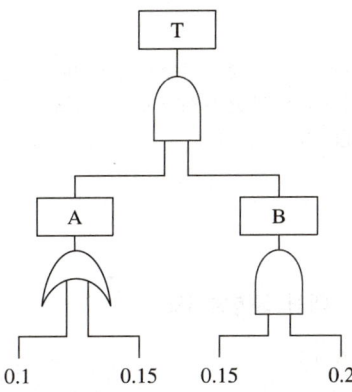

풀이
A는 or 게이트로 연결되어 있으므로 A의 실패확률은 P(A) = 1 − (1 − 0.1)(1 − 0.15) = 0.235
B는 and 게이트로 연결되어 있으므로 B의 실패확률은 P(B) = 0.15 × 0.2 = 0.03
전체 실패확률은 P(T) = 0.235 × 0.03 = 0.00705
따라서 T의 신뢰도는 1 − 0.00705 = 0.99295

09 한 사이클의 평균관측시간이 10분, 레이팅 계수가 120%, 외경법에 의한 여유율이 15%일 때 정미시간과 표준시간을 구하시오.

풀이
① 정미시간 = 평균관측시간 × R = 10 × 1.2 = 12
② 표준시간 = 정미시간 × (1 + 여유율) = 12 × 1.15 = 13.8분

10 정상작업영역, 최대작업영역, 파악한계에 대해 설명하시오.

풀이
① 정상작업영역 : 윗팔을 몸통에 붙인 자세에서 손의 회전반경 내의 영역(40 ± 5cm)이다.
② 최대작업영역 : 어깨를 고정시킨 자세에서 팔을 뻗어 움직일 때 만들어지는 영역(60 ± 5cm)이다.
③ 파악한계 : 앉은 작업자가 특정한 수작업 기능을 편히 할 수 있는 공간의 외곽한계이다.

11 구조적 인체치수와 기능적 인체치수에 대해 설명하시오.

풀이
① 구조적 인체치수
  • 고정자세에서 측정하는 형태학적 측정으로 표준자세에서 정적측정한다.
  • 피측정자를 인체측정기로 인체를 측정하여 설계의 기초자료로 사용한다.
② 기능적 인체치수
  • 활동자세에서 측정하며, 상지나 하지의 운동이나 체위의 움직임에 따른 동적상태에서 측정한다.
  • 실제의 작업, 실제의 조건에 밀접한 관계를 갖는 현실성 있는 인체치수를 구할 수 있다.

12 남성 근로자가 8시간 일하는 조립작업에서 대사량을 측정한 결과 산소소비량이 1.1 L/min 로 측정되었다. 남성의 권장 에너지소비량이 5kcal/min일 때 남성근로자의 휴식시간은 얼마인가?

> **풀이**

작업 중 에너지 소비량 = 5 × 1.1 = 5.5
휴식시간(R) = T × (E − S)/(E − 1.5)
　　　　　= 총작업시간 × (작업 중 E 소비량 − 표준 E 소비량)/(작업 중 E 소비량 − 휴식 중 E 소비량)
　　　　　= (8h × 60분) × (5.5 − 5)/(5.5 − 1.5) = 480 × 0.5/4 = 60분

13 제조물책임법상 3가지 결함의 유형을 쓰시오.

> **풀이**

① 제조상의 결함 : 제조업자가 제조물에 대하여 제조상·가공상의 주의의무를 이행하였는지에 관계없이, 제조물이 원래 의도한 설계와 다르게 제조·가공됨으로써 안전하지 못하게 된 경우를 말한다.
② 설계상의 결함 : 제조업자가 합리적인 대체설계를 채용하였더라면 피해나 위험을 줄이거나 피할 수 있었음에도, 대체설계를 채용하지 아니하여 해당 제조물이 안전하지 못하게 된 경우를 말한다.
③ 표시상의 결함 : 제조업자가 합리적인 설명·지시·경고 또는 그 밖의 표시를 하였더라면 해당 제조물에 의하여 발생할 수 있는 피해나 위험을 줄이거나 피할 수 있었음에도 이를 하지 아니한 경우를 말한다.

14 인간의 시식별 능력은 무엇에 따라 달라지는가?

> **풀이**
> 인간의 시식별 능력은 광도, 광속, 조도, 휘도, 반사율, 대비에 따라 달라지며, 노출시간, 연령, 훈련, 과녁의 이동도 영향을 끼친다. 이 중 광도, 광속, 조도, 휘도, 반사율, 대비에 대한 정의는 다음과 같다.
> ① 광도(Cd) : 광원에서 특정방향으로 발하는 빛의 세기로 칸델라(Cd)라고 한다.
> ② 광속(Lm) : 1칸델라의 점광원에서 반지름 1m인 거리에서 단위면적당 비치는 빛의 양으로 루멘(Lm)이라 한다.
> ③ 조도(Lux) : 1m거리에서 $1m^2$의 면적에 도달하는 빛의 양으로 룩스(Lux)라고 한다.
> ④ 휘도 : 물체의 표면에서 반사되는 빛의 양으로 니트(Nit)라고 한다.
> ⑤ 반사율 : 표면에 비치는 빛의 양에 대한 반사되는 빛의 비율로 거의 완전히 반사되는 표면에서 얻을 수 있는 최대 반사율은 95% 정도이다.
> ⑥ 대비 : 표적의 광도와 배경의 광도의 차를 나타내는 척도이다.

15 아래의 그림에서 윗팔에 작용하는 힘 F1과 팔꿈치에서의 관절 반작용력 F2는 어떻게 되는가?

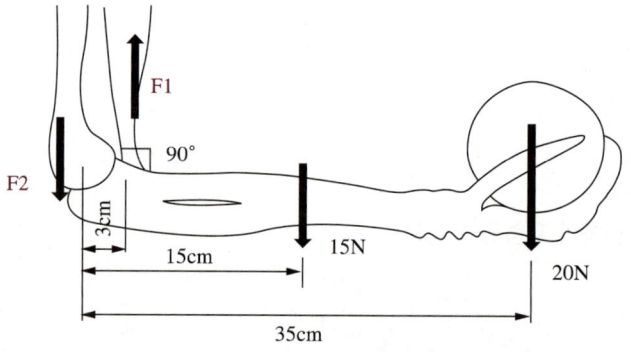

> **풀이**
> 생체역학에서 각 부위에 작용하는 힘은 모멘트 평형과 힘의 평형으로 구한다.
> ① 모멘트 평형(팔꿈치 끝을 기점으로) : $0.03 \times -F1 + 0.15 \times 15 + 0.35 \times 20 = 0$, F1 = 308.33N
> ② 힘의 평형(올리는 힘과 누르는 힘) : F1 = F2 + 15 + 20, F2 = F1 − 35 = 273.33N

16 다음은 Video Display Terminal 증후군 예방을 위한 설명이다. 순서에 따라 빈칸을 채우시오.

- 키보드의 경사는 ( )°, 키보드의 두께는 ( )cm 이하로 한다.
- 바닥면에서 의자의 앉는 면까지의 높이는 눈과 손가락의 위치를 적절히 조절할 수 있도록 적어도 ( )cm의 범위 내에서 조정이 가능한 것으로 해야 한다.
- 높이 조정이 가능한 작업대를 사용하는 경우에는 바닥면에서 작업대 표면까지의 높이가 ( )cm 전후에서 작업자의 체형에 맞도록 조정하여 고정해야 한다.
- 화면과의 거리는 최소 ( )cm 이상 확보되도록 한다.
- 팔꿈치의 내각은 ( )° 이상이 되어야 한다.
- 무릎의 내각은 ( )° 전후가 되어야 한다.

풀이
① 5~15, 3
② 40±5
③ 65
④ 40
⑤ 90
⑥ 90

17 Fail Safe, Fool Proof, Tamper Proof에 대해 설명하시오.

풀이
① Fail Safe : 부품에 고장이 생겨도 재해로 이어지지 않도록 하는 장치이다.
② Fool Proof : 인간이 실수를 범해도 재해로 이어지지 않도록 하는 장치이다.
③ Tamper Proof : 사용자가 임의로 안전장치를 제거할 경우 작동하지 않도록 하는 장치이다.

18 근육을 무늬 형태로 구분했을 때 골격근, 심장근, 내장근을 분류하시오.

> **풀이**
> ① 가로무늬근 : 줄무늬가 있다(골격근, 심장근).
> ② 민무늬근 : 줄무늬가 없다(내장근).

2020년 제1회 기출복원문제

01 Barnes의 동작경제 원칙 중 작업장 배치(Workplace Arrangement)에 관한 원칙 5가지를 쓰시오.

풀이
① 모든 공구와 재료는 일정한 위치에 정돈되어야 한다.
② 공구와 재료는 작업이 용이하도록 작업자의 주위에 있어야 한다.
③ 재료를 될 수 있는 대로 사용 위치 가까이에 공급할 수 있도록 중력을 이용한 호퍼 및 용기를 사용하여야 한다.
④ 가능하면 낙하시키는 방법을 이용하여야 한다.
⑤ 공구 및 재료는 동작에 가장 편리한 순서로 배치하여야 한다.
⑥ 채광 및 조명장치를 잘 하여야 한다.
⑦ 의자와 작업대의 모양과 높이는 각 작업자에게 알맞도록 설계되어야 한다.
⑧ 작업자가 좋은 자세를 취할 수 있는 모양, 높이의 의자를 지급해야 한다.

02 양립성의 종류 3가지와 각 종류에 대한 예시를 한 가지씩 쓰시오.

풀이
① 공간적(Spatial) 양립성
  가스레인지의 오른쪽 조리대는 오른쪽 조절장치, 왼쪽 조리대는 왼쪽 조절장치
② 개념적(Conceptual) 양립성
  빨간색 – 온수, 파란색 – 냉수
③ 운동적(Movement) 양립성
  조종장치를 시계방향으로 돌리면 표시장치도 우측으로 이동

03 다음은 THERP에 대한 문제로 A(밸브를 연다)와 B(밸브를 천천히 잠근다)를 동시에 실시할 때 성공할 확률을 계산하시오.

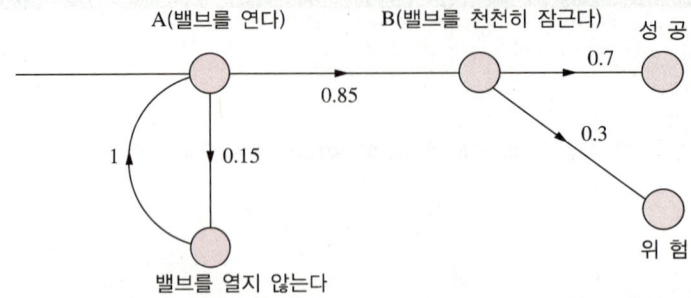

> **풀이**
> **P(작업 성공확률) = P(밸브 개방시도 확률) × P(밸브 잠금시도 확률)**
> ① P(밸브 개방시도 확률) : 밸브를 여는 확률은 0.85, 열지 않는 확률은 0.15인데, 1을 타고 다시 원래 위치로 돌아와서 두 번째에는 밸브를 여는 확률은 $0.85 × 0.15$가 되고, 세 번째는 $0.85 × 0.15^2$ 무한 반복된다. $a, ar, ar^2, ar^3, ar^4 \cdots$ 이와 같은 형태를 '등비수열'이라 하며, 이들의 합은 a/(1−r)로 계산된다. 따라서 P(밸브 개방시도 확률)는 무한등비수열의 합이 된다.
>
> $$\sum_{k=1}^{\infty} ar^{k-1} = a + ar + ar^2 + \cdots ar^{n-1} + \cdots = \frac{a}{1-r} (|r| < 1 \text{일 때})$$
> $$= a + ar + ar^2 + ar^3 \cdots + ar^4 = a/(1-r) = 0.85/(1-0.15) = 1$$
>
> P(밸브 개방시도 확률) = 1
> ② P(밸브 잠금시도 확률) = 0.7
>
> 따라서 P(작업 성공확률) = P(밸브 개방시도 확률) × P(밸브 잠금시도 확률) = 1 × 0.7 = 0.7

04 점멸융합주파수(FFF)에 대하여 설명하시오.

> **풀이**
> **점멸융합주파수(FFF ; Flicker Fusion Frequency)**
> 빛을 일정한 속도로 점멸시키면 깜박거려 보이나 점멸의 속도를 빨리하면 연속된 광으로 보이는 현상이다. 낮에는 증가하고 밤에는 감소하며, 피로 시 주파수 값이 내려가기 때문에 중추신경계의 정신피로의 척도로 사용된다.

05 보기를 보고 알맞은 기호를 쓰시오.

> ㄱ. 남 95%tile　　　　　　　　ㄴ. 남 5%tile
> ㄷ. 여 95%tile　　　　　　　　ㄹ. 여 5%tile
> ㅁ. 남녀 평균 합산 50%tile

(1) 조절치 : (　　)~(　　)

(2) 최소극단치 : (　　)

(3) 최대극단치 : (　　)

(4) 평균치 : (　　)

풀이
① 조절치 : ㄹ~ㄱ
② 최소극단치 : ㄹ
③ 최대극단치 : ㄱ
④ 평균치 : ㅁ

06 71cm 기준일 때 정상조명에서의 눈금식별 길이는 1.3mm이고, 낮은 조명에서의 눈금 식별 길이는 1.8mm이다. 낮은 조명 시 5m 거리의 눈금식별 길이를 구하시오(단, 소수점 셋째자리까지 쓰시오).

풀이
정상 시거리 71cm에서 단위눈금의 간격은 정상조명에서 1.3mm, 낮은 조명에서 1.8mm이므로,
$0.71m : 1.8mm = 5m : x$
$x = \dfrac{1.8 \times 5}{0.71} = 12.676mm$

07 다음의 설계원칙을 설명하시오.

(1) Fool – Proof : (   )

(2) Fail – Safe : (   )

(3) Tamper – Proof : (   )

> **풀이**
> ① Fool Proof : 인간이 실수를 범해도 재해로 이어지지 않도록 한다.
> ② Fail Safe : 부품에 고장이 생겨도 재해로 이어지지 않도록 한다.
> ③ Tamper Proof : 사용자가 임의로 안전장치를 제거할 경우 작동하지 않도록 한다.

08 인체측정의 방법 중 구조적/기능적 인체치수를 구분하여 표의 빈칸을 알맞게 채우시오.

구 분	인체측정방법
신 장	( )
손목 굴곡 범위	( )
정상작업영역	( )
수직 파악 한계	( )
대퇴 여유	( )

> **풀이**
> ① 신장 : 구조적 인체치수
> ② 손목 굴곡 범위 : 기능적 인체치수
> ③ 정상작업영역 : 기능적 인체치수
> ④ 수직 파악 한계 : 구조적 인체치수
> ⑤ 대퇴 여유 : 구조적 인체치수

09 NIOSH Lifting Equation의 들기계수 6가지를 쓰시오.

> 풀이
> ① HM(수평계수, Horizontal Multiplier)
> ② VM(수직계수, Vertical Multiplier)
> ③ DM(거리계수, Distance Multiplier)
> ④ AM(비대칭계수, Asymmetric Multiplier)
> ⑤ FM(빈도계수, Frequency Multiplier)
> ⑥ CM(결합계수, Coupling Multiplier)

10 다음 보기의 예를 보고 답하시오.

신호등 신호로 판정 : 긍정(Hit)

(1) 무신호를 신호로 판정

(2) 신호를 무신호로 판정

(3) 무신호를 무신호로 판정

> 풀이
> ① 무신호를 신호로 판정
>   1종 오류(False Alarm) : 소음을 신호로 판정, P(S/N)
> ② 신호를 무신호로 판정
>   2종 오류(Miss) : 신호가 나타났는데도 소음으로 판정, P(N/S)
> ③ 무신호를 무신호로 판정
>   부정(Correct Rejection) : 소음을 소음이라고 판정 P(N/N)

11 VDT 작업의 설계와 관련하여 다음 빈칸을 채우시오.

(1) 눈과 모니터와의 거리는 최소 (   )cm 이상이 확보되도록 한다.
(2) 팔꿈치의 내각은 (   )° 이상 되어야 한다.
(3) 무릎의 내각은 (   )° 전후가 되도록 한다.

풀이
① 40
② 90
③ 90

12 수평면 작업영역에서 2가지 작업영역에 대해 설명하시오.

풀이
① 정상작업영역 : 윗팔을 몸통에 붙인 자세에서 손의 회전반경 내의 영역(40 ± 5cm)이다.
② 최대작업영역 : 어깨를 고정시킨 자세에서 팔을 뻗어 움직일 때 만들어지는 영역(60 ± 5cm)이다.

13 근골격계 질환 예방·관리교육에 대하여 사업주가 근로자에게 알려야 하는 사항 3가지를 쓰시오(기타 근골격계 질환 예방에 관련된 사항을 제외한다).

풀이
① 근골격계 부담작업에서의 유해요인
② 올바른 작업자세와 작업도구, 작업시설의 올바른 사용방법
③ 근골격계 질환의 증상과 징후
④ 근골격계 질환 발생 시 대처요령

14 근골격계 부담작업에 대하여 다음 빈칸을 채우시오.

> (1) 하루에 (   )시간 이상 집중적으로 자료입력 등을 위해 키보드 또는 마우스를 조작하는 작업이다.
> (2) 하루에 총 (   )시간 이상 목, 어깨, 팔꿈치, 손목 또는 손을 사용하여 같은 동작을 반복하는 작업이다.
> (3) 하루 (   )회 이상 25kg 이상의 물체를 드는 작업이다.
> (4) 하루 (   )회 이상 10kg 이상의 물체를 무릎 아래에서 들거나, 위에서 들거나 팔을 뻗은 상태에서 드는 작업이다.

풀이
(1) 4, (2) 2, (3) 10, (4) 25

근골격계 부담작업 11종
① 하루에 4시간 이상 집중적으로 자료입력 등을 위해 키보드 또는 마우스를 조작하는 작업
② 하루에 총 2시간 이상 목, 어깨, 팔꿈치, 손목 또는 손을 사용하여 같은 동작을 반복하는 작업
③ 하루에 총 2시간 이상 머리 위에 손이 있거나, 팔꿈치가 어깨 위에 있거나, 팔꿈치를 몸통으로부터 들거나, 팔꿈치를 몸통 뒤쪽에 위치하도록 하는 상태에서 이루어지는 작업
④ 지지되지 않은 상태이거나 임의로 자세를 바꿀 수 없는 조건에서, 하루에 총 2시간 이상 목이나 허리를 구부리거나 트는 상태에서 이루어지는 작업
⑤ 하루에 총 2시간 이상 쪼그리고 앉거나 무릎을 굽힌 자세에서 이루어지는 작업
⑥ 하루에 총 2시간 이상 지지되지 않은 상태에서 1kg 이상의 물건을 한손의 손가락으로 집어 옮기거나, 2kg 이상에 상응하는 힘을 가하여 한손의 손가락으로 물건을 쥐는 작업
⑦ 하루에 총 2시간 이상 지지되지 않은 상태에서 4.5kg 이상의 물건을 한 손으로 들거나 동일한 힘으로 쥐는 작업
⑧ 하루에 10회 이상 25kg 이상의 물체를 드는 작업
⑨ 하루에 25회 이상 10kg 이상의 물체를 무릎 아래에서 들거나, 어깨 위에서 들거나, 팔을 뻗은 상태에서 드는 작업
⑩ 하루에 총 2시간 이상, 분당 2회 이상 4.5kg 이상의 물체를 드는 작업
⑪ 하루에 총 2시간 이상 시간당 10회 이상 손 또는 무릎을 사용하여 반복적으로 충격을 가하는 작업

15 빈손이동, 쥐기, 바로 놓기, 검사, 휴식의 서블릭 기호를 쓰시오.

풀이

명 칭	기 호
빈손이동	TE
쥐 기	G
바로 놓기	P
검 사	I
휴 식	R

16 5개 공정에서 주기시간이 7분인 경우 평균효율(균형효율)을 구하시오.

1공정	2공정	3공정	4공정	5공정
5분	4분	3분	4분	7분

풀이
균형효율 = 총작업시간/(작업수 × 주기시간) = (5 + 4 + 3 + 4 + 7)/(5공정 × 7분(가장 긴 것)) = 65.71%

17 공정도(ASME)에서 사용되는 공정기호 중 '가공', '정체', '저장', '검사' 외 나머지 공정을 쓰시오.

풀이
운반 (→) : 원료, 재료, 부품 또는 제품의 위치에 변화를 주는 과정이다.

18 전력공급 차단을 대비하기 위해 백업시스템이 존재한다. 작업자오류 발생 확률이 10%, 비상장치의 오동작 확률이 10%, 기계장치 자체의 오동작 확률이 5%일 때 시스템의 전체 신뢰도를 구하시오(단, 소수점 넷째자리까지 쓰시오).

풀이

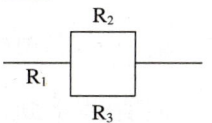

신뢰도 R = 0.9 × [1 − (1 − 0.9)(1 − 0.95)] = 0.8955

2020년 제2회 기출복원문제

01 산업안전보건법에서 정한 안전관리자의 업무 5가지를 쓰시오.

풀이
① 산업안전보건위원회 또는 안전 및 보건에 관한 노사협의체에서 심의·의결한 업무와 해당 사업장의 안전보건관리규정 및 취업규칙에서 정한 업무
② 위험성평가에 관한 보좌 및 지도·조언
③ 안전인증대상기계 등과 자율안전확인대상기계 등 구입 시 적격품의 선정에 관한 보좌 및 지도·조언
④ 해당 사업장 안전교육계획의 수립 및 안전교육 실시에 관한 보좌 및 지도·조언
⑤ 사업장 순회점검·지도 및 조치 건의
⑥ 산업재해 발생의 원인 조사·분석 및 재발 방지를 위한 기술적 보좌 및 지도·조언
⑦ 산업재해에 관한 통계의 유지·관리·분석을 위한 보좌 및 지도·조언
⑧ 안전에 관한 사항의 이행에 관한 보좌 및 지도·조언
⑨ 업무수행 내용의 기록·유지
⑩ 그 밖에 안전에 관한 사항으로서 고용노동부장관이 정하는 사항

02 제조물책임법상 결함의 종류에 대한 정의를 쓰시오.

풀이
① 제조상의 결함 : 제조업자가 제조물에 대하여 제조상·가공상의 주의의무를 이행하였는지에 관계없이, 제조물이 원래 의도한 설계와 다르게 제조·가공됨으로써 안전하지 못하게 된 경우를 말한다.
② 설계상의 결함 : 제조업자가 합리적인 대체설계를 채용하였더라면 피해나 위험을 줄이거나 피할 수 있었음에도, 대체설계를 채용하지 아니하여 해당 제조물이 안전하지 못하게 된 경우를 말한다.
③ 표시상의 결함 : 제조업자가 합리적인 설명·지시·경고 또는 그 밖의 표시를 하였더라면 해당 제조물에 의하여 발생할 수 있는 피해나 위험을 줄이거나 피할 수 있었음에도 이를 하지 아니한 경우를 말한다.

03 정량적 시각표시장치의 시거리를 71cm 기준으로 설계할 때 눈금단위의 길이가 1.8mm이다. 재설계 과정에서 시거리를 91cm로 변경하였다면, 동일한 시각을 유지하기 위한 눈금단위의 길이(mm)를 구하시오.

풀이
710 : 1.8 = 910 : x
x = 2.3mm

04 어떤 작업의 정미시간은 0.9분이다. 1일 8시간 근무시간의 10%를 근무여유율로 할 때, 1일 표준 생산량(개)을 구하시오(단, 1일 총 근로시간은 8시간이다).

풀이
표준시간 = 정미시간/(1 − 근무여유율) = 0.9/(1 − 0.1) = 1분
1일 480분 근무이므로 표준생산량 = 480/1 = 480개

05 근육 수축 시 미오신과 액틴은 길이가 변하지 않는다. 이때 액틴과 미오신 사이의 짙은 부분을 무엇이라 하는지 쓰시오.

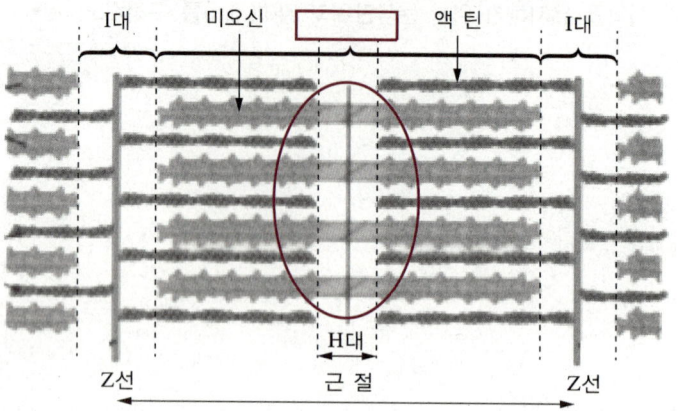

풀이
액틴과 미오신의 중첩된 부분을 A대라 한다.

06 작업개선의 ECRS 원칙에 대해 설명하시오.

풀이
- E(Eliminate, 제거) : 불필요한 작업·작업요소 제거
- C(Combine, 결합) : 다른 작업·작업요소와의 결합
- R(Rearrange, 재배열) : 작업순서의 변경
- S(Simplify, 단순화) : 작업·작업요소의 단순화, 간소화

07 인간의 오류 중 착오, 실수, 건망증에 대해 설명하시오.

풀이
① 착오(Mistake) : 부적절한 의도를 가지고 행동으로 옮기는 것
② 실수(Slip) : 행동의 실패
③ 건망증(Lapse) : 기억의 실패

08 인체측정 자료를 이용하여 제품이나 물건의 설계원리를 적으시오.

풀이
① 조절식 설계
  가장 먼저 고려해야 할 개념으로 체격이 각기 다른 여러 사람들에게 모두 맞도록 설계한다.
② 극단치 설계
  - 극단에 속하는 사람을 대상으로 하면 모든 사람을 수용할 수 있는 경우에 사용한다.
  - 큰 사람을 위주로 설계하면 작은 사람도 수용되는 경우 사용한다.
  - 작은 사람을 위주로 설계하면 큰 사람도 수용되는 경우 사용한다.
③ 평균치 설계
  - 조절식으로도 불가능하고 최대치나 최소치를 기준으로 설계하기도 부적절한 경우 마지막으로 적용되는 기준이다.
  - 인체측정치들이 정규분포를 따르므로 평균치 주변에 사람들이 많이 분포한다.

09 작업에 소요되는 시간을 10회 측정한 결과 평균시간 2.2분, 표준편차 0.35분이었다.

(1) 레이팅 계수가 110%, 정미시간에 대한 PDF 여유율은 20%일 때, 표준시간과 8시간 근무 중 PDF 여유시간을 구하시오.

(2) 여유율 20%를 근무시간에 대한 비율로 잘못 인식하여 표준시간을 계산할 경우, 기업과 근로자 중 어느 쪽에 불리한지 표준시간을 구하여 판단하시오.

풀이

PDF 여유율은 Personal Delay Fatigue의 약자로 어떤 작업에든지 감안해 주는 인적여유를 말한다. 우선 정미시간을 기준으로 하는 외경법에 의한 표준시간 = 정미시간(1 + 작업여유율)로 계산할 수 있다. 정미시간 = 관측시간평균 × 레이팅 = 2.2 × 110% = 2.42분

① 표준시간 = 정미시간(1 + 작업여유율) = 2.42(1 + 0.2) = 2.9분
  8시간 근무 중 PDF 여유시간 = 표준시간 − 정미시간 = 2.9 − 2.42 = 0.48분
  여유율 = 0.48/2.9 = 0.17
  8시간 근무 중 여유시간 = 480분 × 0.17 = 81.6분

② 표준시간 = 정미시간/(1 − 근무여유율) = 2.42/(1 − 0.2) = 3.03분
  8시간 근무 중 PDF 여유시간 = 표준시간 − 정미시간 = 3.03 − 2.42 = 0.61분
  여유율 = 0.61/3.03 = 0.20
  8시간 근무 중 여유시간 = 480분 × 0.20 = 96분
  여유시간이 81.6분에서 96분으로 더 길어지므로 기업이 불리하다.

10 산업안전보건법령상 안전 및 보건에 관한 개선계획을 수립하여야 할 사업장을 보기에서 모두 고르시오.

- 산업재해율이 같은 업종의 규모별 평균 산업재해율보다 높은 사업장
- 사업주가 필요한 안전조치 또는 보건조치를 이행하지 아니하여 중대재해가 발생한 사업장
- 대통령령으로 정하는 수 이상의 직업성 질병자가 발생한 사업장
- 유해인자 노출기준의 노출기준을 초과한 사업장

풀이

보기의 모든 항목이 정답에 해당한다.
① 산업재해율이 같은 업종의 규모별 평균 산업재해율보다 높은 사업장
② 사업주가 필요한 안전조치 또는 보건조치를 이행하지 아니하여 중대재해가 발생한 사업장
③ 대통령령으로 정하는 수 이상의 직업성 질병자가 발생한 사업장
④ 유해인자의 노출기준을 초과한 사업장

11 제이콥 닐슨(J. Nielsen) 사용성 속성(척도) 5가지를 쓰시오.

> **풀이**
> ① 학습용이성(알기 쉬운 시스템 상태)
> ② 실제 사용 환경에 적합한 시스템
> ③ 사용자에게 자유와 주도권 제공
> ④ 일관성과 표준화
> ⑤ 오류 예방
> ⑥ 기억용이성(기억을 불러오지 않고 보는 것만으로 이해할 수 있는 디자인)
> ⑦ 유연성과 효율성
> ⑧ 심플하고 아름다운 디자인
> ⑨ 에러빈도 및 정도(사용자가 오류를 인식하고 진단하고 복구할 수 있도록 지원)
> ⑩ 도움말과 설명서 준비

12 초보자가 잘 모르고 제품을 사용하더라도 고장이 발생하지 않도록 하거나 작동을 하지 않도록 하여 사고를 낼 확률을 낮게 해주는 설계원칙을 무엇이라 하는가?

> **풀이**
> 인간이 실수를 범해도 재해로 이어지지 않도록 하는 설계원칙을 Fool Proof라고 한다.

13 작업장 구성요소 배치 원칙 4가지를 쓰시오.

> **풀이**
> ① 중요도의 원리
>   시스템 목적을 달성하는 데 상대적으로 더 중요한 요소들은 사용하기 편리한 지점에 위치
> ② 사용빈도의 원리
>   빈번하게 사용되는 요소들은 가장 사용하기 편리한 곳에 배치
> ③ 사용순서의 원리
>   연속해서 사용하여야 하는 구성요소들은 서로 옆에 놓아야 하고, 조작순서를 반영하여 배열
> ④ 일관성의 원리
>   동일한 구성요소들은 기억이나 찾는 것을 줄이기 위하여 같은 지점에 위치
> ⑤ 양립성의 원리
>   서로 근접하여 위치, 조종장치와 표시장치들의 관계를 쉽게 알아볼 수 있도록 배열 형태를 반영
> ⑥ 기능성의 원리
>   비슷한 기능을 갖는 구성요소들끼리 한데 모아서 서로 가까운 곳에 위치시킴, 색상으로 구분
> ⑦ 혼잡성의 회피원칙
>   여러 개의 버튼과 조작장치가 나열되어 있는 경우 서로 정반대의 기능을 담당하는 버튼은 서로 멀리 이격

14 근골격계 예방관리프로그램에 기본적으로 포함되어야 할 사항 5가지를 쓰시오.

> **풀이**
> 근골격계 예방관리프로그램이란 모든 직원들이 참여하여 근골격계 질환의 유해요인을 제거하고 감소하는 체계적, 경제적, 지속적인 근골격계 질환의 종합적인 예방활동으로 ① 유해요인조사, ② 작업환경개선, ③ 의학적 관리, ④ 교육 및 훈련, ⑤ 평가 등으로 구성된다.

15 권장무게한계(RWL)가 7.7kg, 포장박스의 무게가 10.1kg일 때 LI지수를 구하고 작업조건 평가를 하시오.

풀이

들기 지수(LI ; Lifting Index) = 물건의 중량(Load Weight)/RWL = 10.1kg/7.7kg = 1.31
LI가 1보다 크므로 이 작업은 요통의 발생위험이 높다. 따라서 LI가 1 이하가 되도록 작업을 재설계해야 한다.

16 OWAS는 신체부위의 자세뿐만 아니라 중량물의 사용도 고려하여 평가하며 OWAS 활동점수표는 4단계의 조치단계로 분류한다. 이 조치단계 분류 4가지를 설명하시오.

풀이

OWAS 활동점수표 4단계 조치단계

수준 1	근골격계에 특별한 해를 끼치지 않음(작업자세에 아무런 조치도 필요치 않음)
수준 2	근골격계에 약간의 해를 끼침(가까운 시일 내에 작업자세의 교정이 필요함)
수준 3	근골격계에 직접적인 해를 끼침(가능한 한 빨리 작업자세를 교정해야 함)
수준 4	근골격계에 매우 심각한 해를 끼침(즉각적인 작업자세의 교정이 필요함)

17 신호검출이론(Signal Detection Theory)이 적용되는 분야 3가지만 쓰시오.

> **풀이**
> 신호검출이론은 ① 레이더상의 적을 찾는 것뿐만 아니라 오늘날에도 ② 배경 속의 신호등, ③ 시끄러운 공장에서 경고음을 찾는 등 여러 분야에서 매우 유용하게 사용되고 있다.

18 길이 10cm의 회전운동을 하는 레버형 조종장치를 30° 움직였을 때, 표시장치는 1cm가 이동하였다. C/R비를 구하시오.

> **풀이**
> C/R비 = $2\pi 10 \times 30/360/1 = 5.24$

2020년 제3회 기출복원문제

01 수평면 작업영역 2가지에 대해 설명하시오.

풀이
① 정상작업영역 : 상완을 자연스럽게 수직으로 늘어뜨린 채, 전완만으로 편하게 뻗어 파악할 수 있는 구역(35~45cm)이다.
② 최대작업영역 : 전완과 상완을 곧게 펴서 파악할 수 있는 구역(55~65cm)이다.

02 산업안전보건법상의 작업종류에 따른 조명수준에 대해 기술하시오.

풀이
① 초정밀 작업 : 750lux 이상
② 정밀 작업 : 300lux 이상
③ 보통 작업 : 150lux 이상
④ 기타 작업 : 75lux 이상

03 서블릭(Therblig) 기호 중 효율적 기호와 비효율적 기호를 각각 2개 이상 기술하시오.

> 풀이

① 효율적 서블릭

기본동작	동작목적
• TE : 빈손이동 • TL : 운반 • G : 쥐기 • RL : 내려 놓기 • PP : 미리 놓기	• U : 사용 • A : 조립 • DA : 분해

② 비효율적 서블릭

정신적/반정신적 동작	정체적 동작
• Sh : 찾기 • St : 고르기 • P : 바로 놓기 • I : 검사 • Pn : 계획	• UD : 불가피한 지연 • AD : 피할수 있는 지연 • R : 휴식 • H : 잡고 있기

04 양립성의 정의와 종류에 대해 기술하시오.

> 풀이

① 양립성의 정의
  자극들 간의, 반응들 간의 혹은 자극-반응 간의 관계가 인간의 기대에 일치하는 정도이다.
② 양립성의 종류
  • 공간적(Spatial) 양립성
  물리적 형태나 공간적 배치가 사용자의 기대와 일치한다.
  • 개념적(Conceptual) 양립성
  인간이 가지고 있는 개념적 연상(의미)에 관한 기대와 일치한다.
  • 운동적(Movement) 양립성
  조종장치의 방향과 표시장치의 움직이는 방향이 일치한다.

- 양식적(Modality) 양립성
  - 과업에 따라 맞는 자극-응답양식이 존재한다.
  - 음성과업에서는 청각제시와 음성응답이 좋다.
  - 공간과업에서는 시각제시와 수동응답이 좋다.

05 100개의 제품을 검사하는 과정에서 불량제품을 불량판정 내리는 것을 Hit라고 할 때, 각각의 확률을 구하시오(단, 소수점 넷째자리에서 반올림하시오).

구 분	불량제품	정상제품
불량판정	2	5
정상판정	3	90

(1) P(S/S)

(2) P(N/S)

(3) P(S/N)

(4) P(N/N)

풀이
① P(S/S) = 2/5 = 0.4(Hit : 불량제품 5개 중 2개를 불량으로 판정)
② P(N/S) = 3/5 = 0.6(Miss : 불량제품 5개 중 3개를 정상으로 판정)
③ P(S/N) = 5/95 = 0.053(False Alarm : 정상제품 95개 중 5개를 불량으로 판정)
④ P(N/N) = 90/95 = 0.947(Correct Rejection : 정상제품 95개 중 90개를 정상으로 판정)

06 그네의 하중, 열차 좌석 간의 거리, 출입문의 크기 등의 설계 시 적용되는 인체측정치 설계의 종류를 적으시오.

풀이
극단치 설계 중 최대치 적용에 해당한다. 큰 사람을 위주로 설계하면 작은 사람도 수용되는 경우에 사용한다.

07 한 사이클의 관측평균시간이 10분, 레이팅 계수가 120%, 여유율이 10%일 때 여유율을 나타내는 두 가지 방법에 따라 각각 개당 표준시간을 계산하시오.

(1) 외경법에 의한 방법

(2) 내경법에 의한 방법

풀이
① 외경법에 의한 방법
 표준시간 = 정미시간(1 + 여유율) = (10 × 1.2) × (1 + 0.1) = 13.20분
② 내경법에 의한 방법
 표준시간 = 정미시간/(1 − 여유율) = (10 × 1.2)/(1 − 0.1) = 13.33분

08 11개의 공정의 소요시간이 다음과 같을 때 물음에 답하시오.

1공정	2공정	3공정	4공정	5공정	6공정	7공정	8공정	9공정	10공정	11공정
2분	1.5분	3분	2분	1분	1분	1.5분	1.5분	1.5분	2분	1분

(1) 주기시간을 구하시오.

(2) 시간당 생산량을 구하시오.

(3) 공정효율을 구하시오.

풀이
① 가장 긴 작업이 3분이므로, 주기시간은 3분
② 1개에 3분 걸리므로, 60분/3분 = 20개
③ 공정효율 = 총 작업시간/(작업수 × 주기시간) = 18/(11 × 3) = 0.55

09 반사경 없이 모든 방향으로 빛을 발하는 점광원에서 3m 떨어진 곳의 조도가 50lux라면 6m 떨어진 곳의 조도는 얼마인가?

풀이
조도 = lm/m² = lm/3² = 50lux에서 광속(lm) = 450
조도 = 450/6² = 12.5lux

10 조종장치의 손잡이 길이가 3cm이고, 90°를 움직였을 때 표시장치에서 5cm가 이동하였다. C/R비를 구하고 민감도를 높이기 위한 방안 2가지를 쓰시오.

풀이
C/R비 = 2π3 × 90/360/5 = 0.94
민감도는 C/R비에 반비례하므로 표시장치의 ① 이동거리를 크게 하거나, ② 손잡이의 길이와, ③ 움직인 거리를 작게 한다.

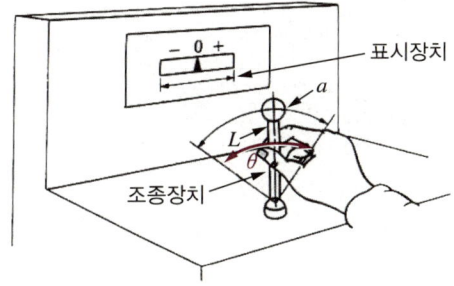

11 비행기의 조종장치는 운용자가 쉽게 인식하고 조작할 수 있도록 코딩을 해야 한다. 이때 사용되는 비행기의 조종장치에 대한 코딩(암호화) 방법 6가지를 쓰시오.

풀이
① 색 코딩
  • 색에 특정한 의미가 부여될 때(비상정지버튼은 빨간색) 매우 효과적이다.
  • 눈에 잘 띄는 색 코딩의 순서 : Red > Amber > White
② 형상 코딩
  • 형상 코딩의 주요 용도는 촉감으로 조종장치의 손잡이나 핸들을 식별하는 것이다.
  • 조종장치는 시각뿐만 아니라 촉각으로도 식별 가능해야 한다.
  • 날카로운 모서리가 없어야 한다.
③ 크기 코딩
  • 촉감으로 구별이 불가능할 경우 조종장치의 크기는 두 종류 혹은 많아야 세 종류만 사용한다.
  • 지름 1.3cm, 두께 0.95cm 차이 이상이면 촉각에 의해서 정확하게 구별할 수 있다.
④ 촉감 코딩
  표면의 촉감을 달리하는 코딩방법으로 매끄러운 면, 세로 홈, 길쭉한 표면의 3종류로 정확하게 식별할 수 있다.
⑤ 위치 코딩
  • 유사한 기능을 가진 조종장치끼리는 패널에서 상대적으로 같은 위치에 있어야 한다.
  • 조종장치가 운용자 정면에 있을 때 위치를 좀 더 정확하게 구별할 수 있다.
⑥ 작동방법에 의한 코딩
  • 작동방법에 의해서 조종장치를 암호화하면 각 조종장치는 고유한 작동방법을 갖게 된다.
  • 작동방법의 종류 사례 : 밀고 당기는 것, 회전시키는 것

12 1,000개의 제품 중 10개의 불량품이 발견되었다. 실제로 100개의 불량품이 있었다면 인간 신뢰도는 얼마인가?

풀이
휴먼에러 확률 : 오류의 수/전체 오류발생 기회의 수 = 90/1000 = 0.09
인간 신뢰도 : R = 1 − HEP = 1 − 0.09 = 0.91

13 제이콥 닐슨(J. Nielsen) 사용성 속성(척도) 중 3가지만 쓰시오.

> **풀이**
> ① 학습용이성(알기 쉬운 시스템 상태)
> ② 실제 사용 환경에 적합한 시스템
> ③ 사용자에게 자유와 주도권 제공
> ④ 일관성과 표준화
> ⑤ 오류 예방
> ⑥ 기억용이성(기억을 불러오지 않고 보는 것만으로 이해할 수 있는 디자인)
> ⑦ 유연성과 효율성
> ⑧ 심플하고 아름다운 디자인
> ⑨ 에러빈도 및 정도(사용자가 오류를 인식하고 진단하고 복구할 수 있도록 지원)
> ⑩ 도움말과 설명서 준비

14 사업장에서 산업안전보건법에 의해 근골격계 질환 예방관리프로그램을 시행해야 하는 경우를 쓰시오(단, 노동부장관이 필요하다고 인정하여 명령하는 경우는 제외).

> **풀이**
> ① 근골격계 질환으로 요양결정을 받은 근로자가 연간 10인 이상 발생한 사업장
> ② 요양결정을 받은 근로자가 5인 이상 발생한 사업장으로서 그 사업장 근로자수의 10% 이상인 경우

15 작업에서 23kg의 박스 2개를 들 때, LI 지수를 구하시오(단, RWL = 23kg).

> **풀이**
> 들기 지수(LI ; Lifting Index) = 물건의 중량(Load Weight)/RWL = 46kg/23kg = 2
> LI가 1보다 크므로 이 작업은 요통의 발생위험이 높다. 따라서 LI가 1 이하가 되도록 작업을 재설계해야 한다.

16 근골격계 질환 예방을 위한 관리적 개선방안 3가지를 쓰시오.

> **풀이**
> ① 다양성 제공(작업의 다양성, 업무교대, 업무확대)
> ② 일정조절(작업일정, 작업속도 조절)
> ③ 회복시간 제공
> ④ 습관의 변화(작업습관의 변화)
> ⑤ 배치(작업자의 적정배치)
> ⑥ 직장체조 강화
> ⑦ 청소, 유지보수(작업공간, 공구, 장비의 주기적인 청소, 보수) 등이 있다.

17 다음과 같은 조건에서 들기 작업을 할 때 RWL과 LI를 구하고 조치수준을 설명하시오.

작업물 무게	HM	VM	DM	AM	FM	CM
8kg	0.45	0.88	0.92	1.00	0.95	0.80

풀이

① RWL(Kg) = 23 × HM × VM × DM × AM × FM × CM = 23 × 0.45 × 0.88 × 0.92 × 1.00 × 0.95 × 0.80 = 6.37kg
② LI = 작업물 무게/RWL = 8/6.37 = 1.26
③ 권장무게한계(RWL)는 클수록 좋으며, 들기 지수(LI)는 권장무게한계(RWL)보다 몇 배가 되느냐를 나타내는 것으로 1보다 크면 1보다 작도록 작업을 재설계해야 한다(조치수준 : 작업재설계).

18 어느 작업장의 8시간 작업 동안 발생한 소음수준과 발생시간이 다음과 같을 경우 TWA를 구하시오.

90dB(A)	5시간
95dB(A)	4시간
100dB(A)	2시간

풀이

이 문제를 풀기 위해서는 기준치를 알고 있어야 하며 소음노출지수를 먼저 구해야 한다.

dB(A)	실제치	기준치
90dB(A)	5시간	8
95dB(A)	4시간	4
100dB(A)	2시간	2

소음노출지수(%) = $C_1/T_1 + C_2/T_2 + \cdots + C_n/t_n$ (C_i : 노출된 시간, T_i : 허용노출기준)
  = 5/8 + 4/4 + 2/2 = 262.5%
시간가중평가지수 TWA(dB) = 16.61 log(D/100) + 90 (D : 누적소음노출지수)
  = 16.61 log(262.5/100) + 90 = 96.96dB

2019년 제1회 기출복원문제

01 중량물의 무게가 12kg이고 RWL이 15kg일 때, LI지수를 구하고 조치사항을 쓰시오.

풀이
들기 지수(LI ; Lifting Index) = 물건의 중량(Load Weight)/RWL = 12kg/15kg = 0.8
LI가 1보다 작으므로 이 작업은 재설계할 필요가 없다.

02 산업안전보건법상 수시 유해요인조사를 실시하여야 하는 3가지 경우와 근골격계 질환 예방을 위한 관리적 개선방안 4가지를 쓰시오.

풀이
① 수시 유해요인조사를 실시해야 하는 경우
- 임시건강진단에서 근골격계 환자 발생 시
- 근로자가 근골격계 질환으로 업무상 질병을 인정받은 경우
- 근골격계 부담작업에 해당하는 새로운 작업, 설비를 도입한 경우
- 근골격계 부담작업에 해당하는 업무의 양과 작업공정 등 작업환경을 변경한 경우

② 관리적 개선방안
- 다양성 제공(작업의 다양성, 업무교대, 업무확대)
- 일정조절(작업일정, 작업속도 조절)
- 회복시간 제공
- 습관의 변화(작업습관의 변화)
- 배치(작업자의 적정배치)
- 직장체조 강화
- 청소, 유지보수(작업공간, 공구, 장비의 주기적인 청소, 보수) 등

03 소음성 난청의 초기 단계를 보이는 현상인 C5 – dip현상에 대해 설명하시오.

풀이

C5 – dip
- 초기에는 3,000~6,000Hz범위, 특히 4,000Hz에 대한 청력장해가 나타나고, 점차로 난청의 정도가 심하여질수록 6,000Hz 이상의 고음역과 3,000Hz 이하의 저음역에까지 청력손실이 파급되는 현상이다.
- 청력도(Audiogram)상으로 C5음계(4,096Hz)에서 청력손실이 커서 움푹 들어가기 때문에 C5 – dip이라 부르게 되었다.

04 청력보존프로그램의 구성요소 5가지를 쓰시오.

풀이

청력보존프로그램의 구성
① 소음측정
② 공학적 대책, 관리적 대책
③ 청력 보호구 사용
④ 청력검사 및 의학적 판정
⑤ 보건교육 및 훈련
⑥ 기록보관 및 프로그램 효과 평가

05 표준시간을 산출하는 방법 5가지를 쓰시오.

풀이
① 직접 측정방법

시간연구법 (연속적인 측정방법)	전자식 타이머, 스톱워치(Stop Watch), VTR(Video Tape Recorder) Camera 등의 기록장치를 이용하여 측정대상 작업의 시간적 경과를 직접 관측하여 표준시간을 산출하는 방법으로, 긴 작업의 경우 관측이 어렵다.
간헐적 측정방법 (Work Sampling)	연속적인 측정이 아니라 간헐적으로 랜덤한 시점에서 작업자나 설비를 순간적으로 관측하여 상황을 파악하고, 이를 토대로 관측기간 동안에 나타난 데이터로 긴 작업의 표준시간을 추정할 수 있다.

② 간접 측정방법

실적자료법	과거의 경험이나 자료를 사용하는 방법으로 작업에 관한 실제 자료를 이용하여 작업 단위당 기준 시간을 산정한 후, 이 값을 표준으로 삼는 방법으로 주로 단기적 소량 생산작업에 적용한다.
표준자료법	과거의 시간연구로부터 얻어진 여러 가지 요소작업에 소요되는 시간을 이용하여 표준시간을 설정하는 방법이다. 과거에 측정한 기록들을 기준으로 동작에 영향을 미치는 요인들을 검토하여 만든 함수식, 표, 그래프 등으로 동작시간을 예측한다.
PTS(Predetermined Time Standards)법	PTS는 표준자료법에서 요소동작이 Therbig의 기본 동작에 해당하는 경우에 속하는 것으로, 사람이 행하는 작업을 기본동작으로 분류하고, 각 기본동작들은 동작의 성질과 조건에 따라 이미 정해진 기준 시간치를 적용하여 전체 작업의 정미시간을 구하는 방법이다. PTS에는 여러가지 방법이 있으나, Work Factor와 MTM 방법이 가장 많이 알려져 있다.

06 인간의 정보처리 과정에서의 주의해야 할 4가지를 쓰시오.

풀이
① 선택성 : 여러 작업을 동시에 수행할 때는 주의를 적절히 배분해야 하며, 이 배분은 선택적으로 이루어짐
② 방향성 : 주의가 집중되는 방향의 자극과 정보에는 높은 주의력이 배분되나 그 방향에서 멀어질수록 주의력이 떨어짐
③ 변동성 : 주의력의 수준이 주기적으로 높아졌다 낮아졌다를 반복하는 현상(주기는 40~50분)
④ 일점집중성 : 돌발사태에 직면하면 공포를 느끼게 되고 주의가 일점(주시점)에 집중되어 판단이 불가능한 패닉상태에 빠짐

07 안전관리의 재해예방 기본원칙 5가지를 쓰시오.

풀이

안전관리의 사고예방대책 5단계(재해예방의 기본원칙)

① 제1단계(조직)
경영자는 안전 목표를 설정하여 안전관리를 함에 있어 맨 먼저 안전관리 조직을 구성하여 안전활동 방침 및 계획을 수립하고 전문적 기술을 가진 조직을 통한 안전활동을 전개함으로써 근로자의 참여하에 집단의 목표를 달성하도록 하여야 한다.

② 제2단계(사실의 발견)
조직편성을 완료하면 각종 안전사고 및 안전활동에 대한 기록을 검토하고 작업을 분석하여 불안전요소를 발견한다. 불안전요소를 발견하는 방법은 안전점검, 사고조사, 관찰 및 보고서의 연구, 안전토의 또는 안전회의 등이다.

③ 제3단계(평가분석)
발견된 사실, 즉 안전사고의 원인분석은 불안전요소를 토대로 사고를 발생시킨 직접적 및 간접적 원인을 찾아내는 것이다. 분석은 현장 조사 결과의 분석, 사고보고, 사고기록, 환경조건의 분석 및 작업공장의 분석, 교육과 훈련의 분석 등을 통해야 한다.

④ 제4단계(시정책의 선정)
분석을 통하여 색출된 원인을 토대로 효과적인 개선방법을 선정해야 한다. 개선방안에는 기술적 개선, 인사조정, 교육 및 훈련의 개선, 안전행정의 개선, 규정 및 수칙의 개선과 이행 독려의 체제강화 등이 있다.

⑤ 제5단계(시정책의 적용)
시정방법이 선정된 것만으로 문제가 해결되는 것이 아니고 반드시 적용되어야 하며 목표를 설정하여 실시하고 실시결과를 재평가하여 불합리한 점은 재조정되어 실시되어야 한다. 시정책은 교육, 기술, 규제의 3E대책을 실시함으로써 이루어진다.

08 시각적 표시장치가 청각적 표시장치에 비해 유리할 때를 5가지 쓰시오.

풀이

① 메시지가 길고 복잡할 때
② 메시지가 공간적 위치를 다룰 때
③ 메시지를 나중에 참고할 필요가 있을 때
④ 소음이 과도할 때
⑤ 작업자의 이동이 적을 때
⑥ 즉각적인 행동이 불필요할 때
⑦ 수신장소가 너무 시끄러울 때
⑧ 수신자의 청각계통이 과부하 상태일 때

09 현재 표시장치의 C/R비가 5일 때, 좀 더 둔감해지더라도 정확한 조종을 하고자 한다. 다음의 두 가지 대안을 보고 문제를 푸시오.

대 안	손잡이 길이	각 도	표시장치 이동거리
A	12cm	30°	1cm
B	10cm	20°	0.8cm

(1) A와 B의 C/R비를 구하시오.

(2) 좀 더 둔감해지더라도 정확한 조종을 하기 위한 A와 B 중 더 나은 대안을 결정하고 그 이유를 설명하시오.

풀이

① A의 C/R비 = Control/Response = $(2\pi L \times \theta/360)$/표시장치 이동거리 = $(2\pi 12 \times 30/360)/1$ = 6.28
　B의 C/R비 = Control/Response = $(2\pi L \times \theta/360)$/표시장치 이동거리 = $(2\pi 10 \times 20/360)/0.8$ = 4.36

② C/R비가 큰 A가 더 둔감하여 민감한 B에 비해 더 정확한 조종을 할 수 있다.

10 근골격계 질환의 요인 중 작업특성 요인을 5가지 쓰시오.

풀이

① 진 동
② 접촉스트레스
③ 반복성
④ 과도한 힘
⑤ 부자연스런 또는 취하기 어려운 자세
⑥ 기타(온도, 조명, 직무스트레스)

11 평균 눈 높이가 160cm이고, 표준편차가 5일 때, 눈높이의 5%tile을 구하시오(단, 정규분포를 따르며 $Z_{0.90} = 1.28$, $Z_{0.95} = 1.65$, $Z_{0.99} = 2.32$).

풀이
5%tile = 평균 − 표준편차 × 1.65 = 160 − 5 × 1.65 = 151.75cm

12 정상작업영역, 최대작업영역, 파악한계를 설명하시오.

풀이
① 정상작업영역 : 윗팔을 몸통에 붙인 자세에서 손의 회전반경 내의 영역(40 ± 5cm)이다.
② 최대작업영역 : 어깨를 고정시킨 자세에서 팔을 뻗어 움직일 때 만들어지는 영역(60 ± 5cm)이다.
③ 파악한계 : 앉은 작업자가 특정한 수작업 기능을 편히 할 수 있는 공간의 외곽한계이다.

13 웨버(Weber)의 비가 1/60이면, 총 길이가 30m인 경우 직선상에 어느 정도의 길이에서 감지할 수 있는가?

풀이
Weber비 = JND/기준자극크기, 1/60 = X/30, X = 0.5m

14 생체신호를 이용한 스트레인의 주요척도 4가지를 쓰시오.

> 풀이
① 뇌전도(EEG)
② 심전도(ECG)
③ 근전도(EMG)
④ 안전도(EOG)
⑤ 전기피부반응(GSR)

15 작업자가 한 손을 사용하여 무게가 100N인 작업물을 들고 있다. 물체를 쥔 손에서 팔꿈치까지의 거리는 30cm이고, 손과 아래팔의 무게는 10N이며, 손과 아래팔이 무게중심은 팔꿈치로부터 15cm에 위치해 있다. 팔꿈치에 작용하는 모멘트는 얼마인가?

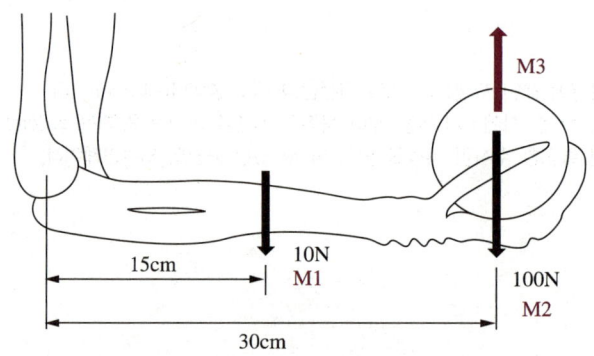

> 풀이
모멘트 평형 : M3 = M1 + M2 = 31.5Nm
M1 = 0.15m × 10N = 1.5Nm
M2 = 0.3m × 100N = 30Nm

16 창문으로부터 들어오는 직사휘광을 줄이는 방법 3가지를 쓰시오.

> **풀이**
> ① 창문을 높이 설치
> ② 창의 바깥쪽에 가리개를 설치
> ③ 창의 안쪽에 수직날개를 설치
> ④ 차양의 사용

17 손 – 팔 진동을 줄이는 방법 4가지를 쓰시오.

> **풀이**
> ① 공학적 대책
> • 진동댐핑 : 탄성을 가진 진동흡수재(고무)를 부착하여 진동을 최소화한다.
> • 진동격리 : 진동발생원과 작업자 사이의 진동 경로를 차단한다.
> ② 조직적 대책
> • 전동 수공구는 적절하게 유지보수하고 진동이 많이 발생되는 기구는 교체한다.
> • 작업시간은 매 1시간 연속 진동노출에 대하여 10분 휴식을 취한다.
> • 지지대를 설치하는 등의 방법으로 작업자가 작업공구를 가능한 한 적게 접촉한다.
> • 작업자가 적정한 체온을 유지할 수 있게 관리한다.
> • 손은 따뜻하고 건조한 상태를 유지한다.
> • 공구는 가능한 한 낮은 속력에서 작동될 수 있는 것을 선택한다.
> • 방진장갑 등 진동보호구를 착용하여 작업한다.
> • 니코틴은 혈관을 수축시키기 때문에 진동공구를 조작하는 동안 금연해야 한다.
> • 관리자와 작업자는 국소진동에 대하여 건강상 위험성을 충분히 알고 있어야 한다.
> • 손가락의 진통, 무감각, 창백화 현상이 발생되면 즉각 전문의료인에게 상담한다.

18 인간의 독립행동에서 휴먼에러 4가지를 쓰시오.

> **풀이**
> ① 실행 에러(Commission Error) : 작업 내지 단계는 수행하였으나 잘못한 에러
>   [예] 주차금지 구역에 주차하여 스티커가 발부된 경우
> ② 생략 에러(Omission Error) : 필요한 작업 내지 단계를 수행하지 않은 에러
>   [예] 자동차 하차 시 실내등을 끄지 않아 방전된 경우
> ③ 순서 에러(Sequential Error) : 작업수행의 순서를 잘못한 에러
>   [예] 자동차 출발 시 사이드 브레이크를 내리지 않고 가속하는 경우
> ④ 시간 에러(Timing Error) : 주어진 시간 내에 동작을 수행하지 못하거나 너무 빠르게 또는 너무 느리게 수행하였을 때 생긴 에러
> ⑤ 불필요한 행동 에러(Extraneous Act Error) : 해서는 안 될 불필요한 작업의 행동을 수행한 에러

2019년 제3회 기출복원문제

01 Barnes의 동작경제 원칙 3가지를 쓰고, 한 가지씩 예를 쓰시오.

풀이

① 신체사용에 관한 원칙(Use of Human Body)
- 양손은 동시에 동작을 시작하고 또 끝마쳐야 한다.
- 휴식시간 이외에 양손이 동시에 노는 시간이 있어서는 안 된다.
- 양팔은 각기 반대방향에서 대칭적으로 동시에 움직여야 한다.
- 손의 동작은 작업을 수행할 수 있는 최소동작 이상을 해서는 안 된다.
- 작업자들을 돕기 위하여 동작의 관성을 이용하여 작업하는 것이 좋다.
- 구속되거나 제한된 동작 또는 급격한 방향전환보다는 유연한 동작이 좋다.
- 작업동작은 율동이 맞아야 한다.
- 직선동작보다는 연속적인 곡선동작을 취하는 것이 좋다.
- 탄도동작(Ballistic Movement)은 제한되거나 통제된 동작보다 더 신속, 정확, 용이하다.
- 눈을 주시시키는 동작 또는 이동시키는 동작은 되도록 적게 하여야 한다.

② 작업장의 배치에 관한 원칙(Workplace Arrangement)
- 모든 공구와 재료는 일정한 위치에 정돈되어야 한다.
- 공구와 재료는 작업이 용이하도록 작업자의 주위에 있어야 한다.
- 재료를 될 수 있는 대로 사용 위치 가까이에 공급할 수 있도록 중력을 이용한 호퍼 및 용기를 사용하여야 한다.
- 가능하면 낙하시키는 방법을 이용하여야 한다.
- 공구 및 재료는 동작에 가장 편리한 순서로 배치하여야 한다.
- 채광 및 조명장치를 잘 하여야 한다.
- 의자와 작업대의 모양과 높이는 각 작업자에게 알맞도록 설계되어야 한다.
- 작업자가 좋은 자세를 취할 수 있는 모양, 높이의 의자를 지급해야 한다.

③ 공구 및 설비 디자인에 관한 원칙(Design of Tools and Equipment)
- 치구, 고정장치나 발을 사용함으로써 손의 작업을 보존하고 손은 다른 동작을 담당하도록 하면 편리하다.
- 공구류는 될 수 있는 대로 두 가지 이상의 기능을 조합한 것을 사용하여야 한다.
- 공구류 및 재료는 될 수 있는 대로 다음에 사용하기 쉽도록 놓아두어야 한다.
- 각 손가락이 사용되는 작업에서는 각 손가락의 힘이 같지 않음을 고려하여야 할 것이다.
- 각종 손잡이는 손에 가장 알맞게 고안함으로써 피로를 감소시킬 수 있다.
- 각종 레버나 핸들은 작업자가 최소의 움직임으로 사용할 수 있는 위치에 있어야 한다.

02 서블릭에 대해 알맞은 내용을 쓰시오.

동작연구를 통하여 인간이 행하는 모든 (　　)은(는) (　　)가지의 기본동작으로 구성될 수 있다. (　　)에 의해 만들어졌으며, 동작내용보다는 (　　)을(를) 중요시한다.

풀이
동작연구를 통하여 인간이 행하는 모든 (수작업)은 (18)가지의 기본동작으로 구성될 수 있다. (길브레스)에 의해 만들어졌으며, 동작내용보다는 (동작목적)을 중요시한다.

03 ILO피로 여유율에서 변동 여유율 9가지 중 5가지를 쓰시오.

풀이
① 작업자세
② 중량물 취급
③ 조 명
④ 공기조건
⑤ 시각 긴장도
⑥ 청각 긴장도
⑦ 정신적 긴장도
⑧ 정신적 단조감
⑨ 신체적 단조감

04 다음 보기에서 설명하는 세포를 쓰시오.

(1) 색을 구별하며, 황반에 집중되어 있는 세포
(2) 주로 망막 주변에 있으며 밤처럼 조도수준이 낮을 때 기능을 하고, 흑백의 음영만을 구분하는 세포

풀이
① 원추세포(Cone Cell) : 색을 구별하며, 황반에 집중되어 있는 세포
② 간상세포(Rod Cell) : 주로 망막 주변에 있으며 밤처럼 조도수준이 낮을 때 기능을 하고, 흑백의 음영만을 구분하는 세포

05 시력이 0.5일 때 링스톤 1.5mm를 식별할 수 있는 거리(m)를 구하시오(단, 소수 넷째 자리에서 반올림하시오).

풀이
시각(Visual Angle) = 180/π × 60 × [물체의 크기(D)/물체와의 거리(L)] = 3438 × D/L
시각 = 1/시력 = 1/0.5 = 2, D = 1.5이므로 L = 3438 × 1.5/2 = 2578.5mm = 2.579m

06 오금의 높이에 따른 의자의 높이를 조절식 설계로 구하시오(단, $Z_{0.95}$ = 1.645, 신발의 두께 2.5cm, 여유 1cm).

구 분	남 자	여 자
평 균	392mm	363mm
표준편차	20.6mm	19.5mm

풀이
의자의 높이는 모든 사람이 앉을 수 있도록 조절식 설계를 해야 한다.
① 최대(남자의 범위)
   95%tile = 평균 + 표준편차 × 1.645 + 신발의 두께 + 여유 = 392 + (1.645 × 20.6) + 35 = 460.887mm
② 최소(여자의 범위)
   5%tile = 평균 − 표준편차 × 1.645 + 신발의 두께 + 여유 = 363 − (1.645 × 19.5) + 35 = 365.923mm
따라서 365.923~460.887mm로 설계한다.

07 테니스엘보라고도 하며, 팔꿈치의 바깥쪽 돌출된 부위에 통증과 함께 발생된 염증을 말한다. 손목을 뒤로 젖힐 때 팔꿈치의 바깥쪽에 통증이 발생하며, 손목이나 팔을 반복적으로 사용하거나 팔꿈치에 직접적인 손상을 입었던 환자에게서 주로 발생하는 것은 무엇인가?

풀이
외상과염(Lateral Epicondylitis) : 팔꿈치 바깥쪽 부위와 인대에 염증이 생김으로써 발생하는 증상이다.

08 여성근로자의 8시간 조립작업에서 대사량을 측정한 결과 산소소비량이 1.2L/min으로 측정되었다. 여성근로자의 휴식시간을 구하시오.

[풀이]
휴식시간(R) = T × (E − S)/(E − 1.5)
T : 총 작업시간(분)
E : 작업 중 에너지 소비량 : 산소소비량 × 5kcal/L = 1.2L/min × 5kcal/L = 6kcal/min
S : 권장 에너지 소비량(남성 = 5kcal/min, 여성 = 3.5kcal/min)
= (8h × 60분) × (6 − 3.5)/(6 − 1.5) = 266.67분

09 감성공학에서 인간이 어떤 제품에 대해 가지는 이미지를 물리적 설계 요소로 번역해 주는 방법 2가지를 쓰시오.

[풀이]
① 제품에 대한 이미지를 형용사로 추출한 후 제품설계 시 이를 물리량으로 변환하여 반영한다.
② 감각이 사물을 수용하는 과정을 생리적·심리적 방법으로 규명한다(맥박, 뇌파 등을 통해 감성을 정량화).

10 요인분석을 통하여 얻어진 요인부하행렬은 다음 표와 같다. 분석결과를 활용하여 감성어휘를 3개의 감성요인으로 그룹핑하시오.

감성어휘	Factor 1	Factor 2	Factor 3
우아한 – 촌스러운	0.516	0.029	−0.675
널찍한 – 좁은	−0.865	−0.273	−0.123
편안한 – 불편한	−0.890	−0.111	−0.283
참신한 – 진부한	0.119	0.769	0.449
강한 – 약한	0.367	0.028	0.899

풀이

요인부하 절댓값이 0.55 이상일 때 실제적 유의성을 가지며 추출된 요인과 감성어휘의 연관정도가 높다.

[예] 좌측어휘(우아한, 널찍한, 편안한, 참신한, 강한) : −
우측어휘(촌스러운, 좁은, 불편한, 진부한, 약한) : +

감성어휘	Factor 1	Factor 2	Factor 3	1요인	2요인	3요인
우아한 – 촌스러운	0.516	0.029	−0.675			우아한
널찍한 – 좁은	−0.865	−0.273	−0.123	널찍한		
편안한 – 불편한	−0.890	−0.111	−0.283	**편안한**		
참신한 – 진부한	0.119	0.769	0.449		**진부한**	
강한 – 약한	0.367	0.028	0.899			**약 한**

NO.	감성어휘	그룹명
1요인	(널찍한, 편안한)	편안한
2요인	(진부한)	진부한
3요인	(우아한, 약한)	약 한

11 표시장치와 조종장치를 양립하여 설계하였을 때의 장점 4가지를 쓰시오.

풀이
① 조작오류가 적다.
② 만족도가 높다.
③ 학습이 빠르다.
④ 위급 시 빠른 대처가 가능하다.
⑤ 작업 실행속도가 빠르다.

12 다음은 양립성에 대한 예이다. 각각 어떠한 양립성에 해당하는지 순서대로 빈칸을 채우시오.

> 자동차 핸들을 오른쪽으로 돌리면 오른쪽으로 움직이고, 왼쪽으로 돌리면 왼쪽으로 움직이는 것을 (   ) 양립성, 오른쪽 스위치를 켜면 오른쪽 전등이 켜지고, 왼쪽 전등을 켜면 왼쪽 전등이 켜지는 것을 (   ) 양립성, 간장통은 검은색, 식초통은 흰색이라고 인지하는 것을 (   ) 양립성이라 한다.

풀이
① 운 동
② 공 간
③ 개 념

13 근골격계 질환을 예방할 수 있는 인간공학적 측면에서의 공구설계 원칙 4가지를 쓰시오.

> **풀이**
> ① 손목의 중립적 자세의 유지
>   - 손목은 곧게 펼 수 있어야 하며, 손목을 굽히거나 비틀림, 어깨 들림 등의 나쁜 자세를 취하지 않도록 한다.
>   - 공구의 무게중심과 잡은 손의 중심이 일직선이어야 한다.
> ② 손잡이는 직경, 길이 고려
>   - 손잡이의 직경은 사용용도에 따라서 조정하되, 손바닥과 닿는 면적을 넓게 해야 힘을 고르게 분산시킬 수 있다.
>   - 손잡이 길이는 최소 10cm가 되도록 하며, 장갑을 사용할 경우 12.5cm 이상이어야 한다.
>   - 손잡이 길이가 짧으면 손잡이 끝에 손바닥의 신경이나 혈관이 눌리는 접촉스트레스를 야기시킨다.
> ③ 손가락의 반복동작 회피
>   - 손가락으로 지나치게 반복동작을 하지 않도록 한다.
>   - 반복적인 힘이 필요한 경우 스프링 반동 장치가 있는 공구를 선택한다.
>   - 제일 강한 힘을 낼 수 있는 중지와 엄지를 사용한다.
>   - 공구의 무게는 2.3kg 이하가 적당, 반복작업은 1kg 이하, 정밀작업은 0.4kg 이하가 되도록 한다.
> ④ 접촉면을 넓게 하여 접촉스트레스의 최소화
>   - 손바닥 면에 압력이 가해지지 않도록 해야 한다.
>   - 손잡이의 표면은 충격을 흡수할 수 있고, 비전도성이어야 한다.
>   - 손잡이 표면의 홈의 크기나 너비가 작업자에게 맞지 않으면 손가락은 지속적으로 스트레스를 받게 되고, 통증과 불편함을 느끼게 된다.
> ⑤ 올바른 방향으로 사용
>   손목을 굽히거나 비틀지 않고 똑바른 자세를 취할 수 있도록 작업방향을 바꾼다.
> ⑥ 기 타
>   - 알맞은 장갑을 사용한다.
>   - 수동공구 대신에 전동공구를 사용한다
>   - 안전측면을 고려한 디자인과 여성, 왼손잡이를 위한 배려가 있어야 한다.

14 사용자 인터페이스 설계 시 조화성 설계원칙 3가지를 쓰시오.

> **풀이**
> ① 신체적 조화성 : 신체적 특성정보 예 전화기 버튼의 크기
> ② 지적 조화성 : 행동에 관한 특성정보 예 전화기 재발신버튼
> ③ 감성적 조화성 : 감성특성에 관한 정보로 즐거움이나 기쁨을 느끼게 함 예 참신한 디자인

15 근골격계 질환의 원인 3가지를 쓰시오.

> **풀이**
> ① 진동, 한랭 : 간접요인
> ② 접촉스트레스 : 작업공구의 국소적인 신체압박
> ③ 반복동작 : 상지의 작업주기가 30초 미만이고 하나의 단위에 대해 50% 이상을 차지하는 작업, 관절의 움직임이 분당 20회 초과
> ④ 과도한 힘 : 근육의 힘을 많이 사용하는 작업
> ⑤ 부족한 휴식시간 : 근육의 피로를 회복시킬 수 없는 휴식시간
> ⑥ 신체적 압박
> ⑦ 부적절한 작업자세

16 근골격계 부담작업에 대하여 다음 빈칸을 채우시오.

> (1) 하루 10회 이상 (　　)kg 이상의 물체를 드는 작업이다.
> (2) 하루 25회 이상 (　　)kg 이상의 물체를 무릎 아래에서 들거나, 어깨 위에서 들거나 팔을 뻗은 상태에서 드는 작업이다.
> (3) 하루에 총 2시간 이상, 분당 2회 이상 (　　)kg 이상의 물체를 드는 작업이다.

> **풀이**
> (1) 하루 10회 이상 (25)kg 이상의 물체를 드는 작업이다.
> (2) 하루 25회 이상 (10)kg 이상의 물체를 무릎 아래에서 들거나, 어깨 위에서 들거나 팔을 뻗은 상태에서 드는 작업이다.
> (3) 하루에 총 2시간 이상, 분당 2회 이상 (4.5)kg 이상의 물체를 드는 작업이다.

17 NLE의 RWL계산을 위한 상수에서, 상수값이 0이 되도록 하는 조건을 쓰시오.

(1) 수평계수 : (   )cm 초과

(2) 수직계수 : (   )cm 초과

(3) 비대칭계수 : (   )° 초과

> **풀이**
> (1) 수평계수 : (63)cm 초과
> (2) 수직계수 : (175)cm 초과
> (3) 비대칭계수 : (135)° 초과

18 사용설명서를 만들 때 고려해야 할 점에 대하여 3가지를 쓰시오.

> **풀이**
> **사용설명서 제작 시 고려사항**
> ① 사용방법
> ② 안전에 관한 주의사항
> ③ 제품사진, 성능, 기능
> ④ 제품의 설치, 조작, 보수, 점검, 폐기, 기타 주의사항
> ⑤ 제품명칭, 개봉방법
> ⑥ 형식, 회사명, 주소, 전화번호

2018년 제1회 기출복원문제

01 아래와 같은 경우의 설계에 적용할 수 있는 인체치수 설계원칙을 적으시오.

비상구의 높이   열차의 좌석 간 거리   그네의 중량하중

풀이
극단치 설계 중 최대치 적용의 사례이다.

02 근골격계 질환 유해요인의 개선을 위한 관리적 방법 3가지를 적으시오.

풀이
① 다양성 제공(작업의 다양성, 업무교대, 업무확대)
② 일정조절(작업일정, 작업속도 조절)
③ 회복시간 제공
④ 습관의 변화(작업습관의 변화)
⑤ 배치(작업자의 적정배치)
⑥ 직장체조 강화
⑦ 청소, 유지보수(작업공간, 공구, 장비의 주기적인 청소, 보수) 등이 있다.

03 아래의 빈칸에 들어갈 알맞은 인체치수 설계원칙을 적으시오.

> 의자 좌판을 설계할 경우 좌판의 앞뒤 거리는 (   )을(를) 이용한다.

풀이
의자 좌판을 설계할 경우 좌판의 앞뒤 거리는 (최소치 설계)를 이용한다.

04 Tamper Proof에 대하여 설명하시오.

풀이
장치작동의 간섭(Tamper), 고의로 안전장치를 제거하는 등의 부정한 조작과 변경, 임의로 변경하는 것을 방지하는 장치이다.

05 비행기 왼쪽과 오른쪽에 모두 2개의 엔진이 있고, 왼쪽 엔진의 신뢰도는 0.7, 오른쪽의 신뢰도는 0.8이다. 양쪽의 엔진이 모두 고장이 나야 비행기가 추락한다고 할 때, 이 비행기의 신뢰도를 구하시오.

풀이
병렬시스템의 신뢰도를 구하는 문제로 $R = 1 - (1 - a)(1 - b) = 1 - (1 - 0.7)(1 - 0.8) = 0.94$

06 정상 시거리 71cm를 기준으로 정상조명에서 눈금식별 거리는 1.3mm이고, 낮은 조명에서는 1.8mm가 권장된다. 낮은 조명시 5m 거리의 눈금식별 거리를 구하시오.

> **풀이**
> 71cm : 1.8mm = 500cm : x
> x = 500cm × 1.8mm/71cm
>   = 12.68mm

07 제조물책임(PL)법에서의 대표적인 3가지 결함을 쓰시오.

> **풀이**
> 설계상의 결함, 제조상의 결함, 표시상의 결함

08 4구의 가스불판과 점화(조종)버튼의 설계에 대한 다음의 질문에 답하시오.

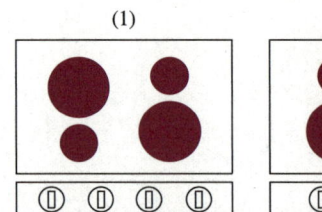
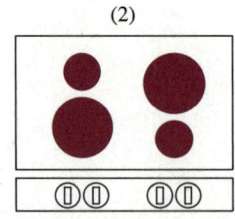
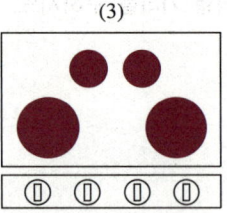

(1) 다음과 같은 가스불판과 점화(조종)버튼을 설계할 때의 인간공학적 설계 원칙을 적으시오.

(2) 휴먼에러가 가장 적게 일어날 최적방안은 몇 번이고 그 이유는 무엇인가?

풀이
① 공간적(Spatial) 양립성 : 물리적 형태나 공간적 배치가 사용자의 기대와 일치하는 것으로 조종장치가 왼쪽에 있으면 왼쪽에 장치를 배치하는 원리이다.
② 휴먼에러 발생률이 가장 적은 것은 3번이다. 그 이유는 조종장치와 대응하는 화구의 공간적 배치가 인간의 기대와 일치하기 때문이다.

09 정신적 피로도를 측정하는 NASA – TLX(Task Load Index)의 6가지 척도를 적으시오.

풀이
정신적 부하, 신체적 부하, 시간적 욕구, 수행도, 노력, 좌절수준

10 5개의 공정에서 주기시간이 6분인 경우 평균효율을 구하시오.

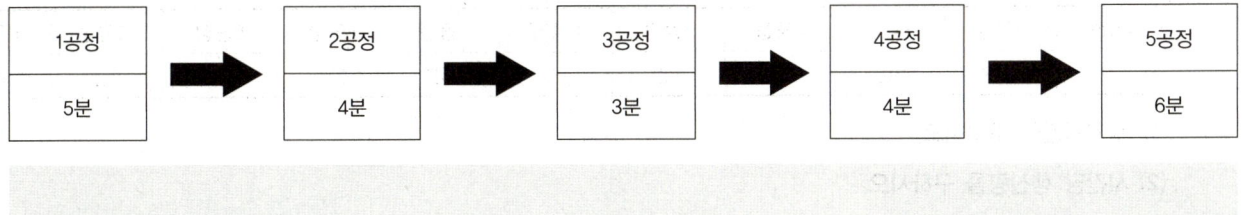

> **풀이**
> 평균효율 = 총작업시간/(작업수 × 주기시간) = (5 + 4 + 3 + 4 + 6)/(5공정 × 6분) = 73.33%
> 주기시간 = 가장 긴 6분

11 수평면 작업영역에서의 2가지 작업영역에 대해 설명하시오.

> **풀이**
> ① 정상작업영역 : 윗팔을 몸통에 붙인 자세에서 손의 회전반경 내의 영역(40±5cm)이다.
> ② 최대작업영역 : 어깨를 고정시킨 자세에서 팔을 뻗어 움직일 때 만들어지는 영역(60±5cm)이다.

12 작업물 중량이 10.3kg 일 때 LI 지수를 구하고, LI 지수에 대한 평가와 관리방안을 기술하시오(단, RWL = 7.8kg).

> **풀이**
> 들기 지수(LI ; Lifting Index) = 물건의 중량(Load Weight)/RWL = 10.3kg/7.8kg = 1.32
> LI가 1보다 크므로 이 작업은 요통의 발생위험이 높다. 따라서 LI가 1 이하가 되도록 작업을 재설계해야 한다.

13 11개 공정의 소요시간이 다음과 같을 때 물음에 답하시오.

1공정	2공정	3공정	4공정	5공정	6공정	7공정	8공정	9공정	10공정	11공정
2분	1.5분	3분	2분	1분	1분	1.5분	2분	1.5분	2분	1분

(1) 주기시간을 구하시오.

(2) 시간당 생산량을 구하시오.

(3) 공정효율을 구하시오.

풀이
① 주기시간 : 가장 긴 것으로 3분이다.
② 시간당 생산량 = 60분/주기시간 = 60/3 = 20개
③ 공정효율 = 총작업시간/(작업수 × 주기시간) = 18.5/(11 × 3) = 56%

14 인간 – 기계 시스템의 설계 6단계를 기술하시오.

풀이
목표 및 성능명세 결정 → 시스템의 정의 → 기본 설계 → 인터페이스 설계 → 촉진물 설계 → 시험 및 평가

15 아래의 인체측정방법을 기술하시오.

(1) 구조적 인체치수

(2) 기능적 인체치수

> **풀이**
> ① 구조적 인체치수 : 고정자세에서 측정하는 형태학적 측정으로 표준자세에서 정적 측정한다.
> ② 기능적 인체치수 : 활동자세에서 측정하며, 상지나 하지의 운동이나 체위의 움직임에 따른 동적 상태에서 측정한다.

16 VDT 작업의 설계와 관련하여 다음 빈칸을 순서대로 채우시오.

- 화면상의 시야범위는 수평선상에서 (　)° 밑에 오도록 한다.
- 화면과의 최소거리는 (　)cm 이상 확보한다.
- 위팔은 자연스럽게 늘어뜨리고, 팔꿈치의 내각은 (　)° 이상이 되도록 한다.

> **풀이**
> ① 10~15
> ② 40
> ③ 90

17 ECRS 작업개선 방법에 대해 설명하시오.

풀이
① E : 제거(Eliminate)
  불필요한 작업·작업요소 제거
② C : 결합(Combine)
  다른 작업·작업요소와의 결합
③ R : 재배열(Rearrange)
  작업순서의 변경
④ S : 단순화(Simplify)
  작업·작업요소의 단순화, 간소화

18 근골격계 질환 예방관리프로그램의 의학적 관리차원에서 증상호소자의 관리방법 3가지를 기술하시오.

풀이
① 근골격계 질환 증상과 징후호소자의 조기발견체계 구축
② 증상과 징후보고에 따른 후속조치
③ 증상호소자 관리의 위임
④ 업무제한과 보호조치

2018년 제3회 기출복원문제

01 단순반응시간 0.2초, 1bit 증가당 0.5초의 기울기, 자극수가 8개일 때 반응시간을 구하시오.

풀이
힉스의 법칙에 의하면 선택반응시간은 다음과 같이 표현된다.
(Response Time) = a + b$\log_2$N = 0.2 + 0.5$\log_2$8 = 1.7초

02 청각적 표시장치가 시각적 표시장치에 비해 유리한 점 4가지를 쓰시오.

풀이
① 메시지가 짧고 단순할 때
② 메시지가 시간상의 사건을 다룰 때(무선거리 신호, 항로정보 등과 같이 연속적으로 변하는 정보를 제시할 때)
③ 메시지가 나중에 참고할 필요가 없을 때
④ 수신장소가 너무 밝거나 암조응 유지가 필요할 때
⑤ 수신자가 자주 움직일 때
⑥ 즉각적인 행동이 필요할 때
⑦ 수신자의 시각계통이 과부하 상태일 때

03 조종장치의 손잡이 길이가 5cm이고 60°를 움직였을 때 표시장치에서 3cm가 이동하였다. 이때, C/R비를 구하시오.

풀이
C/R비 = Control/Response = 2π L × θ /360/표시장치 이동거리 = (2π 5 × 60/360)/3 = 1.744

04 A집단의 평균 신장이 170.2cm, 표준편차가 5.2일 때 시장의 95%tile, 50%tile, 5%tile을 구하시오(단, 정규분포를 따르며, $Z_{0.05} = -1.645$, $Z_{0.95} = 1.645$).

[풀이]
95%tile = 평균 + 표준편차 × 1.645 = 170.2 + 5.2 × 1.645 = 178.75
50%tile = 평균 = 170.2
5%tile = 평균 − 표준편차 × 1.645 = 170.2 − 5.2 × 1.645 = 161.65

05 인체동작의 유형 중 굴곡(Flexion), 외전(Abduction), 회내(Pronation)에 대하여 설명하시오.

[풀이]
- 굴곡 : 시상면의 동작으로 다리를 들어 구부리는 것과 같은 동작
- 외전 : 관상면의 동작으로 옆으로 다리를 벌려 인체 중심축으로부터 멀어지는 동작
- 회내 : 수평면의 동작으로 엄지발가락을 안쪽으로 뒤집는 것과 같은 동작

06 검정영역에 흰 글자가 인접한 경우 퍼지는 것처럼 보이는 현상을 무엇이라 하는지 쓰시오.

[풀이]
광삼현상
검은 바탕에 흰 글씨가 있는 경우 글씨가 번져 보이는 현상

07 15kg의 중량물을 선반 1위치 (27, 60)에서 선반 2위치 (50, 145)로 하루 총 46분 동안 분당 3번씩 들기 작업을 하는 작업자에 대하여 NIOSH 들기 지침에 의하여 분석한 결과를 다음의 단순 들기 작업 분석표와 같이 나타내었으며, 빈도계수 0.86, 비대칭각도 0, 박스의 손잡이는 커플링 'Fair(0.95)'로 간주할 때 시점에서의 RWL과 LI지수를 구하고 적합성을 판단하시오.

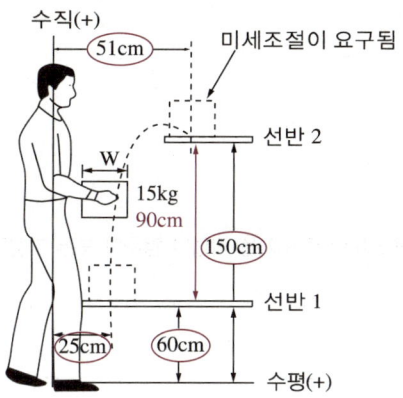

단, 각 계수의 공식은 다음과 같다.
- HM = 25cm/H
- VM = 1 − 0.003|V − 75|
- DM = 0.82 + 4.5/D
- AM = 1 − 0.0032A

풀이
① 수평계수(HM) = 25/H = 25/25 = 1
② 수직계수(VM) = 1 − 0.003 × |V − 75|
　　　　　　　　= 1 − 0.003 × |60 − 75| = 0.96
　　　　　　　　= 1 − 0.003 × |150 − 75| = 0.78
③ 거리계수(DM) = 0.82 + 4.5/D = 0.82 + 4.5/90 = 0.87
④ 비대칭계수(AM) = 1 − 0.0032 × A = 1 (A는 0도)
⑤ 빈도계수(FM) = 0.86
⑥ 결합계수(CM) = 0.95
　　RWL = 23kg × HM × VM × DM × AM × FM × CM = 23 × 1 × 0.96 × 0.87 × 1 × 0.86 × 0.95 = 15.7
　　LI = 중량물의 무게/RWL = 15/15.7 = 0.955(적합)

08 원자재로부터 완제품이 나올 때까지 공정에서 이루어지는 작업과 검사의 모든 과정을 순서대로 표현한 도표는 무엇인가?

풀이
작업공정도
원재료로부터 완제품이 나올 때까지 공정에서 이루어지는 작업과 검사의 모든 과정을 공정순서에 따라 기호로 표현한 도표

09 생체기능을 유지하기 위해서는 일정량의 에너지가 필요하다. 단위시간당 에너지량을 무엇이라 하는지 쓰시오.

풀이
기초대사량
① 생명을 유지하는 데 필요한 최소한의 에너지량
② 쾌적한 상태에서 공복인 상태로 가만히 누워있을 때 에너지 소비량
③ 개인차가 심하며 체중, 나이, 성별에 따라 다름
④ 남자 1kcal/h.kg, 여자 0.9kcal/h.kg
⑤ 남자의 하루동안의 기초대사량 : 70kg × 1kcal/h.kg × 24h = 1680kcal
⑥ 여자의 하루동안의 기초대사량 : 50kg × 0.9kcal/h.kg × 24h = 1080kcal

10 문제를 보고 괄호 안에 들어갈 알맞은 단어를 고르시오.

> 정신적 부하가 증가하면 부정맥 지수가 (증가/감소) 하며, 정신적 부하가 감소하면 점멸융합주파수가 (증가/감소)한다.

풀이
① 부정맥(Sinus Arrhythmia) : 심장 활동의 불규칙성의 척도로 정신부하가 증가하면 부정맥 지수가 감소
② 점멸융합주파수(FFF ; Flicker Fusion Frequency) : 중추신경계 정신피로의 척도로 사용하며 정신부하가 감소하면 점멸융합주파수가 증가

11 한 장소에서 앉아서 수행하는 작업 활동에서 사람이 작업하는 데 사용하는 공간을 무엇이라 하는지 쓰시오.

풀이
작업공간 포락면
한 장소에서 앉아서 수행하는 작업 활동에서 사람이 작업하는 데 사용하는 공간

12 사업장 근골격계 질환 예방관리프로그램을 실행을 위한 보건관리자의 역할 3가지를 쓰시오.

> **풀이**
> ① 주기적으로 작업장을 순회하여 근골격계 질환을 유발하는 작업공정 및 작업유해요인을 파악한다.
> ② 주기적인 근로자 면담을 통해 근골격계 질환 증상 호소자를 조기에 발견한다.
> ③ 7일 이상 지속되는 증상을 가진 근로자가 있을 경우 지속적인 관찰, 전문의 진단 의뢰 등의 조치를 한다.
> ④ 근골격계 질환자를 주기적으로 면담하여 가능한 한 조기에 작업장에 복귀할 수 있도록 도움을 준다.
> ⑤ 예방관리프로그램의 운영을 위한 정책 결정에 참여한다.

13 작업자가 쪼그리고 앉아 용접하는 작업의 유해요소와 개선할 수 있는 적합한 예방대책을 쓰시오.

※ 출처 : 한국산업안전공단, 업무특성에 적합한 근골격계 질환 예방관리 모델 개발

> **풀이**
>
> | 유해요소 | 예방대책 |
> |---|---|
> | 부자연스러운 자세 | 높낮이 조절이 가능한 작업대 설치 |
> | 접촉스트레스 | 무릎보호대 착용 |
> | 반복스트레스 | 자동화설비 도입 |
> | 장시간 유해물질 노출 | 환기, 휴식, 작업확대, 작업교대 |

14 작업과 관련하여 특정 신체부위 및 근육의 과도한 사용으로 인해 근육, 연골, 건, 인대, 관절, 혈관, 신경 등에 미세한 손상이 발생하여 목, 허리, 무릎, 어깨, 팔, 손목 및 손가락 등에 나타나는 만성적인 건강장해를 무엇이라 하는지 쓰시오.

풀이
근골격계 질환

15 유해요인을 평가하는 방법인 RULA의 B그룹의 평가항목 3가지를 쓰시오.

풀이
목, 몸통, 다리

16 의자설계에 필요한 인체측정치수들이 다음과 같을 때 좌판 높이와 깊이의 기준치수를 구하시오(단, 정규분포를 따르며, $Z_{0.05}$ = -1.645, $Z_{0.95}$ = 1.645).

성별	구분	오금 높이	무릎 뒤 길이	지면 팔꿈치 높이	엉덩이 너비
남자	평균	41.3	45.9	67.3	33.5
	표준편차	1.9	2.4	2.3	1.9
여자	평균	38	44.4	63.2	33
	표준편차	1.7	2.1	2.1	1.9

풀이
① 의자의 좌판 높이는 모든 사람이 앉도록 조절식 설계(여 5%tile~남 95%tile) : 35.2~44.4cm
 • 여 5%tile : 38 - 1.7 × 1.645 = 35.2
 • 남 95%tile : 41.3 + 1.9 × 1.645 = 44.4
② 의자의 좌판 깊이는 작은 사람도 등받이에 기대고 앉을 수 있도록 최소치 설계(여 5%tile) : 44.4 - 2.1 × 1.645 = 40.95cm

17 수평작업 설계 시 고려해야 할 정상작업영역과 최대작업영역을 설명하시오.

풀이
① 정상작업영역 : 윗팔을 몸통에 붙인 자세에서 손의 회전반경 내의 영역(40 ± 5cm)이다.
② 최대작업영역 : 어깨를 고정시킨 자세에서 팔을 뻗어 움직일 때 만들어지는 영역(60 ± 5cm)이다.

18 수행도 평가기법인 Westinghouse 시스템에서 종합적 평가요소 3가지를 쓰시오.

풀이
① 숙련도, ② 노력, ③ 작업환경, ④ 일관성

2017년 제1회 기출복원문제

01 산업안전보건법상 수시 유해요인조사를 실시해야 하는 경우 3가지를 쓰시오.

[풀이]
① 임시건강진단 등에서 근골격계 환자가 발생한 경우
② 산업재해보상보험법에 의한 근골격계 질환으로 업무상 질병으로 인정받는 경우
③ 근골격계 부담작업에 해당하는 새로운 작업, 설비를 도입한 경우
④ 근골격계 부담작업에 해당하는 업무의 양과 작업공정 등 작업환경을 변경한 경우

02 다음은 앉은 오금 높이에 대한 데이터이다. 90%tile 값을 수용할 수 있는 조절식 의자의 높이 범위를 구하시오(단, 신발의 두께는 2.5cm, 옷의 두께는 0.5cm이다).

퍼센타일	1%	5%	50%	95%	99%
실제치수	23.2cm	24.4cm	34.8cm	45.2cm	46.2cm

[풀이]
5%tile = 24.4 + 신발 두께 + 옷의 두께 = 24.4 + 2.5 + 0.5 = 27.4cm
95%tile = 45.2 + 신발 두께 + 옷의 두께 = 45.2 + 2.5 + 0.5 = 48.2cm
조절식 설계는 5%tile~95%tile 범위로 해야 하므로 27.4~48.2cm

03 (1) 조종장치의 손잡이 레버길이가 15cm이고, 20°를 움직였을 때 표시장치에서 3cm가 이동하였다. C/R비와 적합성을 판정하시오.

(2) 5m 거리에서 볼 수 있는 낮은 조명에서 눈금의 최소 간격은 얼마인가?

풀이

① C/R비 = Control/Response = $2\pi L \times \theta/360$/표시장치 이동거리 = $(2\pi 15 \times 20/360)/3$ = 1.74인데, 레버의 C/R비는 2.5~4가 적당하므로 이 조종장치는 너무 민감하여 부적절하다.

② 0.71m : 1.8mm = 5m : Xmm, X = 12.68mm

04 이 방법은 사용성 평가기법의 대표적인 정성적 조사방법 중 하나로 관심이 있는 특성을 기준으로 표적집단을 3~5개 그룹으로 분류한 뒤, 각 그룹별로 6~8명의 참가자들을 대상으로 진행자가 조사목적과 관련된 토론을 함으로써 평가대상에 대한 의견이나 문제점 등을 조사한다. 이때, 이 방법을 무엇이라고 하는가?

풀이

FGI(Focus Group Interview)
- 관심이 있는 특성을 기준으로 표적집단을 3~5개 그룹으로 분류한다.
- 각 그룹별로 6~8명의 참가자들을 대상으로 진행자가 조사목적과 관련된 토론을 통해 평가대상에 대한 의견이나 문제점 등을 조사한다.

05 기계-작업 분석표가 다음과 같을 때 작업자와 기계의 유휴가 발생되지 않는 이론적 기계의 대수를 구하시오.

인 간	기계 1	기계 2
새 작업물 설치(0.12)	새 작업물 설치(0.12)	기계가공(0.86)
새 작업물 준비(0.5)	선반으로 이동(0.04)	
유휴(0.2)	기계가공(1.6)	
새 작업물 설치(0.12)		새 작업물 설치(0.12)
새 작업물 준비(0.5)	선반으로 이동(0.04)	기계가공(0.74)
유휴(0.2)		

풀이

n′ = (a + t)/(a + b) = (0.12 + 1.6)/(0.12 + 0.54) = 2.61대

- a(작업자와 기계의 동시작업시간) : 0.12분
- b(작업자만의 작업시간) : 0.54분
- t(기계만의 가공시간) : 1.6분

06 신호검출이론에서 다음 문제를 보고 괄호 안에 알맞은 내용을 순서대로 쓰시오.

- 신호가 나타났을 때 신호라고 판정하는 것을 (　　)(이)라고 한다.
- 잡음을 신호로 판정하는 것을 (　　)(이)라고 한다.
- 신호를 잡음으로 판정하는 것을 (　　)(이)라고 한다.
- 잡음을 잡음으로 판정하는 것을 (　　)(이)라고 한다.

풀이
① Hit : P(S/S)
② 1종 오류(False Alarm) : P(S/N)
③ 2종 오류(Miss) : P(N/S)
④ Correct Rejection : P(N/N)

07 C/R비의 민감도를 높이기 위한 방안을 쓰시오.

풀이
민감도는 C/R비에 반비례하므로 표시장치의 이동거리를 크게 하거나, 손잡이의 길이와 움직인 거리를 작게 한다.

08 표준시간 산정 시 직접측정법 3가지를 쓰시오.

풀이
① 스톱워치(Stop Watch)
② VTR분석법
③ 촬영법
④ Work Sampling

09 전문가가 체크리스트나 평가기준을 가지고 평가대상을 보면서 사용성에 관한 문제점을 찾아나가는 사용성 평가방법이 무엇인지 쓰시오.

풀이
휴리스틱 평가법(Heuristic Evaluation)
전문가가 체크리스트나 평가기준을 가지고 평가대상을 보면서 사용성에 관한 문제점을 찾아나가는 사용성 평가방법으로 알고리즘(Algorithm)의 반대개념이다.

10 아래의 표를 보고 전달정보량과 출력정보량(반응정보량)을 구하시오.

구 분	통 과	정 지
빨 강	3	2
파 랑	5	0

(1) 전달정보량

(2) 출력정보량

[풀이]

구 분	통 과	정 지	Σ
빨 강	3	2	5
파 랑	5	0	5
Σ	8	2	10

전달정보량 $T(x, y) = H(x) + H(y) - H(x, y) = 1 + 0.72 - 1.49 = 0.23$bit
자극정보량 $H(x) = 0.5\log_2(1/0.5) + 0.5\log_2(1/0.5) = 1$bit
출력정보량 $H(y) = 0.8\log_2(1/0.8) + 0.2\log_2(1/0.2) = 0.72$bit
결합정보량 $H(x, y) = 0.3\log_2(1/0.3) + 0.2\log_2(1/0.2) + 0.5\log_2(1/0.5) = 1.49$bit
① 전달정보량 : 0.23bit
② 출력정보량 : 0.72bit

11 산업체의 재해발생에 따른 재해원인조사를 하려고 할 때, 해당 항목을 4가지로 정의하고 이를 수행하는 순서를 제시하시오.

[풀이]
사실의 확인 → 직접원인과 문제점 발견 → 기본원인과 문제점 해결 → 대책수립

12 평균 눈높이가 170cm이고, 표준편차 5.4일 때 눈높이 5%tile 값과 95%tile 값을 구하시오(단 %tile 계수 : 1%는 0.28, 5%는 1.65).

풀이
① 5%tile
 = 평균 − (표준편차 × %tile 계수) = 170 − (5.4 × 1.65) = 161.09cm
② 95%tile
 = 평균 + (표준편차 × %tile 계수) = 170 + (5.4 × 1.65) = 178.91cm

13 PL법에서 제조물책임 예방대책 중 제조물을 공급하기 전 대책 3가지를 쓰시오.

풀이
① 설계상의 결함예방대책
② 제조상의 결함예방대책
③ 경고라벨 및 사용설명서 작성(표시결함) 시 유의사항

14 사용성 평가에서 완성된 과제의 비율, 실패와 성공의 비율, 사용된 메뉴나 명령어의 수와 같은 측정치는 사용자 인터페이스의 어떤 측면을 평가하고자 하는 것인가?

> **풀이**
> ISO에서 정하는 사용성의 3척도

효과성	• 완성된 과제의 비율 • 실패와 성공의 비율 • 사용된 특징이나 명령어의 수 • 작업 부하
효율성	• 과제 완성시간, 학습시간, 에러까지의 시간 • 에러 비율이나 에러수 • 도움의 수나 보조 자료의 참조 수 • 잘못된 명령의 반복 수
만족도	• 기능/특징에 대한 만족도 척도 • 사용자가 불만감이나 좌절감을 표현한 빈도

15 NIOSH 들기 작업지침의 계수 6가지를 쓰시오(단, 약어로 쓸 경우 설명을 추가하시오).

> **풀이**
> ① HM(Horizontal Multiplier) : 수평계수
> ② VM(Vertical Multiplier) : 수직계수
> ③ DM(Distance Multiplier) : 거리계수
> ④ AM(Asymmetric Multiplier) : 비대칭계수
> ⑤ FM(Frequency Multiplier) : 빈도계수
> ⑥ CM(Coupling Multiplier) : 결합계수

16 부품배치의 원칙 4가지를 쓰시오.

풀이
① 중요성의 원칙
② 사용빈도의 원칙
③ 사용순서의 원칙
④ 기능성의 원칙

17 VDT 작업관리지침 중 조건상 빛의 반사장치가 불가능할 경우의 눈부심방지 예방방법 4가지를 쓰시오.

풀이
① 화면의 경사를 조정할 것
② 저휘도형 조명기구를 사용할 것
③ 화면상의 문자와 배경과의 휘도비(Contrast)를 낮출 것
④ 화면에 후드를 설치하거나 조명기구에 간이 차양막 등을 설치할 것
⑤ 그 밖의 눈부심을 방지하기 위한 조치를 강구할 것(빛이 작업화면에 도달하는 각도는 화면으로부터 45° 이내일 것)

18 다음 설명에 해당하는 세포를 쓰시오.

(1) 색을 구별하며, 황반에 집중되어 있는 세포
(2) 주로 망막주변에 있으며 밤처럼 조도수준이 낮을 때 기능을 하며 흑백의 음영만을 구분하는 세포

풀이
① 원추세포
② 간상세포

2017년 제3회 기출복원문제

01 OWAS 조치단계 분류 4가지를 설명하시오.

풀이
① 수준 1 : 근골격계에 특별한 해를 끼치지 않음(작업자세에 아무런 조치도 필요치 않음)
② 수준 2 : 근골격계에 약간의 해를 끼침(가까운 시일 내에 작업자세의 교정이 필요함)
③ 수준 3 : 근골격계에 직접적인 해를 끼침(가능한 한 빨리 작업자세를 교정해야 함)
④ 수준 4 : 근골격계에 매우 심각한 해를 끼침(즉각적인 작업자세의 교정이 필요함)

02 직선표시장치와 회전조종장치가 동일 평면상에 있을 때 운동양립성을 높이기 위해 적용할 수 있는 원리와 그에 대한 설명을 쓰시오.

풀이
워릭의 원리(Warrick's Principle)
• 표시장치가 제어장치와 같이 설계될 때 표시장치 지침의 운동방향과 제어장치의 제어방향이 동일하도록 설계하는 것이다.
• 핸들을 우측으로 돌렸을 때 자동차의 바퀴가 우측으로 돌아가는 것과 같다.

03 점멸융합주파수에 대해 설명하시오.

[풀이]
점멸융합주파수(FFF ; Flicker Fusion Frequency)
빛을 일정한 속도로 점멸시키면 깜박거려 보이나 점멸의 속도를 빨리하면 연속된 광으로 보이는 현상으로, 낮에는 증가하고 밤에는 감소하며, 피로할 시 주파수 값이 내려가기 때문에 중추신경계 정신피로의 척도로 사용한다.

04 유해요인조사 시 전체 작업을 대상으로 조사를 하지만, 동일한 작업인 경우 표본조사만 시행하여도 된다. 이때 동일한 작업이란 무엇을 의미하는지 쓰시오.

[풀이]
동일한 작업설비를 사용하거나 작업을 수행하는 동작이나 자세 등 작업방법이 같다고 객관적으로 인정되는 작업이다.

05 Barnes의 동작경제 원칙 중 공구 및 설비의 설계에 관한 원칙에 대해 쓰시오.

[풀이]
공구 및 설비 디자인에 관한 원칙(Design of Tools and Equipment)
① 치구, 고정장치나 발을 사용함으로써 손의 작업을 보존하고 손은 다른 동작을 담당하도록 하면 편리하다.
② 공구류는 될 수 있는 대로 두 가지 이상의 기능을 조합한 것을 사용하여야 한다.
③ 공구류 및 재료는 될 수 있는 대로 다음에 사용하기 쉽도록 놓아두어야 한다.
④ 각 손가락이 사용되는 작업에서는 각 손가락의 힘이 같지 않음을 고려하여야 할 것이다.
⑤ 각종 손잡이는 손에 가장 알맞게 고안함으로써 피로를 감소시킬 수 있다.
⑥ 각종 레버나 핸들은 작업자가 최소의 움직임으로 사용할 수 있는 위치에 있어야 한다.

06 총 8시간 동안 작업을 하면서 아래의 표와 같은 소음에 노출되었을 때 소음노출지수와 TWA값을 구하시오.

85dB(A)	2시간
90dB(A)	3시간
95dB(A)	3시간

풀이

dB(A)	실제치	기준치
90dB(A)	3시간	8
95dB(A)	3시간	4

소음노출지수(%) = C1/T1 + C2/T2 + … + Cn/tn (Ci : 노출된 시간, Ti : 허용노출기준)
  = 3/8 + 3/4 = 112.5%

시간가중평가지수 TWA(dB) = 16.61 log(D/100) + 90 (D : 누적소음노출지수)
  = 16.61 log(112.5/100) + 90 = 90.85dB

※ 현재 법령 개정으로 85dB는 삭제한다.

07 비행기 왼쪽과 오른쪽에 모두 2개의 엔진이 있고, 왼쪽 엔진의 신뢰도는 0.7, 오른쪽의 신뢰도는 0.6이다. 양쪽의 엔진이 모두 고장나야 비행기가 추락한다고 할 때, 이 비행기의 신뢰도를 구하시오.

풀이
병렬시스템의 신뢰도를 구하는 문제이다.
R = 1 − (1 − a)(1 − b) = 1 − (1 − 0.7)(1 − 0.6) = 0.88

08 1,000개의 제품 중 10개의 불량품이 발견되었다. 실제로 100개의 불량품이 있었다면 인간 신뢰도는 얼마인가?

풀이
휴먼에러 확률 = 오류의 수/전체 오류발생 기회의 수 = 90/1000 = 0.09
인간 신뢰도 : R = 1 − HEP = 1 − 0.09 = 0.91

09 근골격계 질환 예방관리프로그램 진행 절차를 쓰시오.

풀이
근골격계 유해요인 조사 및 작업평가 → 예방관리정책수립 → 교육/훈련실시 → 초기증상자 및 유해요인 관리 → 의학적 관리 및 작업환경 등 개선활동 → 프로그램 평가

10 다음 예시를 보고 Swain의 심리적 분류 중 어디에 해당하는지 쓰시오.

> (1) 장애인 주차구역에 주차하여 벌과금을 부과받았다.
> (2) 자동차 전조등을 끄지 않아서 방전되어 시동이 걸리지 않았다.

풀이
① 실행 에러(Commission Error) : 작업 내지 단계는 수행하였으나 잘못한 에러
② 생략 에러(Omission Error) : 필요한 작업 내지 단계를 수행하지 않은 에러

11 양립성에 대해 설명하고, 각 종류에 대해서 설명하시오.

풀이
① 양립성은 자극들 간의, 반응들 간의 혹은 자극-반응 간의 관계가 인간의 기대에 일치하는 정도이다.
② 양립성의 종류
- 공간적(Spatial) 양립성 : 물리적 형태나 공간적 배치가 사용자의 기대와 일치한다.
- 개념적(Conceptual) 양립성 : 인간이 가지고 있는 개념적 연상(의미)에 관한 기대와 일치한다.
- 운동적(Movement) 양립성 : 조종장치의 방향과 표시장치의 움직이는 방향이 일치한다.
- 양식적(Modality) 양립성
  - 과업에 따라 맞는 자극-응답양식이 존재한다.
  - 음성과업에서는 청각제시와 음성응답이 좋다.
  - 공간과업에서는 시각제시와 수동응답이 좋다.

12 정미시간에 대하여 설명하시오.

풀이
관측 시간치의 평균값을 레이팅 계수로 보정하여 보통 속도로 변환시켜준 개념(정미시간 = 관측시간 평균치 × Rating 계수)

13

빈칸에 들어갈 말을 아래 보기를 보고 적어 넣으시오.

(1) 조절치 (　)~(　)
(2) 최소극단치 (　)
(3) 최대극단치 (　)
(4) 평균치 (　)

> 남 95%tile, 남 5%tile, 여 95%tile, 여 5%tile, 남녀 평균 합산 50%tile

풀이
① 조절치 : 여 5%~남 95%tile
② 최소극단치 : 여 5%tile
③ 최대극단치 : 남 95%tile
④ 평균치 : 남녀 평균 합산 50%tile

14

MTM에서 사용되는 단위인 1TMU는 몇 초인지 환산하시오.

풀이
TMU(Time Measurement Unit) = 0.00001시간 = 0.0006분 = 0.036초

15

Fail-Safe 설계원칙에 대해서 설명하시오.

풀이
기계나 그 부품에 고장이나 기능불량이 생겨도 항상 안전하게 작동하는 구조와 기능병렬계통이나 대기여분을 갖춰 항상 안전한 방향으로 유지되는 기능을 말하는 것으로, Redundancy System(중복시스템 설계), Standby System(대기시스템 설계), Error Recovery(에러복구) 등의 원칙이 있다.

16 반사경 없이 모든 방향으로 빛을 발하는 점광원에서 3m 떨어진 곳의 조도가 50lux라면 5m 떨어진 곳의 조도는?

> **풀이**
> 조도 = lm/m² = lm/3² = 50lux에서 광속(lm) = 450
> 조도 = 450/5² = 18lux

17 유해요인 기본조사의 내용 중 작업장 상황조사와 근골격계 질환 증상조사 항목을 각 2가지씩 쓰시오.

> **풀이**
> **유해요인 조사내용**
>
> | | |
> |---|---|
> | 작업장 상황조사 | • 작업공정의 변화
• 작업설비의 변화
• 작업량 변화
• 작업속도 및 최근업무의 변화 |
> | 근골격계 질환 증상조사 | • 근골격계 질환 증상과 징후
• 직업력(근무력)
• 근무형태(교대제 여부)
• 취미생활
• 과거질병 |

18 10회 측정하여 평균 관측시간이 2.2분, 표준편차가 0.35일 때 아래의 조건에 대한 답을 구하시오.

(1) 레이팅 계수가 110%이고, 정미시간에 대한 여유율이 20%일 때, 표준시간과 8시간 근무 중 여유시간을 구하시오.

(2) 정미시간에 대한 여유율 20%를 근무시간에 대한 비율로 잘못인식하여 표준시간을 계산할 경우, 기업과 근로자 중 어느 쪽에 불리하게 되는지 표준시간(분)을 구하여 설명하시오.

풀이

PDF 여유율은 Personal Delay Fatigue의 약자로 어떤 작업에든지 감안해 주는 인적여유를 말한다. 우선 정미시간을 기준으로 하는 외경법에 의한 표준시간 = 정미시간 × (1 + 작업여유율)으로 계산할수 있다.

정미시간 = 관측시간평균 × 레이팅 계수 = 2.2 × 110% = 2.42분

(1) 표준시간 = 정미시간 × (1 + 작업여유율) = 2.42(1 + 0.2) = 2.9분
  8시간 근무 중 PDF 여유시간 = 표준시간 − 정미시간 = 2.9 − 2.42 = 0.48분
  여유율 = 0.48/2.9 = 0.17
  8시간 근무 중 여유시간 = 480분 × 0.17 = 81.6분

(2) 표준시간 = 정미시간/(1 − 근무여유율) = 2.42/(1 − 0.2) = 3.03분
  8시간 근무 중 PDF 여유시간 = 표준시간 − 정미시간 = 3.03 − 2.42 = 0.61분
  여유율 = 0.61/3.03 = 0.20
  8시간 근무 중 여유시간 = 480분 × 0.20 = 96분

여유시간이 81.6분에서 96분으로 더 길어지므로 기업이 불리하다.

2016년 제1회 기출복원문제

01 청각 표시장치에서 근사성(Approximation)에 대해 설명하시오.

풀이
복잡한 정보를 나타내고자 할 때 2단계의 신호를 고려하는 것을 말한다.
① 주의신호 : 주의를 끌어서 정보의 일반적 부류를 식별한다.
② 지정신호 : 주의신호로 식별된 신호에 정확한 정보를 지정한다.

02 사다리의 한계중량 설계가 아래와 같이 주어졌을 경우 다음의 각 질문에 답하시오(단, $Z_{0.01}$ = 2.326, $Z_{0.05}$ = 1.645).

구 분	평 균	표준편차	최대치	최소치
남	70.1kg	9	93.6kg	50.9kg
여	54.8kg	4.49	77.6kg	41.5kg

(1) 한계중량을 설계할 때 적용해야 할 응용원칙과 그 이유를 쓰시오.

(2) 응용한 설계원칙에 따라 사다리의 한계중량을 계산하시오.

풀이
① 극단치 설계 중 최대치 적용 : 한계중량을 설계 시 측정중량의 최대치 99%tile의 값($Z_{0.01}$ = 2.326)을 이용하여 설계하면 그 이하의 모든 중량을 수용할 수 있다.
② %tile 인체치수 = 평균치수 ± (표준편차 × %tile계수) = 평균 + 표준편차 × 2.326
  = 70.1 + 9 × 2.326 = 91.03kg

03 파악한계, 정상작업영역, 최대작업영역에 대해서 정의하시오.

풀이
① 파악한계 : 앉은 작업자가 특정한 수작업 기능을 편히 할 수 있는 공간의 외곽한계이다.
② 정상작업영역 : 윗팔을 몸통에 붙인 자세에서 손의 회전반경 내의 영역(40±5cm)이다.
③ 최대작업영역 : 어깨를 고정시킨 자세에서 팔을 뻗어 움직일 때 만들어지는 영역(60±5cm)이다.

04 NIOSH 중량물 들기 작업 지침의 4가지 중 3가지만 쓰시오.

풀이
① 역학적 조사 : 이 작업 조건에 종사한 사람과 근골격계 질환의 발생이 연관된다.
② 생체역학적 기준 : L5/S1 디스크에 3500N의 생체역학적 부하가 걸리고 대부분의 젊고 건강한 작업자는 견딜 수 있다.
③ 생리학적 기준 : 대사율(Metabolic rates)이 3.5Kcal/min을 넘지 않는다.
④ 정신물리학적 기준 : 여자의 75% 이상과 남자의 99% 이상이 수행 가능하다.

05 근로자가 근골격계 부담작업을 하는 경우 사업주가 근로자에게 알려야 하는 사항 3가지를 쓰시오(기타 근골격계 질환 예방에 관련된 사항은 제외한다).

풀이
① 근골격계 부담작업의 유해요인
② 근골격계 질환의 징후 및 증상
③ 근골격계 질환 발생 시 대처요령
④ 올바른 작업자세 및 작업도구, 작업시설의 올바른 사용방법
⑤ 근골격계 질환 예방에 필요한 사항

06 근골격계 질환 예방관리프로그램의 시행조건을 기술하시오(단, 고용노동부장관이 필요하다고 인정하여 근골격계 질환 예방관리 프로그램을 수립하여 시행할 것을 명령한 경우는 제외).

풀이
① 근골격계 질환으로 산업재해보상보험법 시행령에 따라 업무상 질병으로 인정받은 근로자가 연간 10명 이상 발생한 사업장
② 근골격계 질환이 5명 이상 발생한 사업장으로서 발생비율이 그 사업장 근로자수의 10% 이상인 사업장

07 청력보존 프로그램의 중요 요소 5가지를 쓰시오.

풀이
① 소음측정
② 공학적 대책, 관리적 대책
③ 청력보호구 사용
④ 청력검사 및 의학적 판정
⑤ 보건교육 및 훈련
⑥ 기록보관 및 프로그램 효과 평가

08 형용사를 사용하여 감성을 표현할 수 있으며 3, 5, 7점을 주면서 평가하는 척도를 무엇이라 하는가?

풀이
의미미분법(SD ; Semantic Differential)
형용사를 이용하여 인간의 심상을 측정하는 방법

09 착오, 실수, 건망증에 대하여 설명하시오.

> **풀이**
> ① 착오(Mistake) : 부적절한 의도를 가지고 행동으로 옮기는 것
> ② 실수(Slip) : 행동의 실패
> ③ 건망증(Lapse) : 기억의 실패

10 다음은 합성평가법을 나타낸 표이다. 레이팅 계수를 구하시오.

요소작업	관측시간 평균	작업요소	PTS를 적용한 시간치	레이팅 계수
1	0.22	인적요소	0.096	-
2	0.34	인적요소	-	-
3	0.11	인적요소	-	-
4	0.54	인적요소	-	-
5	0.41	인적요소	0.64	-
6	0.09	인적요소	-	-
7	0.23	인적요소	-	-
8	0.20	기계요소	-	-
9	0.31	인적요소	-	-
10	0.37	인적요소	-	-
11	0.42	인적요소	-	-

> **풀이**
> 레이팅 계수 = PTS를 적용하여 산정한 시간치/실제관측평균치
> = 0.096/0.22 = 0.44
> = 0.64/0.41 = 1.56

11 정상시간 12분에서 실제작업시간이 10분일 경우 레이팅 계수를 구하시오.

풀이
레이팅 계수 = 기준작업시간/실제작업시간 = 12/10 = 120%

12 조종장치의 손잡이 길이가 15cm이고, 30°를 움직였을 때 표시장치에서 3cm가 이동하였다. C/R비와 적합성을 판정하시오.

풀이
C/R비 = Control/Response = $2\pi L \times \theta/360$/표시장치 이동거리 = $(2\pi 15 \times 30/360)/3$ = 2.62
레버의 C/R비는 2.5~4가 적당하므로 이 조종장치는 적합하다.

13. REBA에서 허리 굽힘의 기준각도를 쓰시오.

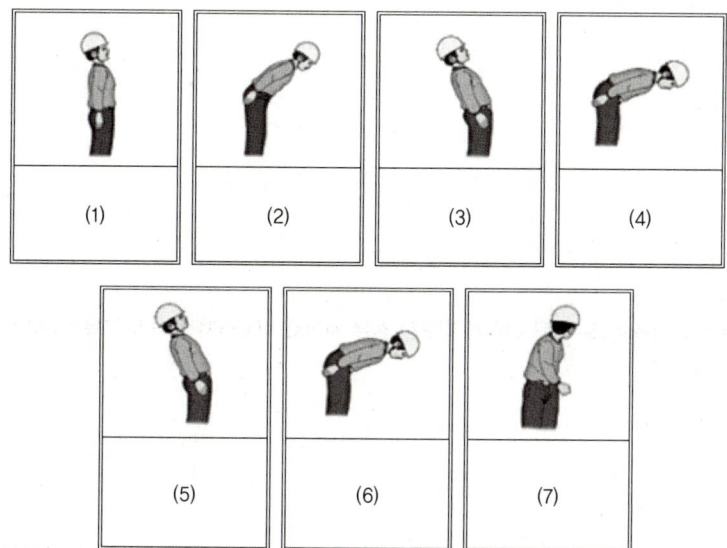

> 풀이
> ① 똑바로 선 자세(1점)
> ② 0~20° 구부림(2점)
> ③ 0~20° 뒤로 젖힘(2점)
> ④ 20~60° 구부림(3점)
> ⑤ 20° 이상 뒤로 젖힘(3점)
> ⑥ 60° 이상 구부림(4점)
> ⑦ 비틀리거나 옆으로 굽어짐 추가사항(+1점)

14 근육이 수축할 때 미오신 필라멘트 속으로 액틴 필라멘트가 미끄러져 들어간 결과로 근육이 짧아지는 이론을 무엇이라 하는가?

> **풀이**
> 근수축이론
> 근활주설(Sliding Filament Theory)로 액틴 섬유가 미오신 섬유 사이로 미끄러져 들어가 근육수축이 이루어진다는 이론이다.

15 웨버(Weber)의 비가 1/60이면, 총 길이가 20m인 도로에서 어느 정도의 길이에서 감지할 수 있는가?

> **풀이**
> Weber비 = JND/기준자극크기, 1/60 = X/20, X = 0.33m

16 보기를 보고 검사기반 평가를 고르시오.

사용자 관찰법, 사용자 설문조사법, GOMS 모델, 휴리스틱 평가법

> **풀이**
> 사용성 평가방법 중 검사기반의 평가법은 사용자 설문조사법과 휴리스틱 평가법이다.

17 23kg의 박스 2개를 들 때, LI 지수를 구하시오(단, RWL = 23kg).

[풀이]
들기 지수(LI ; Lifting Index) = 물건의 중량(Load Weight)/RWL = 46kg/23kg = 2
LI가 1보다 크므로 이 작업은 요통의 발생위험이 높다. 따라서 LI가 1 이하가 되도록 작업을 재설계해야 한다.

18 50m 떨어진 거리에서 잰 소음이 120dB(A)이었다면, 1000m 떨어진 거리에서의 소음수준은?

[풀이]
$SPL_2 = SPL_1 - 20 \log(d_2/d_1) = 120 - 20 \log(1000/50) = 93.98dB(A)$

2016년 제3회 기출복원문제

01 1루멘의 점광원으로부터 3m 떨어진 구면의 조도를 구하시오.

풀이
조도 = lm/m² = 1/3² = 0.11lux

02 수행도 평가에 대하여 설명하고, 수행도 평가방법 3가지를 쓰시오.

풀이
Rating의 방법(수행도 평가방법)
수행도 평가란 레이팅(Rating)이라고도 하며, 시간측정을 할 때, 실 작업 PACE를 정상 작업 PACE와의 비교에 의한 계수(Rating 계수)를 구하여, 이 계수에 의해 실 측정시간을 정상 PACE의 시간으로 환산하는 것을 말한다.

속도평가법 (Speed Rating)	• 작업성취도를 평가하는 방법 • 기본 표준작업으로 표준속도를 설정하고 촬영한 필름을 통해 숙지한 후에 작업속도를 평가하는 방법 • 속도만을 고려하므로 적용하기가 쉬워 보편적으로 사용됨 • 정미시간 = 관측시간치의 평균 × 레이팅 계수 • 레이팅 계수 = 기준작업시간/실제작업시간
객관적 평가법 (Objective Rating)	• 속도평가법의 단점(작업의 난이도와 특성이 고려되지 않음) 보완 • 정미시간 = 관측시간치의 평균 × 속도평가계수 × (1 + 2차 조정계수) • 1차 조정계수 : 실제동작속도와 표준속도를 비교 • 2차 조정계수 : 작업의 난이도와 특성을 고려
합성평가법	• 작업을 요소작업으로 구분한 후 시간연구를 통해 개별시간을 구함 • 요소작업 중 임의로 작업자 조절이 가능한 요소를 정함 • 선정된 작업 중 PTS시스템 중 하나를 적용하여 대응되는 시간치를 구함 • PTS법에 의한 시간치와 관측시간 간의 비율을 구하여 레이팅 계수를 구함
Westinghouse 시스템 방법	• 작업의 수행도를 숙련도, 노력, 작업환경, 일관성의 네 가지 측면에서 각각 평가한 뒤 각 평가에 해당하는 평가계수(Leveling 계수)를 합산하여 레이팅 계수를 구하는 방법 • 정미시간 = 관측시간치의 평균 × (1 + 평가계수의 합) • 평가계수 : 보통을 0, 보통보다 좋음 +, 나쁜 경우 −

03 RULA의 단점에 대해서 서술하시오.

풀이
상지 분석에 초점을 두고 있어 전신 작업자세 분석에 한계가 있다.

04 어떤 요소작업의 관측시간의 평균값이 0.1분이고, 객관적 레이팅법에 의해 1차 평가에 의한 속도평가계수는 120%, 2차 조정계수는 50%일 때 정미시간을 구하시오.

풀이
정미시간 = 관측시간치의 평균 × 속도평가계수 × (1 + 2차 조정계수)
= 0.1 × 1.2(1 + 0.5) = 0.18분

05 유해요인을 평가하는 방법인 RULA의 A그룹의 평가항목 3가지를 쓰시오.

풀이
상완, 전완, 손목

06 근골격계 질환 예방을 위한 관리적 개선방안 6가지를 쓰시오.

> **풀이**
> ① 다양성 제공(작업의 다양성, 업무교대, 업무확대)
> ② 일정조절(작업일정, 작업속도 조절)
> ③ 회복시간 제공
> ④ 습관의 변화(작업습관의 변화)
> ⑤ 배치(작업자의 적정배치)
> ⑥ 직장체조 강화
> ⑦ 청소, 유지보수(작업공간, 공구, 장비의 주기적인 청소, 보수) 등이 있다.

07 손가락에 혈액의 원활한 공급이 이루어지지 않을 경우에 손가락이 하얗게 변하고 마비되는 증상을 무엇이라고 하는지 쓰시오.

> **풀이**
> 백색수지증(White Finger Disease, 레이노 현상)

08 시각적, 청각적 표시장치를 사용해야 하는 경우를 각각 3가지씩 쓰시오.

풀이

① 시각적 표시장치
- 메시지가 길고 복잡할 때
- 메시지가 공간적 위치를 다룰 때
- 메시지를 나중에 참고할 필요가 있을 때
- 소음이 과도할 때
- 작업자의 이동이 적을 때
- 즉각적인 행동이 불필요할 때
- 수신장소가 너무 시끄러울 때
- 수신자의 청각계통이 과부하 상태일 때

② 청각적 표시장치
- 메시지가 짧고 단순할 때
- 메시지가 시간상의 사건을 다룰 때(무선거리신호, 항로정보 등과 같이 연속적으로 변하는 정보를 제시할 때)
- 메시지가 나중에 참고할 필요가 없을 때
- 수신장소가 너무 밝거나 암조응유지가 필요할 때
- 수신자가 자주 움직일 때
- 즉각적인 행동이 필요할 때
- 수신자의 시각계통이 과부하 상태일 때

09 근육 수축 시 길이변화가 없는 미오신과 액틴이 겹치는 구간을 무엇이라고 하는지 쓰시오.

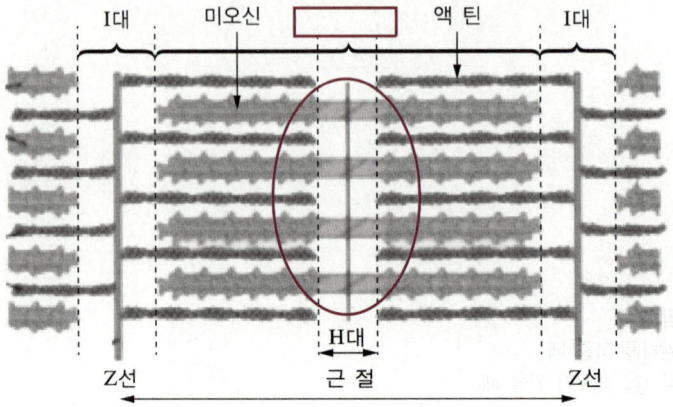

> **풀이**
> 액틴과 미오신의 중첩된 부분을 A대라 한다.

10 다음은 인간공학 법칙 및 방법이다. 물음에 답하시오.

(1) 형용사를 이용하여 인간의 심상을 측정하는 방법은 무엇인지 쓰시오.

(2) 어떤 자료를 나타내는 특성치가 몇 개의 변수에 영향을 받을 때 이들 변수의 특성치에 대한 영향의 정도를 명확히 하는 자료해석법은 무엇인지 쓰시오.

(3) 2차원, 3차원 좌표에 도형으로 표시를 하여 데이터의 상관관계 등을 파악하기 위해 점을 찍어 측정하는 통계기법이 무엇인지 쓰시오.

> **풀이**
> ① 의미미분법(SD ; Semantic Differential) : 형용사를 이용하여 인간의 심상을 측정하는 방법
> ② 다변량분석법(Multivariate Analysis) : 여러 현상이나 사건에 대한 측정치를 개별적으로 분석하지 않고 동시에 한 번에 분석하는 통계적 기법
> ③ 산점도(Scatter Diagram) : 서로 대응하는 두 (x, y)짝의 자료를 X, Y 좌표 위에 점으로 표시한 그림

11 전력공급사의 작업자 오류발생 확률이 10%, 기계장치 작동 소프트웨어 오류발생 확률이 10%, 전력공급 기계장치의 오작동 확률이 5%일 때, 통합신뢰도를 구하시오(단, 소수 넷째자리까지 쓰시오).

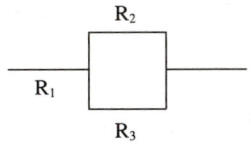

풀이
신뢰도 R = 0.9 × [1 − (1 − 0.9)(1 − 0.95)] = 0.8955

12 고속도로 표지판에 글자를 15m에서 높이가 2.5cm인 글자를 보았다. 문자의 높이와 굵기의 비율이 5 : 1일 때, 다음 물음에 답하시오.

(1) 15m에서 글자를 볼 때의 시각을 구하시오(단, 소수 셋째자리 수까지 구하시오).

(2) 60m에서 글자를 볼 경우 문자의 높이를 구하시오.

(3) 글자의 굵기를 구하시오.

풀이
① 시력 = 1/시각, 시각 = (180/π × 60) × D/L = 3,438 × D/L = 3,438 × 25mm/15,000mm = 5.730
② 15m : 2.5cm = 60 : X, X = 10cm
③ 높이 : 굵기 = 5 : 1 = 10 : X, X = 2cm

13 근골격계 부담요인 중 작업자세, 노출시간, 진동을 제외한 5가지 요인을 쓰시오.

> **풀이**
> ① 접촉스트레스 : 작업공구의 국소적인 신체압박
> ② 반복동작 : 상지의 작업주기가 30초 미만이고 하나의 단위에 대해 50% 이상을 차지하는 작업, 관절의 움직임이 분당 20회 초과
> ③ 과도한 힘 : 근육의 힘을 많이 사용하는 작업
> ④ 부족한 휴식시간 : 근육의 피로를 회복시킬 수 없는 휴식시간
> ⑤ 신체적 압박
> ⑥ 기타 : 한랭, 조명, 직무스트레스

14 다음 물음에 답하시오.

(1) 상완을 자연스럽게 수직으로 늘어뜨린 채, 전완만으로 편하게 뻗어 파악할 수 있는 구역

(2) 전완과 상완을 곧게 펴서 파악할 수 있는 구역

> **풀이**
> ① 정상작업영역 : 윗팔을 몸통에 붙인 자세에서 손의 회전반경 내의 영역(40±5cm)
> ② 최대작업영역 : 어깨를 고정시킨 자세에서 팔을 뻗어 움직일 때 만들어지는 영역(60±5cm)

15 세탁기 작동 중에 세탁기의 문을 열었을 때 세탁기를 멈추게 하는 강제적인 기능의 명칭을 쓰고 설명하시오.

> **풀이**
> Interlock이라고 하며, 조작들이 올바른 순서대로 일어나도록 강제하는 장치이다.

16 칼과 드라이버 같은 수공구 손잡이의 크기를 극단적 설계원칙을 적용하여 설명하시오.

> **풀이**
> 극단치 설계란 특정 설비를 극단에 속하는 사람을 대상으로 하면 모든 사람을 수용할 수 있는 원칙을 말한다. 최대치 적용과 최소치 적용방식이 있으며, 칼과 드라이버의 손잡이는 최소치 적용을 하면 모든 사람이 사용가능하다.

17 양립성의 종류 3가지를 쓰시오.

> **풀이**
> ① 공간적(Spatial) 양립성 : 물리적 형태나 공간적 배치가 사용자의 기대와 일치
> ② 개념적(Conceptual) 양립성 : 인간이 가지고 있는 개념적 연상(의미)에 관한 기대와 일치
> ③ 운동적(Movement) 양립성 : 조종장치의 방향과 표시장치의 움직이는 방향이 일치

18 NIOSH 들기 작업지침의 계수 6가지를 쓰시오(단, 약어 혹은 기호로 작성하지 마시오).

> **풀이**
> ① Horizontal Multiplier : 수평계수
> ② Vertical Multiplier : 수직계수
> ③ Distance Multiplier : 거리계수
> ④ Asymmetric Multiplier : 비대칭계수
> ⑤ Frequency Multiplier : 빈도계수
> ⑥ Coupling Multiplier : 결합계수

2015년 제1회 기출복원문제

01 PL법에서 손해배상책임을 지는 자가 책임을 면하기 위해 입증하여야 하는 사실 3가지를 쓰시오.

[풀이]
① 제조업자가 당해 제조물을 공급하지 아니한 사실
② 제조업자가 해당 제조물을 공급한 당시의 과학·기술 수준으로는 결함의 존재를 발견할 수 없었다는 사실
③ 제조물의 결함이 제조업자가 해당 제조물을 공급한 당시의 법령에서 정하는 기준을 준수함으로써 발생하였다는 사실
④ 원재료나 부품의 경우에는 그 원재료나 부품을 사용한 제조물 제조업자의 설계 또는 제작에 관한 지시로 인하여 결함이 발생하였다는 사실

02 조도 보정 함수를 쓰시오.

[풀이]
조도(lux)가 헷갈리는 이유는 루멘과 광도 2가지로 정의되기 때문이다.
① 1루멘의 광속이 1m 떨어진 지점의 $1m^2$의 면적을 비추고 있을 때 빛의 밀도(lm/m^2)
② 1cd의 점광원으로부터 1m 떨어진 곳에 비치는 빛의 밝기($cd/거리^2$)

03 행동유도성에 대하여 설명하시오.

> **풀이**
> 행동유도성(Affordance)은 물건에 특성을 부여하여 행동에 관한 단서를 제공하거나 제품에 사용상의 제약을 주어 사용방법을 유인하는 것으로, 좋은 행동유도성(Affordance)을 가진 디자인은 설명 없이 보기만 해도 무엇을 해야 하는지 알 수가 있다.

04 작업관리 문제해결 절차 중 다음의 대안도출 방법은 무엇인가?

(1) 구성원 각자가 검토할 문제에 대하여 메모지를 작성
(2) 각자가 작성한 메모지를 오른쪽으로 전달
(3) 메모지를 받은 사람은 내용을 읽은 후 해법을 생각하여 서술하고 다시 오른쪽으로 전달
(4) 자신의 메모지가 돌아올 때까지 반복

> **풀이**
> 마인드멜딩(Mindmelding)에 대한 설명이다. 구성원들의 창조적인 생각을 살려서 많은 대안을 도출하기 위한 방법으로 4단계로 이루어진다.

05 근골격계 부담작업 유해요인조사에서 개선 우선순위 결정 시 유해도가 높은 작업 또는 특정근로자에 대해 설명하시오.

> **풀이**
> ① 다수의 근로자가 유해요인에 노출되고 있거나 증상 및 불편을 호소하는 작업
> ② 비용편익효과가 큰 작업

06 사업장에서 산업안전보건법에 의해 근골격계 질환 예방관리프로그램을 시행해야 하는 2가지 경우에 대해 쓰시오.

풀이
① 근골격계 질환으로 요양결정을 받은 근로자가 연간 10명 이상 발생한 사업장
② 근골격계 질환이 5명 이상 발생한 사업장으로서 발생비율이 그 사업장 근로자수의 10% 이상인 사업장
③ 근골격계 질환 예방과 관련하여 노사 간 이견이 지속되는 사업장으로서 고용노동부장관이 필요하다고 인정하여 수립·시행을 명령한 사업장

07 닐슨(Nielsen)의 사용성 정의 10가지를 쓰시오.

풀이
① 학습용이성(알기 쉬운 시스템 상태)
② 실제 사용 환경에 적합한 시스템
③ 사용자에게 자유와 주도권 제공
④ 일관성과 표준화
⑤ 오류 예방
⑥ 기억용이성(기억을 불러오지 않고 보는 것만으로 이해할 수 있는 디자인)
⑦ 유연성과 효율성
⑧ 심플하고 아름다운 디자인
⑨ 에러빈도 및 정도(사용자가 오류를 인식하고 진단하고 복구할 수 있도록 지원)
⑩ 도움말과 설명서 준비

08 아래의 표는 100개의 제품 불량 검사 과정에 나타난 결과이다. 정상제품을 정상판정 내리는 것을 Hit라고 할 때, 각각의 확률을 구하시오.

구 분	불량판정	정상판정
불량제품	2	3
정상제품	5	90

(1) P(S/S)

(2) P(S/N)

(3) P(N/S)

(4) P(N/N)

풀이

구 분	불량판정	정상판정	ΣX
불량제품	2	3	5
정상제품	5	90	95
ΣY	7	93	100

① HIT P(S/S) = 90/95 = 0.95(Hit : 정상제품 95개 중 90개를 정상으로 판정)
② False Alarm [P(S/N)] = 3/5 = 0.6(불량제품 5개 중 3개를 정상으로 판정)
③ Miss [P(N/S)] = 5/95 = 0.05(정상제품 95개 중 5개를 불량으로 판정)
④ Correct Rejection [P(N/N)] = 2/5 = 0.4(불량제품 5개 중 2개를 불량으로 판정)

09 사용자 인터페이스 평가요소 3가지를 쓰시오.

풀이
① 에러의 빈도 : 작업을 수행하는 자가 얼마나 많은 종류의 에러를 범하는가?
② 학습용이성 : 사용자가 작업수행에 필요한 기능을 얼마나 쉽게 배울 수 있는가?
③ 기억용이성 : 시스템의 이용법을 얼마나 오랫동안 기억할 수 있는가?
④ 효율성 : 작업을 시행하는 데 얼마의 시간이 걸리는가?
⑤ 사용자들의 주관적인 만족도 : 시스템에 대한 사용자의 선호도는 얼마나 되는가?

10 OWAS(Ovako Working posture Analysis System)의 평가항목 중 3가지를 쓰시오.

> 풀이

허리(등), 팔, 다리, 하중

11 현재 표시장치의 C/R비가 5일 때, 좀 더 둔감해지더라도 정확한 조종을 하고자 한다. 다음의 두 가지 대안을 보고 문제를 푸시오.

대안	손잡이 길이	각 도	표시장치 이동거리
A	12cm	35°	1cm
B	10cm	15°	0.5cm

(1) A와 B의 C/R비를 구하시오.

(2) 좀 더 둔감해지더라도 정확한 조종을 하기 위한 A와 B 중 더 나은 대안을 결정하고 그 이유를 설명하시오.

> 풀이

① A의 C/R비 = Control/Response = $2\pi L \times \theta /360/2$ = $(2\pi 12 \times 35/360)/1$ = 7.33
　B의 C/R비 = Control/Response = $2\pi L \times \theta /360/2$ = $(2\pi 10 \times 15/360)/0.5$ = 5.24
② C/R비가 큰 A가 더 둔감하여 민감한 B에 비해 더 정확한 조종을 할 수 있다.

12 시거리가 71cm일 때 단위 눈금 1.8mm, 시거리가 91cm가 되면 단위 눈금은 얼마가 되어야 하는지 구하시오.

풀이
710 : 1.8 = 910 : X
X = 2.3mm

13 남성 근로자의 8시간 조립작업에서 대사량을 측정한 결과 산소소비량이 1.1L/min로 측정되었다(남성 권장 에너지 소비량 : 5Kcal/min).

(1) 남성 근로자의 휴식시간을 계산하시오.

(2) 휴식시간이 120분이 되려면 산소소비량은 몇 L 이하여야 하는지 계산하시오.

풀이
작업 중 에너지 소비량 = 5 × 1.1 = 5.5
① 휴식시간(R) = T × (E − S)/(E − 1.5)
　　　　　　　 = 총 작업시간 × (작업 중 E 소비량 − 표준 E 소비량)/(작업 중 E 소비량 − 휴식 중 E 소비량)
　　　　　　　 = (8h × 60분) × (5 × 1.1 − 5)/(5 × 1.1 − 1.5) = 480 × 0.5/4 = 60분
② 120분 = (8h × 60분) × (5x − 5)/(5x − 1.5), x = 1.23ℓ /min 이하

14 다음은 양립성에 대한 예이다. 각각 어떠한 양립성에 해당하는지 기술하시오.

(1) 레버를 올리면 압력이 올라가고, 아래로 내리면 압력이 내려간다.

(2) 오른쪽 스위치를 켜면 오른쪽 전등이 켜지고, 왼쪽 스위치를 켜면 왼쪽 스위치가 켜진다.

(3) 검은색 통은 간장, 하얀색 통은 식초

풀이
① 운동적 양립성 : 조종장치의 방향과 표시장치의 움직이는 방향이 일치
② 공간적 양립성 : 물리적 형태나 공간적 배치가 사용자의 기대와 일치
③ 개념적 양립성 : 인간이 가지고 있는 개념적 연상(의미)에 관한 기대와 일치

15 어떤 작업을 측정한 결과 하루 작업시간이 8시간이며, 관측평균시간이 1.4분, 레이팅 계수가 105%, PDF 여유율이 20%(외경법)일 때, 다음을 계산하시오.

(1) 정미시간

(2) 표준시간

(3) 총 정미시간

(4) 총 여유시간

풀이
① 정미시간 = 1.4 × 105% = 1.47
② 표준시간 = 정미시간(1 + 작업여유율) = 1.47 × (1 + 0.2) = 1.76
③ 총 정미시간 = 480 × 1.47/1.76 = 400분
④ 총 여유시간 = 480 − 400 = 80분

16 최소변화감지역에 대해 설명하시오.

풀이

최소변화감지역(Just Noticeable Difference)은 자극 사이의 변화 여부를 감지할 수 있는 최소의 자극범위이다.

17 Decision Tree에서 A, B, C, D의 값을 구하고, A, B, C, D의 곱을 구하시오.

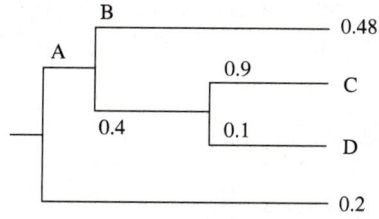

풀이

- A = 1 − 0.2 = 0.8
- B = 1 − 0.4 = 0.6
- C = 0.8 × 0.4 × 0.9 = 0.288
- D = 0.8 × 0.4 × 0.1 = 0.032
- A × B × C × D = 0.8 × 0.6 × 0.288 × 0.032 = 0.00442

18 다음은 NIOSH 그래프이다. 빈칸에 알맞은 내용을 넣으시오.

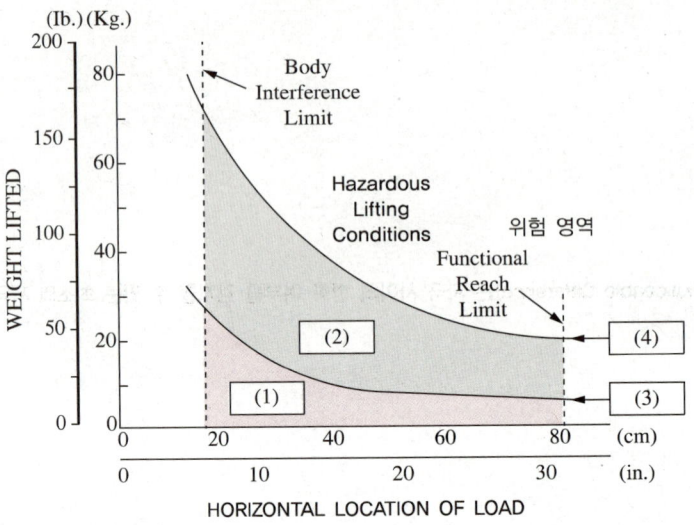

풀이
① Acceptable Lifting Conditions(수용가능조건) : 수평거리가 증가할수록 들 수 있는 중량이 감소하나 들 수 있는 영역
② Administrative Controls Required(관리개선이 필요함) : AL과 MPL 사이의 영역으로 관리개선이 필요
③ Action Limit(조치한계기준) : 관리개선이 필요한 영역과 수용가능영역의 경계선
④ Maximum Permissible Limit(최대허용한계기준) : 관리개선이 필요한 영역과 위험 영역의 경계선

2015년 제3회 기출복원문제

01 비행기의 조종장치는 운용자가 쉽게 인식하고 조작할 수 있도록 코딩을 해야 한다. 이때 사용되는 비행기의 조종장치에 대한 코딩(암호화) 방법 6가지를 쓰시오.

풀이

① 색 코딩
  - 색에 특정한 의미가 부여될 때(비상정지버튼은 빨간색) 매우 효과적이다.
  - 눈에 잘 띄는 색 코딩의 순서 : Red > Amber > White
② 형상 코딩
  - 형상 코딩의 주요 용도는 촉감으로 조종장치의 손잡이나 핸들을 식별하는 것이다.
  - 조종장치는 시각뿐만 아니라 촉각으로도 식별 가능해야 한다.
  - 날카로운 모서리가 없어야 한다.
③ 크기 코딩
  - 촉감으로 구별이 불가능할 경우 조종장치의 크기는 두 종류 혹은 많아야 세 종류만 사용한다.
  - 지름 1.3cm, 두께 0.95cm 차이 이상이면 촉각에 의해서 정확하게 구별할 수 있다.
④ 촉감 코딩 : 표면의 촉감을 달리하는 코딩방법으로 매끄러운 면, 세로 홈, 길쭉한 표면의 3종류로 정확하게 식별할 수 있다.
⑤ 위치 코딩
  - 유사한 기능을 가진 조종장치끼리는 패널에서 상대적으로 같은 위치에 있어야 한다.
  - 조종장치가 운용자 정면에 있을 때 위치를 좀 더 정확하게 구별할 수 있다.
⑥ 작동방법에 의한 코딩
  - 작동방법에 의해서 조종장치를 암호화하면 각 조종장치는 고유한 작동방법을 갖게 된다.
  - 작동방법의 종류 사례 : 밀고 당기는 것, 회전시키는 것이다.

02 어떤 작업의 평균에너지 값이 6kcal/분이라고 할 때 60분간 총 작업시간 내에 포함되어야 하는 휴식시간은 몇 분인가?(단, 기초대사를 포함한 작업에 대한 평균에너지 값의 상한은 5Kcal/분이다)

풀이

휴식시간(R) = T × (E − S)/(E − 1.5) = 60분 × (6 − 5)/(6 − 1.5) = 13.3분

03 근골격계 질환 예방관리프로그램의 주요내용 5가지를 쓰시오.

풀이
① 유해요인조사
② 작업환경 개선
③ 의학적 관리
④ 교육 및 훈련
⑤ 평 가

04 다음 물음에 답하시오.

신호가 나타났을 때 신호라고 판정 : 신호의 정확한 판정(Hit)

(1) 소음을 신호로 판정
(2) 신호를 소음으로 판정
(3) 소음을 소음으로 판정

풀이
① 소음을 신호로 판정 : P(S/N), False Alarm
② 신호를 소음으로 판정 : P(N/S), Miss
③ 소음을 소음으로 판정 : P(N/N), Correct Rejection

05 제조물에 결함이 있다고 하더라도 제조물책임법이 성립이 되지 않는 경우가 있다. 제조물책임법 성립 요구조건을 2가지 쓰시오.

풀이
① 제조물의 결함이 원인이 되어야 한다.
② 소비자가 생명·신체 또는 재산에 손해를 입어야 한다.

06 다음 물음에 답하시오.
(1) 유해요인 조사 시 사업주가 보관해야 할 3가지 문서가 무엇인지 쓰시오.
(2) 각 항목의 보존기간에 대해서 쓰시오.
　　1) 근로자 개인정보 자료
　　2) 시설, 설비에 대한 자료

풀이
① 보관해야 할 3가지 문서 : 유해요인 기본조사표, 근골격계 질환 증상 조사표, 개선계획 및 결과보고서
② 근로자 개인정보 자료 : 5년
　 시설, 설비에 대한 자료 : 시설·설비가 작업장 내에 존재하는 동안 보존

07 다음은 THERP에 대한 문제이다. A(밸브를 연다) B(밸브를 천천히 잠근다)를 실시할 때 성공할 확률은 얼마인가?

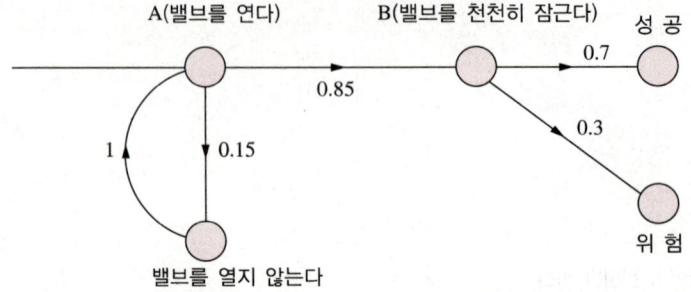

풀이

P(작업 성공확률) = P(밸브 개방시도 확률) × P(밸브 잠금시도 확률)

① P(밸브 개방시도 확률) : 밸브를 여는 확률은 0.85, 열지 않는 확률은 0.15인데, 1을 타고 다시 원래 위치로 돌아와서 두 번째에는 밸브를 여는 확률은 0.85 × 0.15가 되고, 세 번째는 0.85×0.15^2 무한 반복된다. $a, ar, ar^2, ar^3, ar^4 \cdots$ 이와 같은 형태를 '등비수열'이라 하며, 이들의 합은 a/(1−r)로 계산된다. 따라서 P(밸브 개방시도 확률)는 무한등비수열의 합이 된다.

$$\sum_{k=1}^{\infty} ar^{k-1} = a + ar + ar^2 + \cdots ar^{n-1} + \cdots = \frac{a}{1-r} (|r|<1 일 때)$$

$$= a + ar + ar^2 + ar^3 \cdots + ar^4 = a/(1-r) = 0.85/(1-0.15) = 1$$

P(밸브 개방시도 확률) = 1

② P(밸브 잠금시도 확률) = 0.7

따라서 P(작업 성공확률) = P(밸브 개방시도 확률) × P(밸브 잠금시도 확률) = 1 × 0.7 = 0.7

08 다음 그림을 보고 물음에 답하시오.

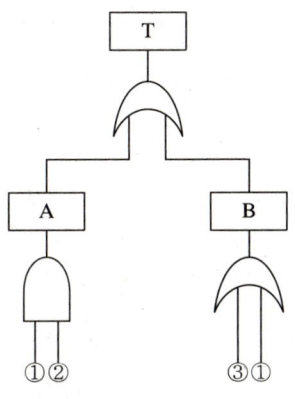

(1) 미니멀 컷셋을 구하시오.
(2) P(1) = 0.3, P(2) = 0.2, P(3) = 0.2일 때 T값을 구하시오.

풀이

① 컷셋 : (1,2) (1) (3)
  미니멀 컷셋 : (1) (3)
  P(A) = 0.3 × 0.2 = 0.06
  P(B) = 1 − (1 − 0.3)(1 − 0.2) = 0.44
  P(T) = 1 − (1 − 0.06)(1 − 0.44) = 0.47

② $T = \dfrac{A}{B} = \dfrac{1 \cdot 2}{B} = \dfrac{1 \cdot 2}{\begin{smallmatrix}3\\1\end{smallmatrix}}$

09 1개의 제품을 만드는 데 기계 장착하는 시간이 3분이고, 기계 자동 가공시간이 4분일 때, 2대의 기계로 작업하는 경우 작업주기시간과 시간당 생산량을 구하시오.

> **풀이**
> 이론적 기계대수 = (a + t)/(a + b) = (3 + 4)/(3 + 0) = 2.33
>
> - a : 작업자와 기계의 동시작업시간 = 3분
> - t : 기계만의 가공시간 = 4분
> - b : 작업자만의 작업시간 = 0분
>
> ① 작업주기시간 = a + t = 3 + 4 = 7분
> ② 시간당 생산량 = (60분/주기시간) × 기계수 = (60/7) × 2대 = 17.14개

10 다음 보기를 보고 열교환 방정식을 쓰시오.

> - $\triangle S$: 신체에 저장되는 열
> - M : 대사에 의한 열
> - C : 대류와 전도에 의한 열교환량
> - E : 증발에 의한 열손실
> - R : 복사에 의한 열교환량
> - W : 수행한 일

> **풀이**
> $\triangle S = M - E \pm R \pm C - W$

11 조종장치의 손잡이 길이가 12cm이고, 45°를 움직였을 때 표시장치에서 6cm가 이동하였다. 이 때, C/R비를 구하시오.

> **풀이**
> C/R비 = Control/Response = $2\pi L \times \theta/360$/표시장치 이동거리 = $(2\pi 12 \times 45/360)/6$ = 1.57

12 작업자가 12kg의 물건을 정면에서 100° 벗어난 위치로 옮기고 있다. 아래표의 빈칸을 채우고 작업 시점과 종점의 작업의 적정성을 평가하시오(단, 소수 셋째자리에서 반올림하고 FM과 CM은 1로 본다).

구 분	시 점	종 점
발목부터 물체를 잡은 손까지의 수평거리	25cm	62cm
바닥부터 손까지의 수직거리	65cm	100cm

- HM = 25cm/H(수평거리가 63cm를 초과할 경우 0)
- VM = 1 − 0.003|V − 75|(수직거리가 175cm 이상인 경우 0)
- DM = 0.82 + 4.5/D(수직이동거리가 최대 파악한계인 175cm보다 클 경우 0)
- AM = 1 − 0.0032A(135°가 넘을 경우 0)

(1) HM_{Start}

(2) HM_{end}

(3) VM_{Start}

(4) VM_{end}

(5) DM_{Start}, DM_{end}

(6) AM_{Start}

(7) AM_{end}

(8) RWL_{Start}

(9) RWL_{end}

(10) LI_{Start}

(11) LI_{end}

풀이

① HM_{Start} = 25/25 = 1

② HM_{end} = 25/62 = 0.4

③ VM_{Start} = 1 − 0.003|V − 75| = 1 − 0.003|65 − 75| = 0.97

④ VM_{end} = 1 − 0.003|V − 75| = 1 − 0.003|100 − 75| = 0.93

⑤ DM_{Start} = 0.82 + 4.5/D = 0.82 + 4.5/(100 − 65) = 0.95

  DM_{end} = 0.82 + 4.5/D = 0.82 + 4.5/(100 − 65) = 0.95

⑥ AM_{Start} = 1 − 0.0032A = 1 − 0.0032 × 0 = 1

⑦ AM_{end} = 1 − 0.0032A = 1 − 0.0032 × 100 = 0.68

⑧ RWL_{Start} = 23kg × HM × VM × DM × AM × FM × CM
  = 23kg × 1 × 0.97 × 0.95 × 1 × 1 × 1 = 21.19

⑨ RWL_{end} = 23kg × HM × VM × DM × AM × FM × CM
  = 23kg × 0.4 × 0.93 × 0.95 × 0.68 × 1 × 1 = 5.53

⑩ LI_{Start} = L/RWL = 12/21.19 = 0.57

⑪ LI_{end} = L/RWL = 12/5.53 = 2.17

∴ 들기 지수는 시점에서 0.57, 종점에서 2.17로 종점이 더 스트레스를 준다.
  - 종점의 들기 지수가 1보다 크기 때문에 요통위험이 있어 작업을 재설계해야 한다.
  - 수평계수 : 선반을 작업자에게 가깝게 붙여야 한다.
  - 수직계수 : 선반의 높이를 낮추어야 한다.

13 다음 물음에 답하시오.

(1) 표에 나와 있는 인간-기계시스템의 설계과정을 보고 알맞은 순서로 나열하시오.

> 시스템 정의, 기본설계, 인터페이스 설계, 목표 및 성능명세 결정, 촉진물 설계, 평가

(2) 인간-기계시스템에서 자동제어에서의 인간의 기능을 2가지 적으시오.

풀이
① 목표 및 성능명세 결정 → 시스템의 정의 → 기본 설계 → 인터페이스 설계 → 촉진물 설계 → 시험 및 평가
② 설치, 감시, 정비 및 보수, 프로그래밍

14 관측평균시간이 10분, 레이팅 계수가 120%일 때 정미시간을 구하시오.

풀이
정미시간 = 관측시간 평균치 × Rating 계수 = 10 × 120% = 12분

15 시간 연구에 의해 구해진 평균 관측시간이 0.8분일 때 정미시간을 구하시오(단, 작업속도 평가는 Westinghouse 시스템법으로 한다).

| 숙련도 : −0.225 | 노력도 : +0.05 | 작업조건 : +0.05 | 작업일관성 : +0.03 |

풀이
정미시간 = 관측 시간치의 평균 × (1 + 평가계수의 합) = 0.8 × (1 − 0.095) = 0.724분
평가계수의 합 = −0.225 + 0.05 + 0.05 + 0.03 = −0.095

16 남녀 공용작업자를 위해 서서하는 작업 설계 시 정상작업영역과 최대작업영역을 표를 보고 구하시오.

구 분	성 별	평 균	표준편차	최 대	최 소
아래팔 길이	남	28.1	0.6	28.7	27.5
	여	23.2	0.3	23.5	22.8
아래팔 길이 − 손끝	남	39.2	1.0	40.2	38.1
	여	35.5	0.8	36.3	34.7
팔 길이	남	58.8	1.4	60.2	57.3
	여	52.4	1.3	53.7	51.1
팔길이 − 손끝	남	72.5	2.8	75.3	69.7
	여	61.7	1.4	63.1	60.2

풀이
① 정상작업영역은 윗팔을 몸통에 붙인 자세에서 손의 회전반경 내의 영역이다. 남녀가 공동으로 사용하는 작업장에서는 여성의 최소치로 설계해야 모두 사용할 수 있어 34.7cm로 설계해야 한다.
② 최대작업영역은 어깨를 고정시킨 자세에서 팔을 뻗어 움직일 때 만들어지는 영역이다. 남녀 공동으로 사용하는 작업장에서 여성의 최소치로 설계해야 모두 사용할 수 있기 때문에 60.2cm로 설계해야 한다.

17 아래 표의 자극(입력)정보량과 반응(전달)정보량을 구하시오.

구 분	통 과	정 지
빨 강	3	2
파 랑	5	0

풀이

구 분	통 과	정 지	ΣX
빨 강	3	2	5
파 랑	5	0	5
ΣY	8	2	10

총평균정보량(Ha) = $\Sigma pi \times Hi$, 정보량(Hi) = $\log_2(1/pi)$에서
① 자극정보량 H(x) = $0.5\log_2(1/0.5) + 0.5\log_2(1/0.5)$ = 1bit
② 반응정보량 H(y) = $0.8\log_2(1/0.8) + 0.2\log_2(1/0.2)$ = 0.721bit

18 종이의 반사율이 90%, 글자의 반사율이 10%일 때 대비를 구하시오.

풀이
대비 = (배경의 반사율 − 표적의 반사율)/배경의 반사율 = (90 − 10)/90 = 0.8888… = 88.89%

2014년 제1회 기출복원문제

01 동전을 3번 던졌을 때 뒷면이 2번 나오는 경우, 정보량은 얼마인가?

풀이
발생확률이 동일하지 않는 사건에 대한 총평균 정보량을 구하는 문제이다.
총평균 정보량(Ha) = $\Sigma pi \times Hi = \Sigma pi \times \log_2(1/pi)$
동전을 3번 던졌을 때 뒷면이 2번 나오는 확률 = 3/8
= $3/8 \times \log_2(1/(3/8)) + 3/8 \times \log_2(1/(3/8)) + 3/8 \times \log_2(1/(3/8))$ = 1.59bit

02 다음을 설명하시오.
(1) 시공간 스케치 패드
(2) 음운고리

풀이
① 시공간 스케치 패드(Visuo – spatial Sketch Pad) : 시각정보와 공간정보를 저장하며, 언어자극으로부터 부호화된 시각정보를 저장하는 역할을 담당한다.
② 음운고리(Phonological Loop) : 입력된 말소리 정보를 습득하기 위해 새로운 청각적 신호를 음운적 표상으로 부호화하는 것으로 1.5초 내지 2초의 짧은 시간동안 음운저장고에 파지 및 저장된다.

03 다음 그림을 보고 작업상의 문제점을 지적하고 개선방안을 제시하시오.

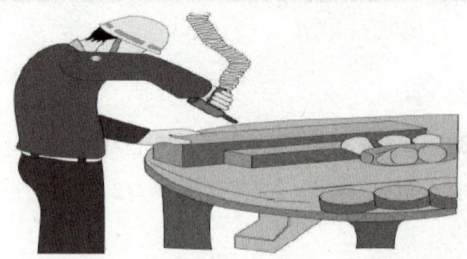

※ 출처 : 한국산업공단, 업무특성에 적합한 근골격계 질환 예방관리 모델

풀이
① 문제점 : 손목을 비틀거나 굽히기 때문에 수근관 증후군 등의 위험이 존재한다.
② 개선방안 : 손목을 굽히거나 비틀지 않고 똑바른 자세를 취할 수 있도록 작업방향을 바꾸거나 손목의 중립적 자세를 유지할 수 있도록 수공구를 재설계해야 한다.

04 다음의 빈칸에 알맞은 작업공정도 기호를 넣으시오.

작업내용	기 호	작업내용	기 호
트럭으로 운반 도착		직수 대장과 수량 확인	
하역작업 대기		접수 대장에 기록	
운 반		분류 작업 실시	
포장작업 대기		저장 선반으로 운반을위한 대기	
포장작업 실시		저장 선반으로 운반	
접수장으로 운반을 위한 대기		저장 선반에 저장	
접수, 검사, 분류 작업대로 운반			

풀이

작업내용	기 호	작업내용	기 호
트럭으로 운반 도착	➡	직수 대장과 수량 확인	■
하역작업 대기	D	접수 대장에 기록	●
운 반	➡	분류 작업 실시	●
포장작업 대기	D	저장 선반으로 운반을 위한 대기	D
포장작업 실시	●	저장 선반으로 운반	➡
접수장으로 운반을 위한 대기	D	저장 선반에 저장	▼
접수, 검사, 분류 작업대로 운반	➡		

05 다음은 근골격계 질환의 원인 중 반복동작에 대한 정의이다. 빈칸을 알맞게 채우시오.

> 작업의 주기시간이 ( )초 미만이거나, 혹은 한 작업 단위가 전제 작업주기의 ( )% 이상을 차지할 때 위험성이 있는 것으로 판단한다.

풀이
작업의 주기시간이 (30)초 미만이거나, 혹은 한 작업 단위가 전제 작업주기의 (50)% 이상을 차지할 때 위험성이 있는 것으로 판단한다.

06 노먼(Norman) 설계원칙을 쓰시오.

> **풀이**
> ① 가시성(Visibility)의 원칙 : 현재 상태를 명확하게 표시한다.
> ② 대응의 원칙, 양립성(Compatibility)의 원칙 : 인간의 기대와 일치시킨다.
> ③ 행동유도성(Affordance)의 원칙 : 행동의 제약을 준다.
> ④ 피드백(Feedback)의 원칙 : 조작결과가 표시되도록 한다.

07 촉각을 암호화 코딩할 때 사용되는 요소 3가지를 적으시오.

> **풀이**
> ① 매끄러운 면, ② 세로 홈, ③ 길쭉한 표면

08 근골격계 질환 유해요인조사 흐름도를 그리시오.

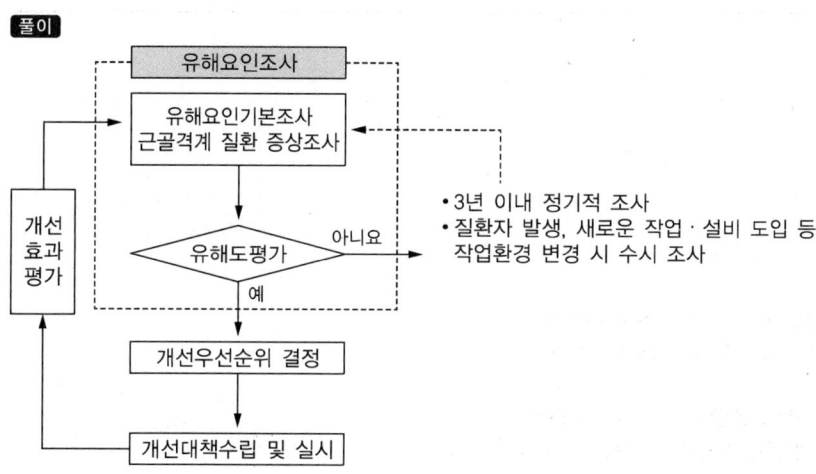

09 제이콥 닐슨(Jakob Nielsen)의 사용성 정의 5가지를 기술하시오.

풀이
① 학습용이성(알기 쉬운 시스템 상태)
② 실제 사용 환경에 적합한 시스템
③ 사용자에게 자유와 주도권 제공
④ 일관성과 표준화
⑤ 오류 예방
⑥ 기억용이성(기억을 불러오지 않고 보는 것만으로 이해할 수 있는 디자인)
⑦ 유연성과 효율성
⑧ 심플하고 아름다운 디자인
⑨ 에러빈도 및 정도(사용자가 오류를 인식하고 진단하고 복구할 수 있도록 지원)
⑩ 도움말과 설명서 준비

10 A와 B의 양품과 불량품을 선별하는 기대치를 구하고 보다 경제적인 대안을 고르시오.

(1) 양품을 불량으로 판별한 경우 발생비용 : 60만원

(2) 불량품을 양품으로 판별할 경우 발생비용 : 10만원

구 분	양품을 불량으로 오류내지 않을 확률	불량품을 양품으로 오류내지 않을 확률
A	60%	95%
B	80%	80%

풀이

① 양품을 불량으로 판별한 경우 발생비용 : 60만원 × 40% = 24만원
　불량품을 양품으로 판별한 경우 발생비용 : 10만원 × 5% = 5천원
　A의 기대치는 24만5천원
② 양품을 불량품으로 판별할 경우 발생비용 : 60만원 × 20% = 12만원
　불량품을 양품으로 판별하는 경우 발생비용 : 10만원 × 20% = 2만원
　B의 기대치는 14만원
따라서 B의 경우가 더 경제적인 대안이다.

11 NIOSH에서 RWL과 관련하여 HM, VM, DM에 관해서 설명하시오. 그리고 각각의 계수가 '0'이 되는 조건을 포함하여 서술하시오.

풀이

① HM(Horizontal Multiplier) : 수평계수
  - 발의 위치에서 중량물을 들고 있는 손의 위치까지의 수평거리, HM = 25cm/H
  - 수평거리가 63cm를 초과할 경우 0
② VM(Vertical Multiplier) : 수직계수
  - 바닥에서 손까지의 거리, VM = 1 − 0.003|V − 75|
  - 작업자와 물체사이의 수직거리를 권장무게한계에 고려하기 위한 계수
  - 수직거리가 175cm 이상인 경우 0
③ DM(Distance Multiplier) : 거리계수
  - 중량물을 들고 내리는 수직방향의 이동거리, DM = 0.82 + 4.5/D
  - 물체를 이동시킨 수직이동거리를 권장무게한계에 고려하기 위한 계수
  - 수직이동거리가 최대 파악한계인 175cm보다 클 경우 0

12 디자인작업 시, 문제 해결의 원칙을 순서대로 나열하시오.

> 선정안의 제시, 문제의 형성, 문제의 분석, 대안의 평가, 대안의 탐색

풀이
문제의 형성 → 문제분석 → 대안탐색 → 대안평가 → 선정안 제시

13 특정작업에 대한 60분의 작업 중 3분간의 산소소비량을 측정한 결과 57L의 배기량에 산소가 14% 이산화탄소가 7.4%로 분석되었다. 다음 중 산소 소비량과 에너지 소비량을 구하시오(단, 공기 중 산소는 21vol%, 질소는 79vol%이다).

풀이
흡기량 = 배기량 × (100% − O_2% − CO_2%)/79% = 19 × (100% − 14% − 7.4%)/79% = 18.9ℓ/min
배기량 = 57/3 = 19
① 산소소비량 = (21% × 흡기부피) − (O_2% × 배기부피) = (21% × 18.9) − (14% × 19) = 1.31ℓ/min
② 산소 1ℓ 당 5kcal를 소비하므로, 5 × 1.31 = 6.55kcal/min

14 작업설계 시 다음의 ( )에 알맞은 값을 넣으시오.

(1) 모니터화면과 눈의 거리는 최소 ( )cm

(2) 팔꿈치의 각도 ( )°이상

(3) 무릎의 내각은 ( )° 전후가 되도록 함

풀이
① 모니터화면과 눈의 거리는 최소 (40)cm
② 팔꿈치의 각도 (90)° 이상
③ 무릎의 내각은 (90)° 전후가 되도록 함

15 산업안전보건법상 유해요인조사를 실시하는 경우를 쓰시오.

풀이
① 임시건강진단에서 근골격계 환자 발생 시
② 근로자가 근골격계 질환으로 업무상 질병을 인정받은 경우
③ 근골격계 부담작업에 해당하는 새로운 작업, 설비를 도입한 경우
④ 근골격계 부담작업에 해당하는 업무의 양과 작업공정 등 작업환경을 변경한 경우

16 다음의 각 질문에 답하시오.

(1) %tile의 인체치수를 구하는 식을 쓰시오.

(2) A집단의 평균 신장 170.2cm 표준편차가 5.20일 때 신장의 95%tile은?(단 $Z_{0.95}$ = 1.645)

풀이
(1) %tile의 인체치수를 구하는 식 : 평균 ± 표준편차 × %tile계수
(2) 95%tile = 170.2 + 5.2 × 1.645 = 178.75cm

2014년 제3회 기출복원문제

01 자동차로부터 1m 떨어진 곳에서의 음압수준이 100dB이라면 100m에서 음압은 몇 dB인가?

풀이
$SPL_2 = SPL_1 - 20\log(d_2/d_1) = 100 - 20\log(100/1) = 60dB$

02 근골격계 질환 예방관리프로그램의 일반적 구성요소 중 5가지를 쓰시오.

풀이
근골격계 질환 예방관리프로그램이란 ① 유해요인조사, ② 작업환경 개선, ③ 의학적 관리, ④ 교육·훈련, ⑤ 평가에 관한 사항 등이 포함된 근골격계 질환을 예방·관리하기 위한 종합적인 계획을 말한다.

03 조종장치의 손잡이 길이가 10cm이고 30° 움직였을 때 표시장치에서 1cm가 이동하였다. C/R비는 얼마인가?

풀이
C/R비 = Control/Response = $2\pi L \times \theta/360/2 = (2\pi 10 \times 30/360)/1 = 5.24$

04 작업개선의 ECRS 원칙 중 3가지를 쓰시오.

> **풀이**
> - E(Eliminate) : 제거
>   불필요한 작업·작업요소 제거
> - C(Combine) : 결합
>   다른 작업·작업요소와의 결합
> - R(Rearrange) : 재배열
>   작업순서의 변경
> - S(Simplify) : 단순화
>   작업·작업요소의 단순화, 간소화

05 Westinghouse의 시스템 평가 계수 4가지를 쓰시오.

> **풀이**
> ① 숙련도, ② 노력도, ③ 작업환경, ④ 일관성

06 90퍼센타일을 설명하시오.

> **풀이**
> 퍼센타일(Percentile)이란 측정한 특성치를 순서대로 나열했을 때 백분율로 나타낸 순서 수 개념이다. 90퍼센타일은 순서대로 나열했을 때 100명 중 90번째에 해당하는 수치를 의미한다.

07 최대산소소비량에 대하여 설명하시오.

풀이
개개인의 운동이 최대치에 도달했을 때 분당 소비되는 산소의 최대량으로, 일정수준에 이르면 더 이상 증가하지 않는다.

08 PL법에서 손해대상책임을 지는 자가 책임을 면하기 위해 입증하여야 하는 사실 4가지를 쓰시오.

풀이
① 제조업자가 당해 제조물을 공급하지 아니한 사실
② 제조업자가 해당 제조물을 공급한 당시의 과학·기술 수준으로는 결함의 존재를 발견할 수 없었다는 사실
③ 제조물의 결함이 제조업자가 해당 제조물을 공급한 당시의 법령에서 정하는 기준을 준수함으로써 발생하였다는 사실
④ 원재료나 부품의 경우에는 그 원재료나 부품을 사용한 제조물 제조업자의 설계 또는 제작에 관한 지시로 인하여 결함이 발생하였다는 사실

09 다음 FT도에서 A_1과 A_2의 고장률이 아래와 같을 때 T의 신뢰도를 구하시오.

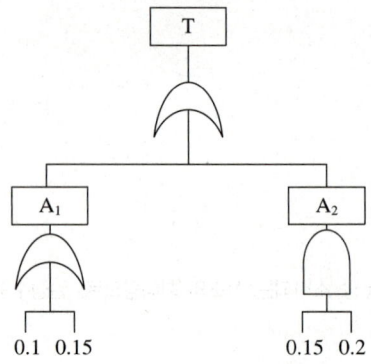

> **풀이**
> $P(A_1) = 1 - (1 - 0.1)(1 - 0.15) = 0.235$
> $P(A_2) = 0.15 \times 0.2 = 0.03$
> $P(T) = 1 - (1 - 0.235)(1 - 0.03) = 0.26$
> 따라서 T의 신뢰도는 $1 - 0.26 = 74\%$

10 유해요인조사 시 사업주가 보관해야 하는 보존문서 3가지와 보존기간을 쓰시오.

> **풀이**
> (1) 유해요인조사표 : 5년간 보존
> (2) 근골격계 질환 증상조사표 : 5년간 보존
> (3) 개선계획 및 결과보고서 : 해당 시설·설비가 작업장 내에 존재하는 동안 보존

11 Swain의 휴먼에러 심리적 분류 중 다음 두 가지는 어떤 에러인가?

(1) 전조등을 끄지 않고 내렸다.

(2) 주차위반 장소에 주차를 하여 주차 딱지를 떼였다.

> **풀이**
> ① 생략 에러 : 필요한 작업 내지 단계를 수행하지 않은 에러
> ② 실행 에러 : 작업 내지 단계는 수행하였으나 잘못한 에러

12 다음 각각에 대한 양립성은 어떤 것인가?

(1) 레버를 올리면 압력이 올라가고, 아래로 내리면 압력이 내려감

(2) 오른쪽 스위치를 켜면 오른쪽 전등이 켜지고, 왼쪽 스위치를 켜면 왼쪽 전등이 켜짐

> **풀이**
> ① 운동적 양립성
> ② 공간적 양립성

13 제이콥 닐슨(Jakob Nielsen)이 말한 사용편의성 10가지 속성에 대해 설명하시오.

> **풀이**

① 학습용이성 : 알기 쉬운 시스템 상태
　시스템마다 적절한 피드백을 통해 적절한 시간에 사용자에게 "무슨 일이 일어나고 있는지"를 알 수 있게 해야 한다.
② 실제 사용 환경에 적합한 시스템
　시스템은 시스템 지향 언어가 아닌 사용자 언어(사용자에게 친숙한 단어와 문구, 개념)를 사용하여 사용자와 소통해야 하고, 실제환경의 관례에 따라 자연스럽고 논리적으로 정보를 제공해야 한다.
③ 사용자에게 자유와 주도권 제공
　사용자는 종종 시스템의 기능 선택에서 실수를 하기 때문에 원치 않는 상태로부터 확실한 "비상구"(장황한 상호작용 없이)를 제공해 줄 필요가 있다.
④ 일관성과 표준화
　동일한 상황에서 상이한 말, 상태, 작용을 UI에 구현하여 사용자에게 혼란을 주어서는 안 된다.
⑤ 오류 예방
　좋은 오류 메시지를 준비하는 것보다 처음부터 주의 깊게 디자인하여 문제 발생을 방지하는 것이 좋다. 오류가 발생하기 쉬운 조건을 제거하거나 체크해놓고 사용자에게는 작업을 취하기 전에 확인 옵션을 제공해야 한다.
⑥ 기억용이성 : 기억을 불러오지 않고 보는 것만으로 이해할 수 있는 디자인
　객체나 행위와 옵션을 시각화해 사용자의 기억 부하를 최소화한다. 사용자는 시스템과 상호 작용을 하면서 정보를 기억하지 않도록 해야 하고, 시스템을 사용하기 위한 설명은 언제든지 적절할 때 볼 수 있거나 쉽게 찾을 수 있어야 한다.
⑦ 유연성과 효율성
　시스템 이용을 효율화할 수 있는 구조는 초보 사용자에게는 보이지 않지만 숙련 사용자의 작업을 가속화하고 나아가 경험자/미경험자 불문하고 둘 모두의 사용자 요구에 부응할 것으로 사용자가 자주 실행하는 기능은 사용자가 직접 효율화를 조정할 수 있도록 한다.
⑧ 심플하고 아름다운 디자인
　사용자와 시스템 간의 대화에서는 상관없거나 불필요한 정보를 포함해서는 안 된다. 이는 불필요한 정보군이 관련 정보군과 충돌하여 상대적으로 필요한 정보의 가시성을 약화시킨다.
⑨ 에러빈도 및 정도 : 사용자가 오류를 인식 및 진단하고 복구할 수 있도록 지원
　오류 메시지는 평이한 언어(코드가 아닌)로 표현되어야 하며, 문제를 정확히 지적하고 해결책을 건설적으로 제안해야 한다.
⑩ 도움말과 설명서 준비
　시스템이 설명서 없이도 사용할 수 있다면 더할 나위 없이 좋지만 도움말 및 설명서는 필요하다. 어떤 정보든 쉽게 찾을 수 있고, 사용자의 행위에 초점을 가지며, 수행할 구체적인 단계가 나열되고, 분량이 너무 많지 않아야 한다.

14 3m 떨어진 곳에서 1mm 벌어진 틈을 구분할 수 있는 사람의 시력은 얼마인가?

[풀이]
시각 = (180/π × 60) × D/L = 3,438 × D/L = 3,438 × 1mm/3,000mm = 1.146
시력 = 1/시각 = 1/1.146 = 0.872

15 어느 부품을 조립하는 컨베이어 라인의 5개 요소작업에 대한 작업시간이 다음과 같다.

요소작업	1	2	3	4	5
작업시간(초)	20	12	14	13	12

(1) 이 라인의 주기시간은 얼마인가?
(2) 시간당 생산량은 얼마인가?
(3) 공정효율은 얼마인가?

[풀이]
① 주기시간 : 가장 긴 것으로 20초이다.
② 시간당 생산량 = 60분/주기시간 = 3,600/20 = 180개
③ 공정효율 = 총작업시간/(작업수 × 주기시간) = 71/(5 × 20) = 71%

16 전자회사에서 작업자가 정밀작업을 하고 있다. 손, 손목에 부담이 가는 근골격계 질환 3가지를 쓰시오.

풀이

손과 손목 부위	수근관 증후근 (Carpal Tunnel Syndrome)	반복동작으로 지나친 손목의 굴곡과 신전, 손목의 인대들이 손목신경(정중신경) 압박
	데꿔벵 건초염	수부나 수근관절의 과도한 사용으로 섬유막이 비후되어 발생
	방아쇠 손가락	장시간 손에 쥐는 작업에서 손바닥의 반복적인 마찰로 발생
	결절종(Ganglion)	관절액 또는 건막의 활액이 새어 나와 고임
	척골관 증후군, 가이언 증후군	망치질 같은 반복적인 둔탁한 외상, 척골신경의 압박, 손목을 바깥쪽으로 많이 굽히는 동작 및 손목 바깥쪽의 압박
	수완 진동 증후군	진동공구 사용으로 신경과 혈관에 영향을 끼쳐 발생

17 아래의 그림은 어느 조립공정의 요소작업을 PERT 차트로 나타낸 것이다. 주경로와 주공정시간을 구하시오.

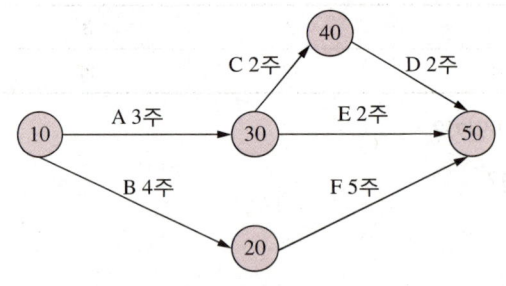

풀이
① 주경로 : 10 - 20 - 50
② 주공정시간 : 9주

18 배경의 광도가 90, 과녁의 광도가 20일 때 대비를 구하시오.

풀이
대비 = (배경의 광도 − 표적의 광도)/배경의 광도 = (90 − 20)/90 = 77.78%

무언가를 위해 목숨을 버릴 각오가 되어 있지 않는 한
그것이 삶의 목표라는 어떤 확신도 가질 수 없다.

– 체 게바라 –

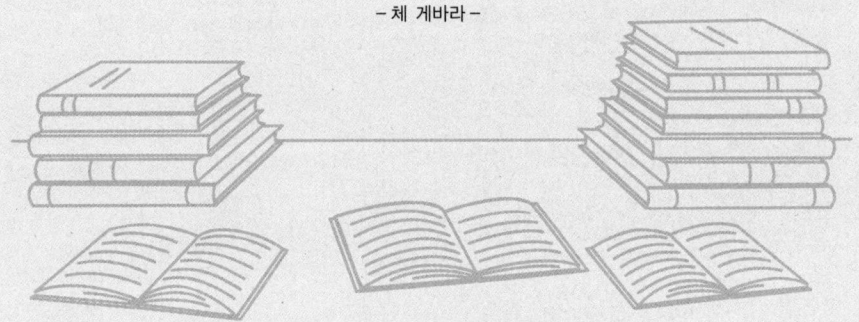

남에게 이기는 방법의 하나는 예의범절로 이기는 것이다.

- 조쉬 빌링스 -

참고문헌

참고문헌
- Win-Q 인간공학기사 필기 단기합격, 김훈
- 새로운 인간공학, 권영국
- 생명과학대사전, 강영희
- 인간공학기사, 세이프티넷
- 인간공학기사 실기문제풀이편, 세이프티넷
- 한경대학교, 박재희, KOCW
- 한국산업안전보건공단, 업무특성에 적합한 근골격계 질환 예방관리 모델 개발
- 현대인간공학 응용문제, 한성대학교
- 현대인간공학, 정병용, 이동경

참고사이트
- 법제처(www.moleg.go.kr)
- KOCW(http://www.kocw.net)

2025 시대에듀 Win-Q 인간공학기사 실기 단기합격

개정3판1쇄 발행	2025년 03월 05일 (인쇄 2025년 01월 16일)
초 판 발 행	2022년 05월 04일 (인쇄 2022년 03월 11일)
발 행 인	박영일
책 임 편 집	이해욱
편 저	김 훈
편 집 진 행	박종옥 · 이수지
표지디자인	조혜령
편집디자인	최미림 · 채현주
발 행 처	(주)시대고시기획
출 판 등 록	제10-1521호
주 소	서울시 마포구 큰우물로 75 [도화동 538 성지 B/D] 9F
전 화	1600-3600
팩 스	02-701-8823
홈 페 이 지	www.sdedu.co.kr
I S B N	979-11-383-8605-0 (13530)
정 가	28,000원

※ 이 책은 저작권법의 보호를 받는 저작물이므로 동영상 제작 및 무단전재와 배포를 금합니다.
※ 잘못된 책은 구입하신 서점에서 바꾸어 드립니다.

Win-Q 인간공학기사

필기·실기 단기합격

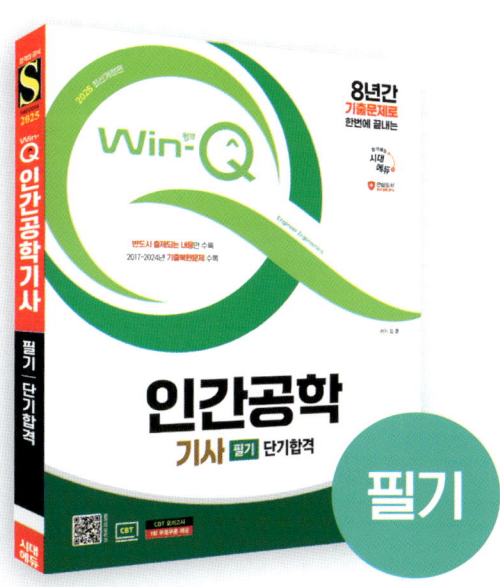

필기

선택의 이유

01 주요 핵심이론 119개 수록
02 핵심이론을 바로 복습할 수 있는 핵심예제 수록
03 2017~2024년 최신 기출문제 수록

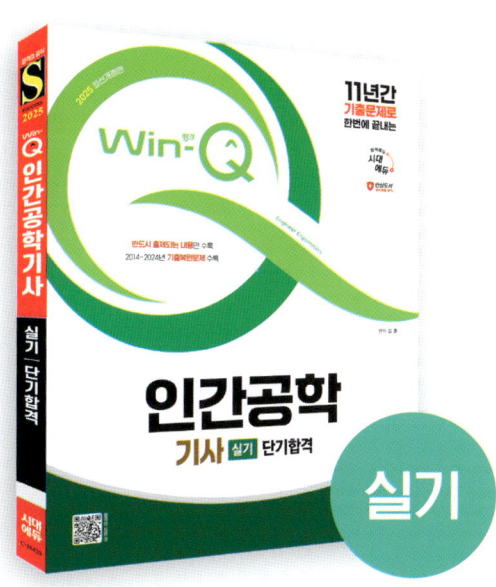

실기

선택의 이유

01 시험에 실제로 출제되는 이론만을 간추린 핵심이론 수록
02 해당 이론의 출제 경향을 파악할 수 있는 핵심예제 수록
03 2014~2024년 기출복원문제 수록
04 별도의 답안 노트가 필요 없는 효율적인 구성

❖ 상기도서의 이미지와 구성은 변경될 수 있습니다.

시대에듀 안전관리 분야

공식 학습가이드 완벽반영

연구실안전관리사
1차 합격 단기완성

선택의 이유
01 공식 학습가이드 + 제1회 시험 완벽반영
02 핵심만 압축한 중요이론으로 첫 시험에서도 효율적으로 학습 방향 설정 가능
03 과목별 예상문제로 실제 시험 대비와 복습까지 One-stop
04 실제 시험과 동일한 문항수로 구성된 최종모의고사 1회분 수록
05 필수이론 + 과목별 예상문제 + 최종모의고사의 깔끔하고 든든한 구성
06 [연구실 안전 관련 법령집] 자료제공 + 오디오북 제공
07 시대에듀 연구실안전관리사 1차 합격반 온라인 강의교재(유료)

공식 학습가이드 완벽반영

연구실안전관리사
2차 합격 단기완성

선택의 이유
01 공식 학습가이드 + 개정법령 완벽반영
02 방대한 이론 중 필수이론으로 효율적 단기완성
03 풍부한 기출예상문제로 서술형까지 철저하게 대비
04 전과목 기출예상문제 해설 총정리로 시험 직전에도 한눈에!
05 [연구실 안전 관련 법령집] 자료제공 + 오디오북 제공

❖ 상기도서의 이미지와 구성은 변경될 수 있습니다.

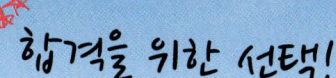

시리즈 도서

99% 기출핵심이론과 최신기출 15회분으로 합격하는

건설안전기사

필기 | 30일 합격완성

선택의 이유

01 기출연도 표시로 자주 출제된 중요이론 학습 가능
02 단기합격의 목적에 맞게 기출이론만을 엄선하여 수록
03 백문이불여일견, 풍부한 그림 및 사진자료
04 이론에서 한 번! 기출해설에서 한 번! 자연스러운 반복학습 유도
05 합격의 지름길, 과목별 6개년(2017~2022) 15회분 기출문제 수록

국내 최고 방재분야 전문가들이 집필한

방재기사

필기 | 한권으로 끝내기

선택의 이유

01 출제기준에 맞춘 핵심이론
02 바로바로 복습 가능한 예상문제
03 단원 총정리 익힘 문제
04 과목별 종합테스트 & 최신기출문제

❖ 상기도서의 이미지와 구성은 변경될 수 있습니다.

나는 이렇게 합격했다

자격명 : 위험물산업기사
구분 : 합격수기
작성자 : 배*상

나는 할 수 있다
69년생 50중반 직장인 입니다. 요즘 자격증을 2개정도는 가지고 입사하는 젊은 친구들에게 일을 시키고 지시하는 역할이지만 정작 제자신에게 부족한 점이 많다는 것을 느꼈기 때문에 자격증을 따야겠다고 결심했습니다. 처음 시작할 때는 과연 되겠냐? 하는 의문과 걱정이 한가득이었지만 **합격은 시대에듀** 인강을 우연히 접하게 되었고 잘 차려진 밥상과 같은 커리큘럼은 뒤늦게 시작한 늦깎이 수험생이었던 저를 **합격의 길**로 인도해주었습니다. 직장생활을 하면서 취득했기에 더욱 기뻤습니다.
감사합니다! ♥

당신의 합격 스토리를 들려주세요.
추첨을 통해 선물을 드립니다.

QR코드 스캔하고 ▶▶▶
이벤트 참여해 푸짐한 경품받자!

베스트 리뷰	상/하반기 추천 리뷰	인터뷰 참여
갤럭시탭/버즈 2	상품권/스벅커피	백화점 상품권

합격의 공식
시대에듀